LEBENSRAUM REGENWALD

Spektrum-Bibliothek

LEBENSRAUM REGENWALD

Zentrum biologischer Vielfalt

John Terborgh

Aus dem Englischen übersetzt von Andrea Nothdurft

Spektrum Akademischer Verlag Heidelberg · Berlin · Oxford

Inhalt

Vorwort

Schlagartig sind meine Sinne in höchster Alarmbereitschaft. In meinem Zelt lausche ich auf jeden Laut des nächtlichen Waldes. Noch im tiefen Schlaf hatte ich ein verdächtiges Knacken wahrgenommen, dessen Nachhall die vielleicht größte Lebensgefahr im Regenwald signalisiert: von einem umstürzenden Baum erschlagen zu werden. Dieses Geräusch hatte ich schon oft gehört. Ich wußte genau, es kündigt die erste Schwächung eines ehrwürdigen Baumriesen an. In der Dunkelheit schützt mich nur eine dünne Zelthaut aus reißfestem Nylon. Wo steht der morsche Baum? Wie weit entfernt? In welcher Richtung? Sollte ich aus dem Zelt in die Nacht hinausstürzen, um als bewegliches Ziel vielleicht weniger verwundbar zu sein?

Mir bleibt keine Zeit für lange Überlegungen. Einen Augenblick später schallt noch ein Knacken durch den Wald, gefolgt von einem weiteren und dann einer ganzen Serie in sich steigerndem Stakkato. Rasch verschmelzen die Laute zu einem klagenden Knarren – der mächtige Stamm stürzt in einem Crescendo aus wirbelnden Blättern, brechenden Zweigen und knallend zerreißenden Schlingpflanzen zu Boden. Als das Tosen in einem Donner sein Ende findet und der mächtige Stamm auf dem Waldboden zur Ruhe kommt, scheint die Zeit für ein paar Sekunden stillzustehen. Der Boden unter mir bebt. Nun bin ich hellwach, das Herz klopft, und meine Augen forschen in der Dunkelheit nach weiteren Gefahrenzeichen. Das Leben im Regenwald beginnt ganz unauffällig, findet jedoch oft ein gewaltsames Ende. Hoffentlich läuft meines nicht nach demselben Muster ab.

Was treibt mich an diesen fernen, abgeschiedenen Ort – weitab von dem, was wir „Zivilisation" nennen und dem heutigen Stadtmenschen so fremd ist? Müßte ich ein Wort dafür finden, dann wäre es Frieden. Wer täglich Zeuge des unendlichen Zyklus von Leben und Tod ist, empfindet ein beruhigendes Gefühl der Ausgeglichenheit und Kontinuität. Das Leben der Pflanzen und Tiere im Wald ist in ein komplexes Netz von Wechselwirkungen eingebunden. Die Kontroll- und Regelmechanismen, die dieses Netz zusammenhalten, beginnen wir gerade erst zu verstehen. Die geordneten und vorhersehbaren Prozesse im Wald schaffen einen willkommenen Ausgleich zu den turbulenten, vernunftwidrigen und oftmals selbstzerstörerischen Aktivitäten unserer eigenen Spezies. Die Menschheit rast auf einer exponentiellen Kurve einer ungewissen Zukunft entgegen, und dies halte ich für zutiefst beunruhigend. Der Regenwald steht für Verläßlichkeit und intakte Natur. So wie ein Astronom die Schönheit und Geheimnisse des Sternenhimmels empfindet, geht es mir als Biologe im Tropenwald. Zugegebenermaßen sind diese Werte sehr persönlicher Art, aber reichhaltig und befriedigend, und zwar in solchem Maße, daß ich seit 28 Jahren jedes Jahr wieder an den Amazonas komme, um den Frieden zu genießen und meiner wissenschaftlichen Neugier zu frönen.

Meine Begeisterung für die Tropenökologie geht bis aufs Jahr 1963 zurück. Damals unternahm ich direkt nach meiner Promotion gemeinsam mit einem Kollegen eine Reise nach Südamerika. Die folgenden Jahre waren in wissenschaftlicher Hinsicht aufregend, da die Zeit der Erkundungen und Entdeckungen einer Ära der Analysen wich, wie das Ökosystem Tropenwald funktioniert und warum es sich zu dem entwickelt hat, was es heute ist. Im Gegensatz zur Physik, wo sich die Entdeckungen grundlegender Gesetzmäßigkeiten bis zu Newton oder Galilei zurückverfolgen lassen, ist Tropenökologie eine recht neue Wissenschaft. Sie ist zwar eng verknüpft mit den Forschern des 18., 19. und 20. Jahrhunderts, die unzählige Organismen entdeckten und benannten, allgemeine

Prinzipien wurden jedoch erst in jüngerer Zeit formuliert. Einige dieser Erkenntnisse werden Thema des vorliegenden Buches sein. Sie erklären zum Beispiel, wie geschlossene Nährstoffkreisläufe das Wachstum hochproduktiver Wälder auf extrem unfruchtbaren Böden ermöglichen, warum biologische Vielfalt in den Tropen gehäuft auftritt, und warum Tiere zum Fortbestand der Vielfalt pflanzlicher Lebensgemeinschaften unerläßlich sind und umgekehrt.

Kein Buch kann alle Leser gleichermaßen zufriedenstellen. Dieses hier schenkt den unzähligen Insekten, Spinnen und niederen Wirbellosen, die den Tropenwald bevölkern, nur beiläufige Aufmerksamkeit. Über Bäume und Wirbeltiere habe ich mehr als genug zu sagen, und Wirbellose sind nie meine Stärke gewesen. Daher werden die größeren Organismen, die mich immer besonders fasziniert haben, das Hauptthema des Buches sein – dies als Entschuldigung an jene mit einer Vorliebe für die Entomologie.

Auch wenn wir Tropenbiologen uns mittlerweile an die Aufregung gewöhnt haben, fundamentale Prinzipien zu entdecken, hängt eine dunkle Wolke über unserer Arbeit: Die alarmierende Zerstörung tropischer Lebensräume läßt vermuten, daß sich Gelegenheiten zu grundlegenden Entdeckungen in ungestörten Ökosystemen möglicherweise schon in der nächsten Generation zum letzten Mal bieten werden. Die Vorstellung, daß äußere Einflüsse die eigene wissenschaftliche Arbeit zeitlich limitieren könnten, ruft ein Gefühl der Panik hervor, das einer Klaustrophobie sehr ähnlich ist. Bis jetzt befällt dies noch fast ausschließlich einzelne Personen. Zwar ist der Öffentlichkeit die drohende Waldzerstörung in hohem Maße bewußt geworden, nicht jedoch der damit verbundene vorzeitige Torschluß für die Wissenschaft. Am wenigsten ist das Gefühl der Dringlichkeit bis zu jenen Stellen vorgedrungen, die Geldmittel bewilligen, denn die Tropenbiologie genießt keine besondere Priorität im heftigen Kampf um Forschungsgelder. Statt dessen fristet die Tropenbiologie als winziger und fast stimmrechtloser Bewerber ein Randdasein in einer Schar mächtigerer Konkurrenten, die den Amerikanischen Kongreß dazu drängen, die Sequenzierung des menschlichen Genoms, eine bemannte Raumstation oder den Bau von Teilchenbeschleunigern zu unterstützen. Aber ungeachtet der offiziellen Gleichgültigkeit tickt die Uhr unaufhörlich weiter. Ich hoffe inständig, daß wir aufwachen, bevor es zu spät ist.

Die Zerstörung der Tropenwälder ist besonders beunruhigend, da sie die biologische Vielfalt und damit unsere Existenzgrundlage bedroht. Den Verlust unseres biologischen Erbes dürften unter allen Freveln und Irrtümern unserer Zeit künftige Generationen am wenigsten verzeihen, so die Auffassung von Professor Edward Wilson von der Harvard University. Wenn sich die gegenwärtige Tendenz ungehindert fortsetzt, werden die riesigen Tropenwälder der Erde binnen 30 Jahren verschwunden sein – so unwiederbringlich wie die Dinosaurier oder die Dronte.

Lesern, die genausowenig Muße für Bücher haben wie ich, schlage ich vor, mit den Kapiteln 8 und 9 zu beginnen. Sie geben meine Quintessenz wieder: welches die Bedrohungen der tropischen Vielfalt sind und welche Schritte man dagegen unternehmen kann. Meine Empfehlung wäre, anschließend mit den Kapiteln 1 und 2 fortzufahren. Sie bieten einen allgemeinen Überblick über die Tropenwälder und eine Darstellung der nahezu geschlossenen Nährstoffkreisläufe, die diese so besonders störanfällig machen. Falls es Ihre Zeit zuläßt und ich ihre Neugier geweckt habe, finden Sie den wissenschaftlichen Kern des Buches in den Kapiteln 3 bis 7. Hier untersuche ich die vielfältigen Prozesse, die zur tropischen Artenfülle beitragen, und zwar sowohl in ökologischer als auch evolutionärer Hinsicht.

Es ist mir eine Freude, einer Reihe von Kollegen zu danken, die Kapitelentwürfe angeschaut und hilfreiche Kommentare angeboten haben. Allen voran danke ich Mercedes Foster, die nahezu alles gelesen und kritisch durchgesehen hat, aber auch Peter Ashton, Alwyn Gentry, Stephen Hubbell und Carel van Schaik, die ein oder mehrere Kapitel gelesen oder bei der Beschaffung unveröffentlichter Daten geholfen haben. Michael Riley machte die Ausdrucke, photokopierte, schrieb Briefe, führte Telefonate und machte sich auch sonst auf vielfache Weise unentbehrlich. Wo immer der Text durch elegante und flüssige Formulierungen besticht, bin ich Susan Moran zu Dank verpflichtet, einer talentierten Redakteurin, deren scharfes Auge und unermüdliche Professionalität manchmal ein harter Schlag für mein Ego, aber fast unfehlbar in Genauigkeit und Sprachgefühl waren. Die bemerkenswerte Sammlung von Photographien, die diese Seiten ziert, verdanke ich dem Geschmack und der Rührigkeit von Travis Amos. Travis hat sich als wahrer Hexenmeister erwiesen, buchstäblich aus den entferntesten Winkeln dieses Planeten haargenau das richtige Photo für jedes der zig wissenschaftlichen Themen hervorzuzaubern. Für mich waren diese Erfahrungen neben denen mit Susan und Travis auch jene mit Joseph Ewing, Philip McCaffey sowie dem Rest der Verlagsmitarbeiter von Freeman außerordentlich anregend. Für ihre künftigen Unternehmungen wünsche ich ihnen alles Gute.

John Terborgh
August 1991

1

Der biologische Reichtum der Tropen

1.1 Aufsteigende Nebelschwaden wallen in einen Nebelwald in Costa Rica.

11

Vor dem Erscheinen eines zweiseitigen Artikels im Jahre 1982 hätten Biologen auf die Frage, wieviele Tierarten auf der Erde leben, fast einstimmig mit zwei Millionen geantwortet. Dieser Wert ergab sich, als man zu den rund 1,5 Millionen wissenschaftlich beschriebener Spezies eine halbe Million vermuteter, unentdeckter Arten hinzurechnete. Die Schätzung unbekannter Arten beruhte auf dem gesammelten Expertenwissen über verschiedene Arthropodengruppen (Insekten, Spinnen und ihre Verwandten, Krebstiere und einige kleinere Gruppen). Da Arthropoden die bei weitem größte Organismengruppe darstellen, gehören zu ihnen auch die meisten der bislang unbekannten Arten.

Jene Schätzung wurde verworfen, als Dr. Terry Erwin, Entomologe an der Smithsonian Institution in Washington, begann, die in der Wipfelregion des tropischen Regenwaldes lebenden Arthropoden zu untersuchen. Dieser extrem unzugängliche Lebensraum war fast vollständig außer acht gelassen worden, da es gefährlich und schwierig ist, Bäume von 40 bis 50 Meter Höhe zu erklimmen. Erwin hatte eine Technik entwickelt, mit der er die Kronen einzelner Bäume gezielt einnebeln konnte. Betäubt durch das biologisch abbaubare Pyrethrum taumelten Insekten, Spinnen und andere Wirbellose zu Boden und wurden dort auf ausgebreiteten Plastikfolien gesammelt. Erwin fand heraus, daß die Kronenregion des Tropenwaldes weit mehr Arthropoden beherbergt, als bislang vermutet – möglicherweise sogar 30 Millionen Arten.

Die von Erwin drastisch revidierte Schätzung der Artenzahl auf unserer Erde basiert auf der Zahl der gesammelten Käfer, die er in den Kronen von 19 *Luehea seemannii*-Bäumen in einem Wald in Panama fand. Seine Argumentation lautet im Kern wie folgt: Während eines dreijährigen Sammelprogramms fand er auf 19 Bäumen rund 1200 Käferarten. Erwin schätzte

den Anteil der wirtsspezifischen Arten, also jener, die für mindestens ein Entwicklungsstadium auf *Luehea seemannii*-Bäume angewiesen sind, vorsichtig auf 13,5 Prozent. Die übrigen 86,5 Prozent der gesammelten Käfer wurden als Durchzügler oder Arten mit breitem Wirtsspektrum angesehen, die sich genausogut von anderen Baumarten ernähren können. Wenn die 70 Baumarten der Kronenregion, die man im Durchschnitt auf einem Hektar dieses Wal-

1.2 Käfer in vielen Größen, Formen und Farben bewohnen die Kronen großer Bäume in der Wipfelregion des Regenwaldes. Der Entomologe Terry Erwin von der Smithsonian Institution in Washington entdeckte kürzlich, daß dieser vordem unerforschte Lebensraum möglicherweise viele Millionen unbekannte Käfer- und andere Arthropodenarten beherbergt.

des findet, ähnlich viele wirtsspezifische Käfer (nämlich 162) beherbergen und man weiter annimmt, daß in den untersuchten *Luehea*-Bäumen tatsächlich alle durchziehenden und unspezialisierten Arten entdeckt wurden, beläuft sich die Gesamtzahl der Käferarten in der Kronenregion pro Hektar panamesischen Waldes auf rund 12 500.

Doch Käfer sind nur eine Arthropodengruppe, wenn auch mit 40 Prozent aller beschriebenen Gliedertierarten die größte. Multipliziert man nun ihre Zahl mit 2,5, um so zu einer Schätzung aller kronenbewohnenden Arthropoden zu gelangen, und erhöht dann diesen Wert um ein weiteres Drittel – damit wären auch die Gliedertiere des Waldbodens berücksichtigt – dürfte die Gesamtzahl an Arthropodenarten pro Hektar Wald in Panama bei mehr als 41 000 liegen!

Daß ein einziger Hektar Wald so viele Arten beherbergen soll, ist erstaunlich. Und doch stellt ein Hektar nur einen winzig kleinen Ausschnitt der Vielfalt des Lebens auf der Erde dar. Um die Artenzahl weltweit abschätzen zu können, wollen wir zunächst berücksichtigen, daß es in den tropischen Regenwäldern rund 50 000 Baumarten gibt. Wenn jede die Lebensgrundlage für 162 wirtsspezifische Käfer ist, leben im Regenwald möglicherweise 30 Millionen Arthropodenarten. Aufgrund dieser Schlußfolgerung wird die Schätzung der auf der Erde vorkommenden Arten um den Faktor 15 nach oben korrigiert!

Ohne Erwins Rechenkunst in Frage stellen zu wollen, steht fest, daß eine derart grobe Hochrechnung zwangsläufig fehlerhaft sein muß. Ein häufiger Baum wird eher Nahrungsgrundlage für zahlreiche wirtsspezifische Arthropoden sein als ein seltener, und *Luehea seemannii* ist im Regenwald von Panama – in Erwins Arbeitsgebiet – in der Tat weit verbreitet. Darüber hinaus ist er recht groß. Werden nur solche Baumarten tropischer Wälder berücksich-

tigt, die so groß, häufig und weit verbreitet sind wie *Luehea seemannii*, betrüge die weltweite Gesamtzahl an Arthropoden weit weniger als 50 000. Nach meinem Dafürhalten wird die globale Artenvielfalt daher letztlich deutlich unter 30 Millionen liegen.

Die außerordentliche biologische Vielfalt der Tropen

Die Entdeckung tausender bislang unbekannter Käfer in der Baumkronenregion der Tropen hätte die Biologen nicht sonderlich überraschen dürfen. Die Natur erreicht ihre reichhaltigste Ausprägung im tropischen Regenwald, sowohl gemessen an der bloßen Artenzahl wie der Komplexität ihrer Wechselwirkungen. Das tropische Leben, das seit Urzeiten in einer weiträumigen und lebensgünstigen Umwelt gedeiht, hat eine üppige Fülle von Arten hervorgebracht, die seit der Zeit Darwins die Wissenschaftler in ihren Bann zieht. Die eindrucksvolle Vielfalt von beispielsweise Bäumen, Vögeln oder Insekten führte zur Ausbildung komplizierter Räuber-Beute-Beziehungen und zur Verfeinerung *interspezifischer* Wechselbeziehungen, also Wechselwirkungen zwischen zwei oder mehr Arten. Dazu gehören Konkurrenz, Mimikry, Parasitismus und Symbiose (letzteres ist die wechselseitige Abhängigkeit zu beiderseitigem Nutzen, wie jene zwischen Alge und Pilz in einer Flechte). Durch das Vorherrschen solcher Wechselbeziehungen unterscheiden sich die Tropen von den höheren Breitengraden, in denen weniger Arten nicht so sehr aneinander als vielmehr an die Belastungen durch lange, dunkle und kalte Winter angepaßt sind.

Wälder bedecken als natürliche Vegetation große Teile der Region zwischen dem nördlichen und südlichen Wendekreis (zwischen 23,5 Grad nördlicher und südlicher Breite). Die gewaltige Verdunstungskraft der hochstehenden Sonne entzieht dem Boden über das Laub der Bäume Feuchtigkeit. Diesen Vorgang nennt man Transpiration. Das ist der natürliche Recycling-Mechanismus des Wassers. Dadurch wird die Atmosphäre mit Feuchtigkeit gesättigt, die sich zu hohen Wolken auftürmt, bevor sie in einem nachmittäglichen Platzregen wieder ausfällt. Das milde Klima ohne ausgeprägte Jahreszeiten ist dem Gedeihen der Bäume und der Vielzahl von Organismen, die direkt oder indirekt von Bäumen als Nahrung und Unterschlupf abhängig sind, sehr förderlich.

Ein ungeübtes Auge vermag die sagenhafte Vielfalt des tropischen Regenwaldes vielleicht gar nicht wahrzunehmen. Abgesehen von Bäumen mit Brettwurzeln, ein paar Palmen, Lianen und gelegentlich Epiphyten – Pflanzen, die auf anderen wachsen – sieht der Wald nach allen Richtungen hin gleich aus. Zwar mag jede Pflanze einer anderen Art angehören, doch läßt ein flüchtiger Blick auf das Laub keine Unter-

schiede erkennen. Die Bäume sind in der Mehrzahl klein. Von hundert beeindrucken vielleicht einer oder zwei durch mächtige Stämme; ihre Kronen ragen über unser Blickfeld hinaus, verborgen von mehreren dazwischenliegenden Laubschichten. Die Senkrechte dominiert: Schaut man sich um, erkennt man Dutzende schlanker Stämme, die im darüberliegenden Blätterdach verschwinden. Man hört das Zirpen und Summen von Insekten und ab und zu das Rufen von Vögeln, die Tiere selbst scheinen jedoch unsichtbar. An diesem Punkt muß sich der Reisende fragen, ob die Vielfalt der Tropen nicht nur ein Hirngespinst ist.

Die Vielfalt ist tatsächlich vorhanden, allerdings zum größten Teil auf oft raffinierte Weise verborgen. Die unzähligen Bäume mit scheinbar gleichem Laub unterscheiden sich in der Tat voneinander, sofern man sich mit den Feinheiten der Pflanzenanatomie auskennt. Auf wenigen Hektar können Hunderte von Vogelarten vorkommen, deren Individuenzahlen aber nur ein Zehntel der durchschnittlichen Werte in nördlichen Wäldern betragen. Selbst ein scharf-

1.3 Zwei Akteure in einem komplexen Netz wechselseitiger Abhängigkeit: Ein Falter aus der Familie der Heliconiidae (*Heliconius clysonymus*) besucht die Blüte einer männlichen *Psiguria*-Schlingpflanze. Der Nektar der Pflanze liefert dem Schmetterling Energie. Der Falter dagegen fungiert als Heiratsvermittler, indem er Pollen von männlichen auf weibliche Pflanzen überträgt.

sinniger Beobachter entdeckt nicht alle Arten innerhalb eines Tages, einer Woche oder sogar eines Jahres. Obwohl ich seit 25 Jahren alljährlich drei oder vier Monate am Amazonas verbringe, habe ich erst fünfmal einen Jaguar, nur einmal einen Puma und noch nie eine Harpyie oder einige andere, weniger bekannte Geschöpfe zu Gesicht bekommen.

Ocotea americana

Ocotea cooperi

1.4 Blätter von zwei Bäumen aus der Familie der Lorbeergewächse. Freilandbotaniker müssen lernen, verwandte Arten vom Boden aus anhand feiner Details mit Hilfe eines Fernglases zu unterscheiden. Das Blatt links hat weniger Blattnerven mit größeren Zwischenräumen und einen längeren Blattstiel als das rechte.

Die Ausdauer wird jedoch mannigfaltig belohnt. Im Wald meines Forschungsareals im Amazonasgebiet Perus wachsen 200 Baumarten pro Hektar. Hundert Hektar bieten Brutmöglichkeiten für 230 Vogelarten – mehr als in den meisten Staaten der USA brüten. Auf wenigen Quadratkilometern leben 90 Arten von Fröschen und Kröten – mehr als in allen 50 Bundesstaaten der USA zusammen. Als die Krone eines einzigen großen Baumes eingenebelt wurde, fanden sich dort 54 Ameisenarten. Auf den gesamten Britischen Inseln sind nicht so viele bestimmt worden. In der Nähe hat ein Kollege über 1200 Schmetterlingsarten gesammelt. Diese außergewöhnliche Vielfalt ist für fast jede Organismengruppe im tropischen Regenwald charakteristisch.

Um diese Artenzahlen zu erfassen, sind viele Jahre erforderlich. Der Spezialist muß die Organismen studieren, herausfinden, welche Lebensräume sie besiedeln, wann sie sich fortpflanzen oder blühen und wie man die zahlreichen verwandten Formen voneinander unterscheidet. Meist fehlen Feldführer, so daß die Bestimmung an Ort und Stelle nicht möglich ist. Nur das ständige Pendeln zwischen Untersuchungsgebiet und dem Museum in der Großstadt läßt die Artenlisten langsam länger werden. Das umfassendste Wissen befindet sich in den Köpfen weniger, engagierter Experten, die höchstens einige wenige Plätze wirklich gut kennen können. Die Tropenbiologie ist eine wahrhaft geheimnisvolle Kunst; im Vergleich zur Größe ihrer Aufgabe ist die Zahl der aktiven Forscher nur gering. Deshalb sind nur spärliche Daten vorhanden, die sich zumeist allein auf eine bloße Handvoll gut erforschter Orte beziehen.

Die wissenschaftliche Erforschung der biologischen Vielfalt

In meinem Hinterhof in Durham (North Carolina) leben zwei Krähenarten. Beide sind schwarz und äußerlich nicht voneinander zu unterscheiden, aber sie geben unterschiedliche Laute von sich. Anhand dieser Laute kann ich sie leicht auseinanderhalten. Offensichtlich gelingt ihnen das auch untereinander – aufgrund der Stimme oder anderer Anhaltspunkte – denn es sind keine Bastarde zwischen ihnen bekannt. Da sie es vermeiden, sich bei der Fortpflanzung zu vermischen, entsprechen die Amerikanische Krähe und die Fischkrähe der biologischen Definition getrennter Arten.

Arten sind die Grundeinheiten der Evolution. Sie kommen als Populationen von Organismen vor, die sich nur untereinander kreuzen. Kreuzung gewährleistet die genetische Zusammengehörigkeit und eine eigenständige Evolution. Definitionsgemäß sind getrennte Arten bezüglich der Fortpflanzung voneinander isoliert, selbst wenn sie sich manchmal so stark ähneln wie die beiden Krähenarten.

Warum gibt es in Durham ausgerechnet zwei Krähenarten? In einigen Gegenden Europas leben mehrere, während im größten Teil Nordamerikas nur eine vorkommt. Wieviele Tier- und Pflanzenarten gibt es auf der Erde? Warum leben mehr Spezies in den Tropen als in den gemäßigten Breiten? Solche Fragen faszinieren die Biologen, welche die Komplexität der *biologischen Vielfalt* oder *Biodiversität* zu verstehen versuchen. Dieser Ausdruck, den ich vor ein paar Jahren noch gar nicht kannte, ist heutzutage ein Schlagwort der Naturschutzbewegung. Er bezieht sich auf die Vielfalt des Lebens allgemein, kann aber am ehesten mit Artenvielfalt gleichgesetzt werden.

In den folgenden Kapiteln wird es mein Bestreben sein, biologische Vielfalt in ihrer üppigsten Ausprägung – dem tropischen Regenwald – zu untersuchen. Die Grundfrage könnte ein Kind stellen: Warum gibt es so viele Arten? Trotz ihrer entwaffnenden Naivität kann kein Wissenschaftler diese Frage beantworten, und sie ist viel zu weitreichend, als daß man sie direkt angehen könnte.

Wenn schon die empirische Antwort auf die Frage »Wieviele Arten gibt es?« noch nicht einmal auf zehn Millionen genau bekannt ist, so ist der theoretische Aspekt noch unbefriedigender. Eine umfassende Theorie über Artenvielfalt würde uns in die Lage versetzen, die Zahl von Käfern oder Vögeln auf der Basis von Grundregeln schätzen zu können, aber eine solche Theorie gibt es nicht. Wissenschaftler haben zum Beispiel annähernd 9000 Vogel-

arten beschrieben, und die abnehmende Rate von Neuentdeckungen weltweit läßt vermuten, daß dieser Wert um ungefähr ein Prozent von der tatsächlichen Artenzahl abweicht. Doch kann niemand auch nur ansatzweise Gründe dafür nennen, warum es 9000 und nicht 18000 oder 4500 Vogelarten gibt. Aus demselben Grund ist es ein gleichermaßen unergründliches Rätsel, warum auf einem einzigen Hektar Wald bei Iquitos in Peru sage und schreibe 300 Baumarten wachsen. Bei grundlegenden Gesichtspunkten wie diesem ist unsere Unkenntnis grenzenlos.

Bestenfalls läßt sich festhalten, daß die Gesamtzahl der Arten einer jeden Gruppe der Kontrolle durch einen evolutionären Regelkreis unterworfen ist. Das wissen wir, weil die Artenzahl vieler durch Fossilien gut repräsentierter Gruppen seit Millionen von Jahren systematisch weder zu- noch abgenommen hat. Über solch lange Zeiträume hinweg erscheinen und verschwinden einzelne Arten und sogar Gattungen und Familien (hierarchische Zusammenfassungen von Arten) mit mehr oder weniger vorhersagbarer Geschwindigkeit. Überdies wird die fossile Überlieferung der Arten von wiederholt auftretenden Krisen unterbrochen, Ereignissen mit Massenaussterben, welche die biologische Vielfalt drastisch herabsetzen. Doch erreichen diese Gruppen regelmäßig innerhalb von fünf oder zehn Millionen Jahren nach solchen Rückschlägen wieder ungefähr ihr früheres Niveau an Vielfalt, allerdings handelt es sich fast durchweg um andere Arten. Solche Belege sind schmerzliche Fingerzeige dafür, daß eine grundlegende Theorie der biologischen Vielfalt kein Wunschtraum bleiben muß, sondern lediglich ein tieferes Verständnis der fundamentalen Regelprozesse verlangt.

Für das Verständnis der Artenvielfalt haben bescheidenere, vergleichende Fragen deutlich weiter geführt, zum Beispiel »Warum weisen tropische Wälder im allgemeinen mehr Baumarten auf als solche in gemäßigten Breiten?«

»Warum sind dort Vögel, Säugetiere, Reptilien und fast alle übrigen Gruppen reicher vertreten?« Dabei braucht ein Biologe nur zu erklären, warum eine Zahl größer ist als eine andere, er muß jedoch nicht ihre absolute Größe begründen. Auch diese eingeschränkte Aufgabe ist keinesfalls einfach, denn sie erfordert die Unterscheidung zwischen Vorgängen, die biologische Vielfalt fördern, und solchen, die sie erzeugen.

Ein einfaches Gedankenexperiment mag diese kritische Unterscheidung erläutern. Stellen wir uns zwei identische Inseln mit abwechslungsreicher Geländebeschaffenheit vor, jede beherberge 100 Baumarten. Im Prinzip könnten die Arten ganz unterschiedlich verteilt sein. Nehmen wir der Einfachheit halber an, daß auf der ei-

1.5 Eine Gelbschulterblattnase (*Sturnira lilium*) im Schwirrflug beim Pflücken einer *Solanum*-Frucht. Im Unterschied zu anderen Fruchtfressern haben sich viele Fledermäuse der Neuen Welt auf bestimmte Pflanzenfamilien spezialisiert. Die Mitglieder der verwandten Gattung *Artibeus* ernähren sich vorwiegend von Feigen, während die einer dritten Gattung, *Corollia*, von Verwandten der Pfefferpflanze leben.

nen Insel nur Spezialisten vorkommen: Einer gedeiht auf Sandküsten, ein anderer auf felsigen Berggipfeln, ein dritter in Süßwassersümpfen und so weiter. Angenommen, wir wollten durch Zählen der Baumarten eines zufällig ausgewählten Hektars eine Stichprobe der Baumvielfalt dieser Insel erhalten. In dieser imaginären Welt von Spezialisten wurde ein Hektar, falls er zufällig auf einen besonders komplexen Geländeausschnitt entfiele, wahrscheinlich nur eine einzige Art oder höchstens einige wenige Spezies enthalten. Nun stellen wir uns vor, die zweite Insel beherberge eine Gesellschaft von Generalisten, die überall wachsen können. Bei diesem ebenso unwahrscheinlichen Szenario entfielen auf einen ausgewählten Hektar im Schnitt 80 oder 90 Arten; denkbar wären sogar alle 100. Auf der ersten Insel betrüge die festgestellte Baumdiversität nahezu Null; auf der zweiten herrschte nach dem zu erwartenden Verteilungsmuster der Proben maximale Diversität.

Worin besteht der Unterschied? Weil auf beiden Inseln dieselbe Anzahl von Arten vorkommt, muß der Unterschied auf deren biologischen Eigenschaften beruhen, ob sie eng oder weit an das vorhandene Spektrum von Umweltbedingungen angepaßt sind. Es wird weiterhin eine Rolle spielen, ob sie stark oder schwach miteinander konkurrieren, weil starke Konkurrenz unter den Arten zu lokal verminderter biologischer Vielfalt führt. Dieses Gedankenexperiment zeigt, daß solche biologischen Parameter möglicherweise die Vielfalt regulieren können.

Um das Gedankenexperiment noch eine Stufe realitätsnaher zu machen, stellen Sie sich nun vor, daß wir nicht nur zwei, sondern statt dessen einen ganzen Inselarchipel betrachten. Alle Inseln seien identisch, außer daß dort jeweils zehn bis 1000 Baumarten heimisch sein können. Wenn wir Stichproben von einem Hektar auf mehreren dieser Inseln vergleichen, ließen sich Unterschiede in der biologischen Vielfalt nicht mehr ausschließlich den biologischen Eigenschaften der Arten zuschreiben. Abweichungen dürften zum Teil einfach die vorhandenen Artenzahlen widerspiegeln. Angenommen, die biologischen Eigenschaften der Arten wären auf dem gesamten Archipel konstant, dann repräsentierten die auf den Probeflächen ermittelten Werte in erster Linie die Zahl der auf jeder Insel vertretenen Arten.

Hier herrscht eine völlig andere Situation, in der biologische Erwägungen weniger dominieren. Die Zahl der vorkommenden Arten beruht meist auf anderen Faktoren. Auf eine festlandsnahe Insel wandern häufiger neue Arten ein als auf eine weit entfernt gelegene; auf einer, die erst kürzlich eine schlimme Katastrophe wie eine Feuersbrunst oder einen Vulkanausbruch durchgemacht hat, können Arten ausgestorben sein. Letzten Endes mußten sich die Arten an irgendeinem Punkt in Raum und Zeit entwickeln, und manche Regionen des Archipels können der Entstehung neuer Arten förderlicher gewesen sein als andere. Diese Erklärungen haben mit Geographie, Geschichte und Evolutionsprozessen zu tun, aber nicht mit den biologischen Eigenschaften bereits etablierter Arten.

Diese grundsätzliche Trennung zwischen biologischen Faktoren, welche die Koexistenz von Arten in verschiedenen Lebensgemeinschaften beeinflussen, und Evolutionsfaktoren, die das Aussterben und die Entstehung von Arten steuern, steht im Mittelpunkt wissenschaftlicher Bemühungen, die Artenvielfalt zu verstehen. Obwohl diese beiden Faktorengruppen, die ökologische und die evolutionäre, sich prinzipiell unterscheiden, lassen sich ihre Auswirkungen in der Praxis kaum voneinander trennen, weil sie in komplizierter Wechselbeziehung zueinander stehen. Diese gegenseitigen Beziehungen zu entwirren und aufzudecken, wird ein Hauptziel der folgenden Kapitel sein.

Ökologische Prozesse wirken während des Lebens von Einzelorganismen, also in üblicher-weise recht kurzen Zeiträumen, während evolutionäre Prozesse über gewaltige geologische Zeitspannen hinweg ablaufen und auf der Ebene von Kontinenten stattfinden. Diese grundsätzlichen Unterscheidungen zeigen, daß die Vorgehensweise bei der Erläuterung der biologischen Vielfalt der Tropen auf gegensätzlichen Maßstäben von Raum und Zeit basieren sollte. Wir beginnen mit einem Überblick über die Ergebnisse der Evolution, wie sie sich in großmaßstäbigen Phänomenen ausdrücken: in der Verteilung der tropischen Vegetation in Abhängigkeit von Klimagradienten, in der Anpassung von Pflanzen an ein breites Spektrum von Bodenbedingungen und in der gegensätzlichen Ausprägung von Vielfalt in gemäßigten und tropischen Wäldern. Kleinere Maßstäbe sind angemessen bei Fragen wie: Warum können bis zu 300 Baumarten auf einem einzigen Hektar vorkommen, und wie finden über 200 Vogelarten unterschiedliche Existenzmöglichkeiten auf einem Quadratkilometer Wald? Schließlich rückt die Evolution wieder in den Mittelpunkt, wenn ich die Mechanismen erörtere, welche die biologische Vielfalt hervorbringen, und wenn ich der Frage nachgehe, ob die Evolution auf den verschiedenen Kontinenten übereinstimmende Organisationsformen für Lebensgemeinschaften hervorgebracht hat. Die Ökologie taucht gegen Ende noch einmal auf. Dort werde ich die aktuelle Frage ansprechen, wie die Vielfalt in einem weltweit vorkommenden Lebensraum erhalten werden kann, der unter dem Druck steht, unserer eigenen Art immer mehr Produkte und Leistungen zu liefern. Einige Gedanken darüber, ob man die Tropenwälder zum menschlichen Wohl nachhaltig bewirtschaften kann, ohne ihre seit undenklichen Zeiten bestehende Rolle als Quelle biologischer Vielfalt zu gefährden, werden das Buch abschließen.

Tropenwälder und Klima

Das übliche Urwaldklischee in Abenteuergeschichten – ein undurchdringliches Dickicht aus Lianen und bizarrem Blattwerk, in dem es von Gefahren nur so wimmelt – ist bei weitem übertrieben. Tropische Wälder sind vielgestaltig. In manchen dominiert der Eindruck von Erhabenheit, in anderen der von Schönheit; einige mögen ganz besonders exotisch wirken, während viele kaum bemerkenswerter sind als die Wildnis mancher Nationalparks in gemäßigten Zonen. Recht viele sind ziemlich unattraktiv. Es gibt in der Tat nur wenige unfehlbare Kriterien, um die Wälder der Tropen von denen gemäßigter Breiten abzugrenzen.

Bildbände betonen das Fremdartige: Mächtige Stütz- oder Brettwurzeln, die einen Menschen zwischen sich winzig erscheinen lassen, armdicke Lianen (verholzte Kletterpflanzen) und Girlanden von Epiphyten. Es stimmt, daß diese und einige andere auffällige Anpassungen von Pflanzen charakteristisch für Tropenwälder sind. Weniger bekannt ist jedoch, daß Stützwurzeln, Lianen und Epiphyten auch in Wäldern der gemäßigten Breiten vorkommen. Uralte Buchen und Eichen in einem der wenigen noch erhaltenen Urwälder des östlichen Nordamerikas haben beispielsweise mitunter ganz erstaunliche Stützwurzeln. Weinstöcke im fruchtbaren Tiefland meiner Heimat Virginia

1.6 Ein Mensch erscheint zwischen den Brettwurzeln eines riesigen Kapokbaumes (*Ceiba pentandra*) in Peru zwergenhaft klein. Solche Bäume tragen zu der Erhabenheit und dem Geheimnisvollen der unberührten tropischen Urwälder bei, doch sind die meisten Bäume in diesen Wäldern vergleichsweise schlank.

können Größe und Haltevermögen tropischer Lianen erreichen. Misteln, Spanisches Moos und die falsche „Rose von Jericho", dichtgedrängt auf den Ästen ehrwürdiger Eichen im Südosten der Vereinigten Staaten, erwecken einen Eindruck, wie man ihn sonst nur in den exotischsten Tropenwäldern antrifft.

Dem geübten Auge bieten sich andere Merkmale, die sich besser dazu eignen, Wälder der niederen Breitengrade anzuzeigen. Eines davon ist ihr komplexer vertikaler Aufbau. Betrachtet man einen Querschnitt durch die Vegetation, etwa entlang einer frisch geschlagenen Schneise, lassen sich von unten bis oben nicht weniger als vier oder fünf übereinanderliegende Baumkronen verschiedener Arten zählen, während das Maximum für einen Wald in gemäßigten Breiten bei zwei bis drei liegt. Ein noch subtilerer, aber besonders zuverlässiger Indikator ist gewöhnlich das Fehlen von Überdauerungsformen (Speicherorganen) – spezialisierten Organen wie Zwiebeln und geschützten Knospen –, die es vielen Pflanzen der gemäßigten Breiten erlauben, winterliche Kälte und Trockenheit zu überstehen. Trotz der wenigen, allgemeingültigen Merkmale besitzen die meisten Tropenwälder, insbesondere die feuchteren, ein unverkennbares, für die Tropen typisches Erscheinungsbild.

Tropenwälder kommen in vielen Formen vor, die im wesentlichen auf Unterschieden in Niederschlag, Temperatur und jahreszeitlichem Rhythmus beruhen; die Bodenbedingungen können allerdings ebenfalls eine Rolle spielen. Das Klima im Gebiet zwischen nördlichem und südlichem Wendekreis zeichnet sich durch eine ganzjährig gleichbleibende Temperatur aus. Abgesehen von diesem grundlegenden Kriterium ist jedoch eine Vielzahl von Klimaten möglich. Die jährlichen Niederschlagsmengen können von weniger als zehn Millimeter entlang der Küste Perus bis über zehn Meter an der kolumbianischen Küste nur wenige hundert Kilometer nördlich davon variieren. Die Jahres-

durchschnittstemperaturen reichen von annähernd 30 Grad Celsius an heißen Orten wie Djibouti oder Darwin in Australien bis zu solchen unter dem Gefrierpunkt auf den schneebedeckten Gipfeln der Anden. Wie wir später noch sehen werden, sind jahreszeitliche Veränderungen ebenfalls ein hochsignifikantes Merkmal tropischer Klimate, doch werden die Jahreszeiten eher durch unterschiedliche Niederschlagsmengen als Temperaturunterschiede bestimmt.

Aufgrund eines evolutionsbedingten Phänomens, der Konvergenz, lassen sich klimatisch bedingte Vegetationsmuster verallgemeinern. Die Idee ist tatsächlich recht einfach. Wenn die natürliche Auslese unter den Organismen in einer bestimmten Umwelt lange genug wirkt (lange genug wären etwa Millionen oder zig Millionen Jahre), dann werden sich diese Lebewesen in hohem Maße den besonderen Bedingungen jener Umwelt anpassen. Aus diesem zentralen Grundsatz der Evolutionstheorie läßt sich ableiten, daß nicht miteinander verwandte Lebewesen, die an verschiedenen Orten – etwa auf einem anderen Kontinent –, aber unter gleichen Umweltbedingungen leben, ähnliche, wenn nicht sogar die gleichen Anpassungen aufweisen.

Trotz der scheinbar naiven Einfachheit dieser Vorhersage zeigt sich ein überzeugender Beweis für Konvergenz in der Gestalt (oft als Physiognomie bezeichnet), das heißt dem Erscheinungsbild von Vegetationsformationen. Vermutlich ist die Konvergenz der eigentliche Grund, warum nur ein geübter Botaniker einen Regenwald in Kamerun von einem in Brasilien unterscheiden kann. Weitere Belege stellen weltweite Übereinstimmungen wie das Vorhandensein borniger und sukkulenter Pflanzen in Wüsten, die Allgegenwart von Lianen, Brettwurzeln und Epiphyten in Regenwäldern und der Besitz von Zwiebeln, Knollen und Rhizomen bei Stauden in Lebensräumen mit Jahreszeiten dar.

1.7 Durchscheinende Farne und Bromelien zieren die Zweige eines Baumes in einem Nebelwald Venezuelas. Solche Epiphyten kommen in immerfeuchten Bergwäldern sehr häufig vor, in den meisten Tieflandwäldern dagegen relativ selten.

In den Tropen hängt die Zeit des Laubaustriebs, Blühens und Fruchtens in Beziehung zum Zeitpunkt im Jahr – Phänologie genannt – eng mit den jahreszeitlich wechselnden Niederschlägen zusammen. Immergrüne Wälder kommen dort vor, wo Trockenzeiten fehlen oder höchstens wenige Monate andauern. Sind Trocken- und Regenzeit etwa gleichlang, herrschen laubwerfende Wälder vor. Die Konvergenz bei phänologischen Mustern ist überall in den Tropen ein so verläßliches Merkmal, daß ein erfahrener Freilandforscher gültige Schlußfolgerungen über das Klima eines Ortes ziehen kann, indem er die Vegetation untersucht. Andererseits vermag er aufgrund von Klimakenntnissen eindeutig auf die Vegetation zu schließen.

Tropenwälder existieren, wo immer das Klima es zuläßt. Von feuchtwarmen Tiefländern entlang des Äquators ausgehend erstrecken sich die Tropenwälder über trockenere Gebiete mit ausgeprägteren Jahreszeiten nördlich und südlich davon und die Berghänge hinauf bis in die kühlen, wolkenverhangenen Hochgebirgslagen.

Abnehmende Feuchtigkeit oder Temperatur bilden schließlich eine Grenze, an der Bäume niedrigeren Pflanzen weichen. Somit gibt es selbst am Äquator baumlose Zonen, wie den Gipfel des schneebedeckten Mount Chimborazo in Ecuador oder die ausgedörrten Wüstenebenen im südlichen Somalia.

Vor den Eingriffen des Menschen stellten solche Orte lediglich kleinere Unregelmäßigkeiten in einer ansonsten grünen Baumdecke dar, die fast überall in Äquatornähe gedieh. Tatsächlich bedeckten die Tropenwälder einst weltweit mehr als 20 Prozent der Landoberfläche. Heutzutage sind schon etwa zwei Drittel des ursprünglichen Waldes durch andere Vegetationsformen ersetzt – durch Ackerland, Viehweiden, weniger komplexen Sekundärwald, Baumplantagen sowie sogenanntes Ödland, das weder Mensch noch Natur in irgendeiner Weise nützt.

Vegetation und Temperatur

An den meisten Stellen in den Tropen sind Temperaturänderungen im wesentlichen auf tägliche Schwankungen beschränkt. Die Jahresmittelwerte der meisten Orte in niederen Lagen liegen zwischen 23 und 27 Grad Celsius. Tatsächlich werden die klimatischen Tropen (im Unterschied zu den geographischen Tropen) oft dadurch definiert, daß der obere und untere Wert der Tagesdurchschnittstemperaturen den der Monatsmittel übersteigt. Die Temperaturschwankungen im Laufe eines Jahres werden mit zunehmender Entfernung vom Äquator allmählich größer, obwohl die Temperaturen im Jahresmittel bis etwa zum 25. Breitengrad fast konstant bleiben, weil wärmere Sommer in der Regel die kälteren Winter ausgleichen. Das Klima in wirklich am Äquator gelegenen Städten wie Singapur oder Guayaquil mag schwül sein, wirkt aber kaum ermü-

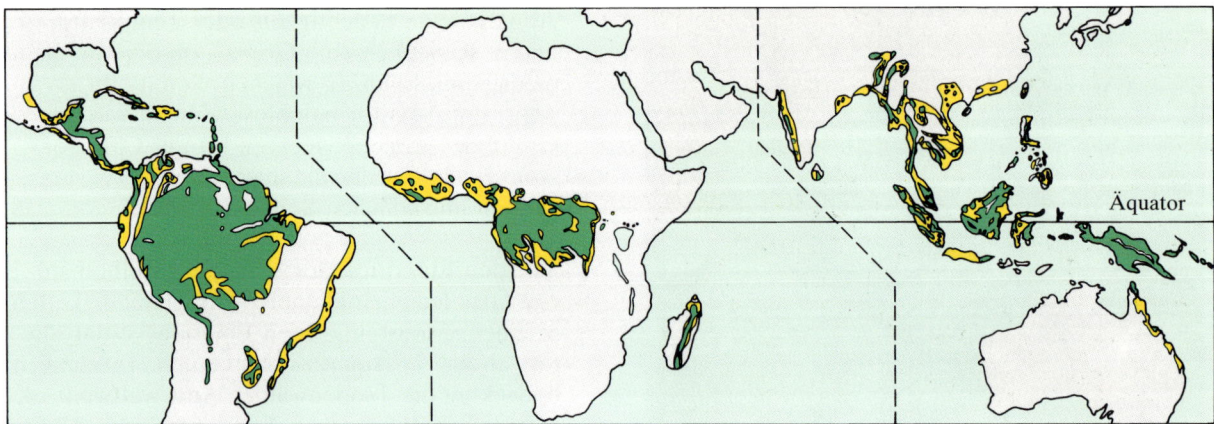

1.8 Gegenwärtige (*grün*) und frühere (*gelb*) Verbreitung der tropischen Regenwälder. Tropische Trockenwälder, die an die feuchte Tropenzone angrenzen, bedeckten einst eine ähnlich große Fläche, sie wurden jedoch in noch größerem Ausmaß abgeholzt.

dend. Um sinnenverwirrende Hitze zu erleben, muß man gegen Ende der Trockenzeit einen Ort im Binnenland am Rande der Tropen aufsuchen. Neu-Delhi in Indien oder Asunción in Paraguay sind in dieser Hinsicht überzeugende Beispiele.

Niedrigere Temperaturen finden die Bewohner der Tropen in höhergelegenen Regionen. Mit fallendem Luftdruck dehnt sich die Luft aus und kühlt adiabatisch mit zunehmender Höhe ab. Im feuchten tropischen Bergwald sinkt die Temperatur um 0,55 Grad Celsius je 100 Höhenmeter. Entsprechend liegt die Jahresdurchschnittstemperatur am Äquator in etwa 5 000 Meter Höhe unter den Gefrierpunkt. Diese Höhenstufe entspricht genau der Untergrenze des ewigen Schnees in den Anden.

Nur an der Baumgrenze begrenzt die Temperatur (unmittelbar) das Wachstum von Wäldern innerhalb des Tropengürtels, obwohl sie über weitere subtile Einflüsse andere Klimakomponenten indirekt beeinflußt. Die intensive Sonneneinstrahlung tropischer Breiten heizt die

Luft im Tiefland auf, die dann in die Berge aufsteigt. Dabei kühlt sie ab und erreicht schließlich den Taupunkt, an dem die Luft mit Feuchtigkeit gesättigt ist. Auf dieser Höhe sind die Berggipfel vom Vormittag bis in den späten Nachmittag hinein von einer Wolkenschicht mit gleichmäßiger Untergrenze verhangen. Da das Wetter in den Tropen häufig eher von Konvektionsströmen (vertikalen Luftbewegungen) als von großräumigen Winden wie dem Jet-Stream (einem Luftstrom mit hoher Geschwindigkeit in der oberen Troposphäre in circa zehn Kilometer Höhe) bestimmt wird, formieren sich solche Wolkenbänke in täglicher Eintönigkeit bevorzugt in derselben Höhenlage.

Diese unauffälligen Wetterabläufe verursachen einen abrupten Wechsel der Vegetation am Berghang. Unterhalb der Wolkenbank entspricht das Klima im wesentlichen dem des Tieflandes, wenn es auch etwas kühler und feuchter ist. Im Bereich der Wolken ist es fast ständig düster und dunstig. Wenn dichte Nebel durch das Blätterdach treiben, kondensiert die Feuchtigkeit auf den Oberflächen und verursacht dabei ein ständiges, langsames Tröpfeln. Auf feuchten Stämmen und Ästen gedeihen Moose, Farne und die fast mikroskopisch kleinen Samen von Orchideen, Bromelien und anderen Epiphyten. Die üppige Pflanzenwelt ver-

1.9 Als Relikte des Zeitalters der Dinosaurier kennzeichnen Baumfarne die Nebelwaldvegetation. Sie vermehren sich wie alle anderen Farne durch mikroskopisch kleine Sporen, die in der ständig feuchten Umgebung keimen.

leiht diesen Nebelwäldern ein einzigartiges exotisches Erscheinungsbild, das häufig noch durch die Gegenwart von überhängendem Bambus und schirmartigen Baumfarnen verstärkt wird.

Die durch die täglichen Wolkenbänke verursachte, drastische Verminderung der Sonnenenergie reduziert merklich die pflanzliche Produktivität. Daher wachsen Nebelwälder langsam und erreichen nicht die Höhe von Tieflandwäldern. Obwohl sie schön sind und auf den Betrachter während der seltenen sonnigen Augenblicke eine Faszination ausüben, beherbergen Nebelwälder im allgemeinen nur wenige Primaten und andere auffällige Tiere. Oft bieten sie jedoch einer stattlichen Anzahl exotischer Vögel Lebensraum, die sich von Früchten und Nektar ernähren: Felsenhähne, Quetzal und Kolibris in den Anden, Paradiesvögel und Honigfresser auf Neuguinea.

Weiter oben nimmt die Vegetation vieler Berge nochmals einen anderen Charakter an. Die Bäume sind verkrüppelt und knorrig und auf exponierten Bergkämmen mitunter nur mannshoch. Ihre Äste knarren unter der Last vielfarbiger Flechten, nicht mehr der Moose des Nebelwaldes, und ihre winzigen, steifen Blätter stehen dicht an dicht an den aufrechten Zweigen. Dies ist die Krummholzzone (manchmal auch Elfenwald genannt) – der letzte Versuch holziger Pflanzen, die Höhenlagen zu erklimmen. Ständige Feuchtigkeit und Dämmerlicht, gepaart mit feuchtigkeitsgesättigter Luft, bringen die Transpiration, den Wasserverlust der Blätter durch Verdunstung, zum Erliegen. Die eingeschränkte Transpiration hemmt das Aufsteigen des nährstoffreichen Saftes in der Pflanze, das Wachstum ist fast bis zum Stillstand

1.10 Fruchtfressende Vögel wie dieser Anden-Felsenhahn oder Anden-Klippenvogel spielen mit zunehmender Höhe tropischer Berge eine immer wichtigere Rolle als Samenverbreiter. In den Wäldern des Tieflandes dagegen sind Säugetiere, darunter Primaten, Huf- und Nagetiere, sind die wichtigsten Samenverbreiter, wenngleich Vögel auch dort an der Verbreitung der Samen bestimmter Pflanzengruppen maßgeblich beteiligt sind.

verlangsamt. Spindeldürre, gekrümmte Bäume, die nur wenige Meter hoch sind und einen Stammdurchmesser von weniger als zehn Zentimetern aufweisen, können Hunderte von Jahren alt sein. In den Anden leben dort der Brillenbär und der winzige Nordpudu, ein Trughirsch, auf den Vulkankegeln Ostafrikas der Berggorilla.

Krummholzwälder sind schon seit langem Gegenstand des Interesses von Botanikern, denn sie bieten erstklassige Beispiele für den sogenannten *Massenerhebungseffekt.* Dieser Ausdruck beschreibt die Verlagerung der Vegetationszonen an kleinen, isolierten Bergen in tiefere Regionen. In höhergelegenen tropischen Bereichen wie dem Carstensz in Irian Jaya, dem Mount Kinabalu auf Borneo, dem Ruwenzori in Afrika oder den Anden in Südamerika trifft man Krummholzwälder normalerweise in Lagen über 3000 Metern an. Daher standen

1.11 Die knorrigen Bäume dieses „Elfenwaldes" gedeihen mit einer Wachstumsrate, die nicht wahrnehmbar ist, im fast sonnenlosen Klima nahe der Baumgrenze in den peruanischen Anden. Wallende Nebel kondensieren auf allen Oberflächen und ernähren Polster aus Moosen, Flechten und anderen Epiphyten. In dieser Welt unheimlicher Stille wird die Ruhe des Waldes nur vom schwachen Lispeln eines vorbeifliegenden Vogels oder dem „Piep" eines verborgenen Frosches unterbrochen.

Botaniker vor einem Rätsel, als sie auf isolierten Gipfeln wie beispielsweise dem Pico del Este in Puerto Rico äußerlich gleichartige Formationen in nur 1000 Meter Höhe fanden.

Die Temperatur ist für den Massenerhebungseffekt ohne Bedeutung, denn auf dem Pico del Este ist es nicht kälter als an anderen, gleichhoch gelegenen Orten. Ungeklärt ist, ob die Absenkung der Vegetationszonen von der Unterdrückung der Photosynthese bei dichter Wolkendecke und hoher Luftfeuchtigkeit herrührt oder aber von einem schwerwiegenden Nährstoffmangel aufgrund anhaltender Niederschläge und der Auswaschung (dem Abtransport in gelöstem Zustand) von Mineralstoffen. Weitere Untersuchungen werden erforderlich sein, um diese Streitfrage zu klären.

Die Baumgrenze liegt dort, wo die Nettophotosyntheserate nicht mehr ausreicht, den Aufwand für die Bildung von Holz zu decken. In den Tropen erstreckt sich diese Grenze immer ein gutes Stück unterhalb der Schneegrenze – in Neuguinea und den tropischen Anden auf etwa 3500 Meter Höhe – obwohl in beiden Regionen in geschützten Schluchten sogar oberhalb von 4000 Metern ein paar verholzte Pflanzen vorkommen. Tatsächlich steigt die Baumgrenze mit zunehmender Entfernung vom Äquator nach einem unvorhersehbarem Verbreitungsmuster an. Auf einigen mexikanischen Vulkanen sowie im Himalaja erreicht sie Höhen von gut 4000 Metern, bevor sie nach Norden zu wieder fällt. Die höhere Baumgrenze in diesen subtropischen Gebirgen ist zweifellos auf die längeren, wärmeren Tage des sommerlichen Klimas zurückzuführen, die eine produktivere Wachstumsphase ermöglichen. Am Äquator liegen die Temperaturen in 4000 Meter Höhe jede Nacht nahe oder unter dem Gefrierpunkt, und Pflanzenwachstum ist kaum wahrnehmbar.

Vegetation und Niederschläge

Wie die Temperaturen sind die Niederschläge am Äquator gewöhnlich hoch, weil dort die Verdunstungskraft der Sonne am höchsten ist. Im allgemeinen nehmen die Niederschläge vom Äquator weg allmählich ab und hören nahe den erdumfassenden Trockengürteln, die zumeist etwa zwischen dem 25. und dem 30. Breitengrad liegen, abrupt auf. Die Regenfälle sind, bedingt durch Meeresströmungen, Gebirgszüge oder die Passatwinde, viel größeren lokalen Schwankungen unterworfen als die Temperatur.

So wie die Durchschnittstemperatur in den Tropen an die Höhenlage gekoppelt ist, hängt die jährliche Niederschlagsmenge von der Länge der Regenzeit ab. Im allgemeinen nehmen die Trockenzeit und der Gegensatz zwischen den Jahreszeiten mit der Entfernung vom Äquator kontinuierlich zu. Mit abnehmenden Regenfällen steigt in der Regel die Anzahl der trockenen (ariden) Monate im Jahresverlauf. (Für biologische Belange wird ein Trockenmo-

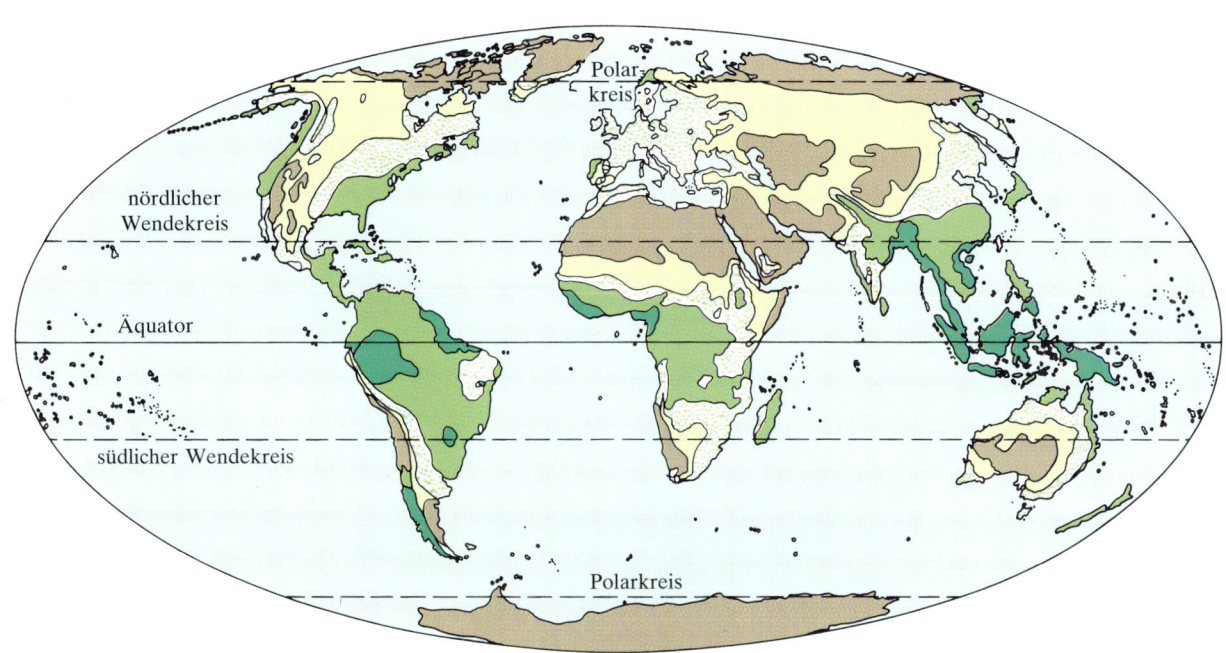

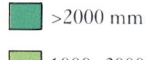 >2000 mm

1000–2000 mm

500–1000 mm

250–500 mm

<250 mm

1.12 Die Vegetation ist eng mit den Niederschlägen gekoppelt, besonders im tropischen Tiefland, wo hohe Temperaturen und starke Sonneneinstrahlung die Verdunstung fördern. Übersteigen die jährlichen Niederschläge 2 000 Millimeter, sind im Tropengürtel immergrüne Wälder die Regel. Im Niederschlagsbereich zwischen 1 000 und 2 000 Millimetern herrschen Savannen und regengrüne Trockenwälder am unteren Skalenende vor, während laubabwerfende bis halbimmergrüne Wälder am oberen Ende dominieren. Zwischen 500 und 1 000 Millimetern findet man niederwüchsige laubabwerfende Wälder, Dornbusch, Trockensavanne und semiarides Grasland. Niedrige Strauchhalbwüste besiedelt die meisten Gebiete mit 250 bis 500 Millimeter Niederschlag. Wo die Niederschläge weniger als 250 Millimeter betragen, ist die Vegetation nur spärlich vorhanden oder fehlt ganz.

nat als ein Monat definiert, in dem die Niederschläge das Verdunstungspotential des Klimas nicht ausgleichen können.) Häufig fällt in den feuchten Monaten eines ariden Klimas ebenso viel Regen wie in einem durchschnittlichen Monat immerfeuchten Klimas. Tropische Gegenden mit geringen Niederschlägen pro Jahr stellt man sich so eher jahreszeitlich geprägt als trocken vor.

Mit den ausgeprägteren Jahreszeiten mit zunehmender Entfernung vom Äquator verlieren die Wälder während der Trockenzeit in verstärktem Maße ihr Laub. In halbimmergrünen Wäldern tritt der Laubfall mitunter nur in Jahren mit ungewöhnlicher starker Trockenheit

in vollem Umfang auf. In normalen Jahren mit vier oder fünf trockenen Monaten verlieren die Kronen vieler größerer Bäume ihr Laub für eine unterschiedliche Zeitspannen – oft nur für einige Wochen – und treiben wieder aus, bevor der Regen einsetzt. In solchen Wäldern zeigt sich der laubabwerfende Habitus hauptsächlich in der Kronenregion, da sich der Wasserstreß sich mit zunehmender Höhe verschärft. Das Unterholz bleibt gewöhnlich das ganze Jahr über grün, auch wenn gegen Ende der Trockenzeit Blattwelke auftreten kann.

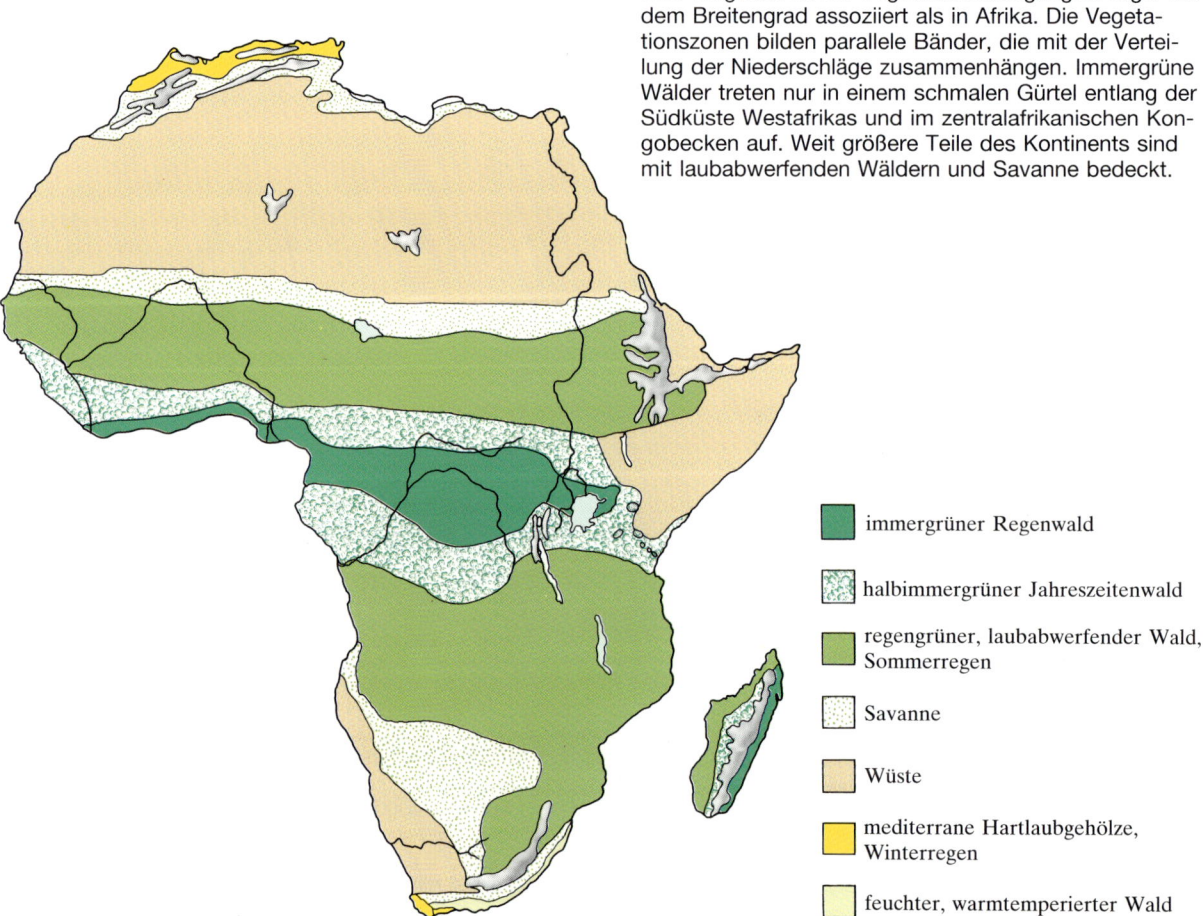

1.13 Nirgends ist der Vegetationsübergang strenger mit dem Breitengrad assoziiert als in Afrika. Die Vegetationszonen bilden parallele Bänder, die mit der Verteilung der Niederschläge zusammenhängen. Immergrüne Wälder treten nur in einem schmalen Gürtel entlang der Südküste Westafrikas und im zentralafrikanischen Kongobecken auf. Weit größere Teile des Kontinents sind mit laubabwerfenden Wäldern und Savanne bedeckt.

immergrüner Regenwald

halbimmergrüner Jahreszeitenwald

regengrüner, laubabwerfender Wald, Sommerregen

Savanne

Wüste

mediterrane Hartlaubgehölze, Winterregen

feuchter, warmtemperierter Wald

1.14 Tropische laubabwerfende Wälder wie dieser in Costa Rica können in der Trockenzeit genauso kahl aussehen wie ein Wald der gemäßigten Breiten im Winter. Neues Laub vermag einen Monat oder mehr vor dem Einsetzen der Regenfälle auszutreiben und damit der Wachstumsperiode, die manchmal nur drei Monate dauert, vorzugreifen.

Tropische laubabwerfende Wälder (regengrüne Trocken- oder Monsunwälder) findet man in Regionen, wo die Trockenzeit fünf bis sieben Monate dauert. In Wäldern der gemäßigten Zone fällt der Blattfall mit der Gefährdung durch Temperaturen unter dem Gefrierpunkt zusammen; in tropischen laubabwerfenden Wäldern hingegen bleiben die Blätter oft noch einen oder zwei Monate nach dem Ende regulärer Regenfälle erhalten, da im Boden noch ausreichend Wasser gespeichert ist. Mitten in der Trockenzeit können diese Wälder so entlaubt sein wie winterliche Wälder in Mitteleuropa. Häufig schlagen die Bäume bereits ein oder zwei Monate vor Einsetzen heftiger Regenfälle wieder aus. So können sie das intensive Sonnenlicht nutzen, das für die späte Trockenzeit typisch ist. Ein Trockenwald in vollem Laub kann genauso grün und schattig sein wie ein sommergrüner Laubwald in den gemäßigten Regionen Nordamerikas oder Europas.

Ein verlängerte Trockenzeit hat eine verkürzte Wachstumsperiode und verminderte Produktivität zur Folge und erfordert einen gesteigerten Stoffwechselaufwand, um lebende Strukturen über die inaktive Zeitspanne hinweg zu erhalten. Dieser Aufwand fällt bei den hohen Temperaturen der Tropen besonders ins Gewicht und kann die Höhe der Bäume begrenzen. Monsunwälder sind dementsprechend niedrig und enthalten nur wenige Bäume, die höher als 30 Meter sind. In gemäßigten Breiten, wo die Ruhezeit eher durch Kälte als durch Trockenheit bedingt ist, ist der physiologische Streß für die Bäume weit geringer, und Bäume von 30 Metern sind in vollentwickelten Beständen die Regel.

Klimatische Grenzen der Tropenwälder

An vielen Stellen der Erde gehen die Wälder abrupt in Baumsavanne oder tropisches Grasland über. Solche unbewaldeten Vegetationstypen werden häufig durch natürliche Buschbrände bewahrt, wie etwa die vor der Besiedelung im Mittelwesten der Vereinigten Staaten charakteristische Langgrasprärie. In feuchteren Regionen entwickelt sich nach der Abholzung des Primärwaldes für den Wanderfeldbau zumeist sekundäres (vom Menschen geschaffenes) Grasland. Da die ansässige Bevölkerung immer wieder Feuer legt, um Wild zu jagen oder das Wachstum von frischem Gras für die Viehzucht zu fördern, bleibt dieses Grasland erhalten. Wenn erst einmal riesige Gebiete auf diese Weise in Savannen oder Grasländer verwandelt worden sind, wird es extrem schwierig, daß wieder ein dichter Baumbestand gedeiht, und das selbst in Klimaten, wo sonst immergrüner Wald wachsen würde. Besonders auffällig sind die sekundären „Alang-Alang-Grasländer" (*Imperata cylindrica*) in Teilen Südostasiens, den Philippinen und Neuguineas. Dies ist eine verhängnisvolle Entwicklung, weil Alang-Alang ein hartes, faserreiches und nährstoffarmes Gras ist, das noch nicht einmal als Ziegenfutter taugt.

Wo menschliche Eingriffe keine wesentliche Rolle spielen, fällt häufig die jährliche Niederschlagsmenge von 1500 Millimetern mit der Grenze zwischen Wald und Savanne zusammen. Wenn Feuer selten ist oder der Boden während der Trockenzeit feucht bleibt, wie in den Galeriewäldern entlang von Flußläufen, können Wälder auch in trockeneren Regionen vorkommen. In bestimmten Gegenden können halbimmergrüne Jahreszeitenwälder auf tiefgründigen, feinerdigen Böden noch bei einer Niederschlagsmenge von kaum über 1000 Millimetern wachsen. Andererseits bilden sich Savannen in sonst bewaldeten Regionen mit mehr als 1500 Millimeter Niederschlag, wenn grobe oder flachgründige Böden mit niedriger Wasserkapazität zutage treten. Solche klimatisch azonalen Savannen treten am Äquator in Zentralgabun und im Zentrum des brasilianischen Amazonasgebiets bei Santarem auf.

Oft gibt die Topographie den Ausschlag. Es ist etwas Alltägliches, durch Buschbrände bedingte Grasländer auf der windzugewandten Seite einer Bergkette und Wald in Schluchten und auf der Leeseite anzutreffen. Wo topographisch stark gegliedertes Terrain einen natürlichen Feuerschutz gewährleistet, dringen Trockenwälder gelegentlich sogar in Klimate mit weniger als 1000 Millimeter Regen vor, so in Piura an der Nordgrenze der Küstenwüste von Peru.

Das Wechselspiel zwischen bewaldetem und unbewaldetem Gebiet kann auch durch große Pflanzenfresser reguliert werden. Ein besonders bekannter Fall ist der Tsavo-Nationalpark im Südosten Kenias. Der Überlieferung zufolge war die Gegend in der Mitte des 19. Jahrhunderts eine riesige Savanne. Das Elfenbein zog professionelle Jäger an, welche die Elefantenpopulation dezimierten. Innerhalb weniger Jahrzehnte beherrschte ein undurchdringliches Dickicht aus dornigen Akazien die Landschaft. Während der ersten Hälfte des 20. Jahrhunderts nahm die Zahl der Elefanten allmählich wieder zu, wenn auch nicht stark genug, um die Vegetation maßgeblich zu beeinflussen. In den sechziger Jahren wanderte dann eine große Zahl Elefanten in den Park ein, die sich vor den Menschen in den umliegenden Gebieten zurückzogen. Eine künstlich vergrößerte Elefantenpopulation in Verbindung mit einer schlimmen Dürre führte zu einem unerträglichen Ansturm auf die Vegetation. Hunderte von Elefanten verhungerten, während die überlebenden die Akaziendickichte und Baobabs (Affenbrotbäume) fast vollständig vernichteten. In der Tsavo-Region kam nun wieder offene Savanne vor. Heute, ein Jahrhundert nach der ersten Erbeutung von Elfenbein, ist der Elefantenbestand durch die illegale Jagd erneut stark dezimiert, und wieder haben die Akazien freie Hand bei der Eroberung des Landes.

Dieser Bericht veranschaulicht die Eigenschaften der Klimagrenze zwischen von Bäumen beherrschten und grasbewachsenen Lebensräumen. Grundsätzlich ist spärliche, aber gleichmäßig verteilte Feuchtigkeit dem Wald förderlicher als ausgeprägte Jahreszeiten; Bewölkung kann die Auswirkungen der Trockenzeit abschwächen; Böden, Topographie und große Pflanzenfresser können, wie wir gesehen haben, ebenfalls eine Rolle spielen. Das Thema ist vielschichtig, aber gerade heute besonders wichtig, weil mehr und mehr von Tropenwald bedecktes Land in unbewaldete Vegetation umgewandelt wird.

1.15 Auf vielen tropischen Bergen ist die Baumgrenze durch das jährliche Abbrennen des Hochgebirgsgraslandes künstlich nach unten verlagert. Hier in den pe-ruanischen Anden zeigt sich der Rückgang des Waldes deutlich am braunen Laub der vom Feuer getöteten Bäume (großer, verbrannter Fleck in der Bildmitte).

Die Begrenzung der Tropenwälder durch die Breitengrade

Nur an wenigen Stellen auf der Erde erstrek-ken sich feuchte Klimate in einem kontinuierli-chen Gürtel von den Tropen bis zur gemäßig-ten Zone. Fast überall unterbrechen Wüsten die feuchten Klimagürtel. Ausnahmen bilden die Ostränder der Kontinente. Dort wehen Pas-satwinde über das Gebiet warmer Meeresströ-mungen, nehmen Feuchtigkeit auf und regnen über Land wieder ab. Nur an solchen Stellen

dehnen sich echte tropische Wälder über die geographischen Grenzen der Tropen hinaus aus: in Assam im nordöstlichen Indien am Fuße des Himalaya, in Südostchina, im Nord-osten Australiens, im Staat São Paulo in Süd-ostbrasilien und im südöstlichen Madagaskar. Dort bleiben schmale Landzungen das ganze Jahr über warm und feucht genug, damit dort tropische Vegetation gedeihen kann.

Während sich die Wälder auf tropischen Ber-gen gewöhnlich bis in die Frostzone hinein er-strecken, ist die Breitenbegrenzung des Tro-penwaldes eng mit dem Auftreten von Tempe-raturen unter dem Gefrierpunkt gekoppelt.

Daß Frost dem Vorkommen tropischer Baumarten in der Tat Grenzen setzt, belegen die Begleiterscheinungen der heftigen Kälteperiode, die im Juli 1975 das südliche Südamerika heimsuchte. Damals schnellte der Preis für Kaffee in den Vereinigten Staaten plötzlich auf über sieben Dollar pro Pfund. Der Vorfall war ein Jahrhundertereignis, das großen Schaden anrichtete und das nicht nur bei Brasiliens Kaffeernte, sondern auch in der natürlichen Vegetation des Staates São Paulo. Ein paar wachsame Botaniker führten danach eine Untersuchung durch und fanden heraus, daß tropisch geprägte Pflanzenarten den größten Schaden davongetragen hatten, während viele, die durch die gemäßigten Breiten des Südens geprägt sind, unbeschadet davongekommen waren. Seltene Ereignisse mit selektiver Wirkung können daher Zusammensetzung und Vielfalt der Vegetation ganz entscheidend beeinflussen.

Die Trockengürtel, die sich um die ganze Erde erstrecken, trennen tropische von gemäßigten Wäldern, die daher nur in den wenigen genannten Zonen miteinander in Kontakt kommen. So ist es außerordentlich schade, daß bereits mehrere dieser Übergangswälder durch Abholzung vernichtet wurden. Der einzige, den ich selbst sehen konnte, befand sich auf den Hängen der Sierra Madre del Sur im mexikanischen Staat Guerrero. Dieser Wald war nicht nur einer der schönsten und eindrucksvollsten Wälder, die ich je gesehen hatte, sondern auch botanisch einzigartig. Die Kronenregion setzte sich aus hochaufragenden Bäumen zusammen – Eichen, Ulmen, Walnußbäumen, Ahornarten – die vertrauten nordamerikanischen Gattungen angehörten; das Unterholz wurde fast ausschließlich von tropischen Gattungen gebildet. Meine Begeisterung für die Vegetation mischte sich mit Frustration, denn jeden Tag sah ich Lastwagen beladen mit Holzstämmen vorbeirollen.

Die Klassifikation der Tropenwaldvegetation

Von einem tieffliegenden Flugzeug aus betrachtet lassen tropische Wälder ihre grenzenlose Vielfalt lediglich andeutungsweise erkennen. Unzählige Baumwipfel verschmelzen zu einem grobgewebten grünen Teppich, der sich nach allen Richtungen bis zum Horizont hin erstreckt. Diese weiträumige Szene wird von den dahinziehenden Mäandern namenloser Flüsse zerschnitten – sie ähnelt damit einem riesigen Puzzle. Kronen verschiedener Höhe, Größe und Farbe tragen zur uneinheitlichen Textur bei und lassen die enorme Vielfalt der darunterliegenden Bäume erahnen. Das Ganze besteht aus allen nur denkbaren Grüntönen, die man am besten bei genauem Hinsehen wahrnimmt, wie beim Betrachten der Details eines Gobelins. Das Auge wird beständig von besonderen Details angezogen, die das ansonsten eintönige Muster unterbrechen: eine entlaubte herausragende Krone, vielleicht eine Palme mit Fiederblättern, und hier und da ein auffälliger Farbtupfer, wo ein Baum seine Bestäuber von weit her anlockt.

Da das Auge bei einer solchen Szene eher das Einheitliche als das Detail wahrnimmt, wird das Gefühl von Einförmigkeit hervorgerufen. Dieser falsche Eindruck entsteht paradoxerweise aus der üppigen Vielfalt, die sich dahinter verbirgt. Wälder im Norden werden oft von einer Spezies oder von wenigen verwandten Arten beherrscht. Eichen, Kiefern und Fichten unterscheiden sich alle auf den ersten Blick voneinander, und Wälder, die sich überwiegend aus der einen oder anderen Art zusammensetzen, sind durch ihr äußeres Erscheinungsbild leicht zu erkennen. Unser auf Formen basierendes Unterscheidungsvermögen versagt völlig, wenn sich ein Wald aus mehreren hundert Baumarten zusammensetzt, von denen keine dominiert. Ein anderer Wald, der vielleicht nur wenige Kilometer entfernt ist und ebenfalls Hunderte von Arten enthält, wird bei oberflächlicher Betrachtung genauso aussehen, obwohl er in botanischer Hinsicht völlig verschieden sein kann. Die besondere biologische Reichhaltigkeit, die diese Wälder wissenschaftlich so ungeheuer interessant macht, hat die Fortschritte bei ihrer Klassifikation erheblich behindert.

In der nördlichen gemäßigten Zone unterscheidet man die Waldtypen aufgrund ihrer Zusammensetzung und benennt sie nach den vorherrschenden Arten. Im Osten der Vereinigten Staaten lernt die Pfadfinderjugend zum Beispiel, Eiche-Hickory-, Birke-Ahorn-, Fichte-

Tanne- und andere vertraute Gesellschaften zu erkennen. Europäische Wälder werden in noch kleinere Abstufungen mit feineren Unterschieden in der Zusammensetzung eingeteilt. Im Bereich der 48 aneinandergrenzenden amerikanischen Bundesstaaten (ohne Alaska und Hawaii) sind 135 natürliche Pflanzengesellschaften in einem umfassenden System festgelegt worden. Naturschutzorganisationen nutzen diese Einteilung, um bei der Erhaltung biologischer Vielfalt in Nordamerika Prioritäten zu setzen. Es wird noch lange dauern, bis eine solche Klassifikation für irgendein Gebiet von vergleichbarer Größe in den Tropen zur Verfügung steht.

1.16 Luftaufnahme eines Weißwasserflusses in Amazonien, der in seiner breiten Überschwemmungsfläche mäandriert. Ehemalige Mäander, die nun von neu abgelagertem Sediment abgeriegelt sind, bleiben als Altarme links und rechts vom heutigen Flußbett zurück. Vegetation im frühen Sukzessionsstadium breitet sich an dem großen Mäanderbogen in der Bildmitte zum Ufer hin aus.

Zwar existieren Vegetationskarten für viele tropische Länder, aber sie basieren auf viel gröberen Einteilungen, im allgemeinen auf solchen, die wenige oder keine botanischen Informationen enthalten. Grundlage solcher Karten ist häufig die prinzipielle Unterscheidung zwischen Bewaldung und waldlosen Regionen. Als „Wald" wird zunächst jede Vegetation bezeichnet, die ein geschlossenes Blätterdach hervorbringt; „unbewaldet" faßt alles übrige zusammen, einschließlich offenen Gehölzformationen, Savanne, Dornbusch und tropisch-alpinem Gras- und Heideland. Die letztgenannten Formationen sind meist an jahreszeitlich geprägte oder aride Tieflandstandorte oder aber an kalte Höhenlagen oberhalb der Baumgrenze gebunden. Unter die Kategorie Wald fallen viele deutlich unterschiedliche Typen, die sich ganz grundlegend in Primär- und Sekundärwälder gliedern lassen. Primärwälder sind natürliche Wälder, sie werden oft als ursprüngliche oder Urwälder bezeichnet. Obwohl Störungen durch den Menschen zu früheren Zeiten nicht ausgeschlossen werden können, zeichnen sich Primärwälder durch eine uneinheitliche Altersstruktur und das Vorhandensein wenigstens einiger sehr alter Bäume aus. Im Gegensatz dazu entstehen Sekundärwälder nach einer bedeutenden (gewöhnlich vom Menschen verursachten) Störung und starten als gleichaltrige Bestände. Die Artenzusammensetzung von Sekundärwäldern unterscheidet sich oft erheblich von der des Primärwaldes, der ursprünglich diesen Standort besiedelte. Neben der Gliederung in primär und sekundär gibt es weitere oberflächliche Kriterien, immergrün gegenüber laubabwerfend beispielsweise oder Überschwemmungsgebiet (gelegentlich oder regelmäßig unter Wasser stehend) im Gegensatz zum Land, das nie überflutet wird (der *Tierra firme*). Innerhalb dieser sehr groben Einteilungen können viele Varianten unterschieden werden.

Fast überall haben Kulturen lokal ihre eigene Terminologie entwickelt und eine feinere Einteilung vorgenommen. Manchmal gehen die Klassifikationen der Einheimischen ins Detail und sind scharf, sie unterscheiden feine Abstufungen in der Struktur oder Artenzusammensetzung, die lokale Bodentypen oder die Entwicklungsgeschichte von Störungen widerspiegeln. Die Kayapo-Indianer Brasiliens haben beispielsweise ein spezielles Vokabular, um die Stadien der Wiederbewaldung im Regenerationszyklus aufgelassener Anbauflächen zu beschreiben.

Viele dieser Feinheiten verschwinden bei dem im wesentlichen in einer Richtung stattfindenden kulturellen Austausch zwischen eingeborener und moderner Kultur. Siedler, die in den Wald ziehen, verfügen oft über keinerlei Vorwissen über den Lebensraum und verachten die Eingeborenen gern als Wilde, von denen man nichts Wertvolles lernen kann. So degeneriert ein ausgeklügeltes Klassifikationssystem wie das der Kayapo in der Regel zu einem einzelnen Begriff. In Peru werden aufgegebene Nutzflächen wieder zu *purma*, in Brasilien zu *capoeira*. Das von den Einheimischen in Jahrtausenden erworbene Wissen geht damit unwiederbringlich verloren. Die moderne Wissenschaft hat einen langen Weg vor sich, wenn sie diesen Erfahrungsschatz neu beleben will.

Die wichtigsten Hindernisse, die tropische Vegetation zu klassifizieren, waren die niedrige Priorität, die Regierungen dieser Aufgabe einräumten, Mangel an Fachpersonal, Probleme beim Zugang in viele Gebiete und die ungeheure pflanzliche Vielfalt der Tropenwälder, in denen keine Art sichtlich dominiert. In nur wenigen Ländern der Tropen gibt es mehr als eine Handvoll Forstwissenschaftler, die in der Lage sind, die Baumarten in den jeweiligen Primärwäldern zu bestimmen. Da für diese Aufgabe kaum Mittel zur Verfügung stehen, dürften wahrscheinlich viele tropische Wälder lange vor ihrer Klassifizierung und Erfassung verschwunden sein.

Vorhandene Klassifikationsschemata basieren auf einer Vielzahl von Kriterien, bis auf wenige Ausnahmen jedoch nicht auf der Zusammensetzung der Baumarten. Gesamtphysiognomie, topographische und phänologische Eigenschaften sowie Klima sind schon verwendet worden. Jedes Land oder Gebiet stützt sich auf das System, das am besten auf die jeweiligen Bedingungen paßt.

Die Vegetationskarte Mexikos verwendet beispielsweise ein gemischtes System, das die geographische Lage des Landes mitten in der Übergangszone von gemäßigtem zu tropischem Klima berücksichtigt. Pflanzenformationen mittlerer und höherer Lagen, die winterlicher Kälte ausgesetzt sind, werden von Gattungen der gemäßigten Breiten wie Eiche, Kiefer und Tanne beherrscht. Hier entspricht die Klassifikation dem Schema für gemäßigte Zonen, das auf dominanten Arten oder Gattungen basiert.

Auf das tropische Tiefland wird ein völlig anderes Verfahren angewandt. Da dort Formationen fehlen, in denen einzelne Taxa (systematische Einheiten) dominieren, stützt sich die Einteilung auf den Blattverlust der Kronen zur Trockenzeit. Der Blattfall der Baumkronen spiegelt wiederum den jahreszeitlichen Wechsel der Regenfälle wider. In den feuchtesten Gebieten wächst immergrüner Tropenwald, Gegenden mit leichter jahreszeitlicher Trockenheit sind halbimmergrün, und Zonen mit ausgeprägten Jahreszeiten, besonders entlang der Westküste, werden als regengrün oder laubabwerfend bezeichnet. Diese Einteilungen entsprechen nur grob der Artenzusammensetzung, weil die Erkennungsmerkmale physiologisch und nicht taxonomisch sind.

Costa Rica, Panama und einige andere Staaten Zentral- und des nördlichen Südamerikas haben das „Holdridge-System" übernommen. Es trägt seinen Namen zu Ehren von L. Holdridge, einem aus den USA ausgewanderten Pionier der tropischen Forstwissenschaft, der sich in Costa Rica niedergelassen hat. Holdridge fand heraus, daß die Pflanzengesellschaften in Costa Rica streng klimatisch geprägt sind, wobei sowohl Feuchtigkeit als auch Temperatur (und damit Höhenlage) entscheidenden Einfluß haben. Dementsprechend konstruierte er ein komplexes Schema zur Klimaeinteilung, das auf den Temperaturen und Niederschlägen im Jahresdurchschnitt basiert. Den willkürlichen Einheiten wurden Namen gegeben, die einen bestimmten Vegetationstyp bezeichnen, zum Beispiel tropischer Trockenwald oder submontaner Regenwald. Als heuristischer Ansatz hatte das Holdridge-Schema in Zentralamerika, wo die Pflanzenzusammensetzung im großen und ganzen stark und konsequent vom Klima abhängt, beträchtlichen praktischen Wert. Anderswo war es weniger hilfreich, so im Amazonasgebiet, wo das Klima über weite Gebiete hinweg einheitlich ist. Dort wird die Vegetation von nicht miteinander in Beziehung stehenden Umweltfaktoren beeinflußt.

In Peru beispielsweise werden Forstwissenschaftler mit einer topographisch vielfältigen Landschaft und einer überwältigenden Fülle von Baumarten konfrontiert, von denen viele bislang noch keinen wissenschaftlichen Namen haben. Große Gebiete des Amazonastieflandes sind regelmäßig überschwemmt. Deren Vegetationsformationen unterscheiden sich von der *Tierra firme*. An den Oberläufen am Fuße der östlichen Anden schaffen zerklüftetes Gelände und abwechslungsreiche Geologie eine noch kompliziertere Situation. Die Kartierung der Vegetation wird noch dadurch erschwert, daß dort Straßen fehlen und die Region wissenschaftlich weitgehend unerforscht ist.

In Anbetracht dieser Schwierigkeiten klassifizierten peruanische Forstwissenschaftler die Vegetation auf der Grundlage der Topographie, wobei sie Kategorien wie dauernd beziehungsweise zu bestimmten Zeiten überschwemmten Wald, Wald auf der *Tierra firme* und auf Erhebungen unterscheiden. Innerhalb jeder dieser Zonen kann eine große Anzahl von Pflanzengesellschaften unterschiedlicher Zusammensetzung vorkommen. Dennoch hat das System für die Planung von Straßen und die Kostenschätzung bei der Nutzholzgewinnung praktischen Wert.

Wieder andere Bedingungen gelten für den tiefergelegenen Teil Amazoniens in Brasilien. Das Relief ist vergleichsweise ruhig, weil Berge völlig fehlen. Statt dessen dominieren Flüsse. Wasserläufe, die weiter westlich in den Anden entspringen, trasportieren riesige Frachten von Schluff. Wegen ihrer charakteristischen hellbraunen Farbe werden sie als Weißwasserflüsse bezeichnet (vielleicht weil sie zu Reflexionen führen). Weißwasserflüsse lagern ihre Schluffracht in Form breiter Schwemmflächen am

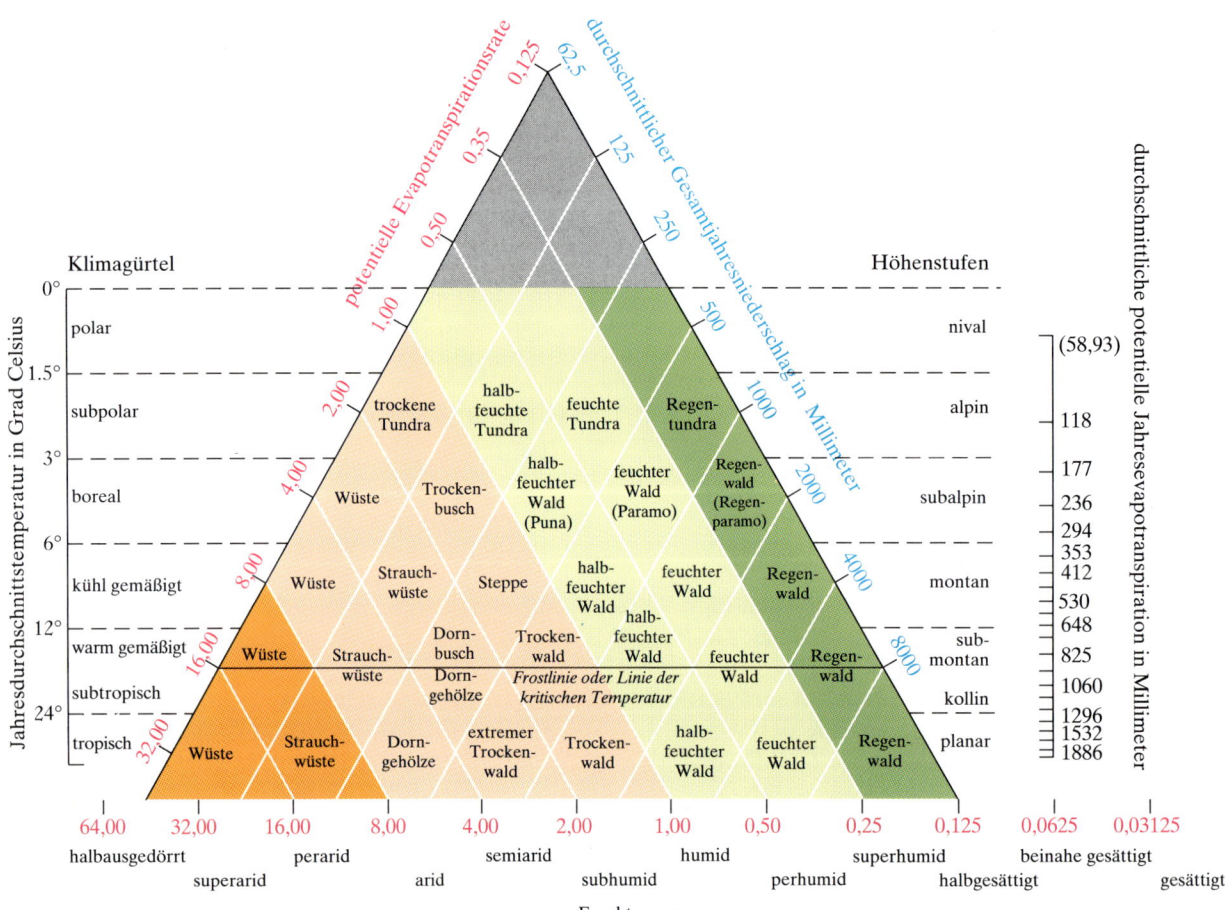

1.17 Das vom amerikanischen Forstwissenschaftler Leslie Holdridge entwickelte Klassifikationsschema für die Vegetation Mittelamerikas. Die Niederschläge werden schräg von links nach rechts abfallend größer; die Temperatur nimmt von unten nach oben ab. Die maximale Evaporation plus der in einem bestimmten Lebensraum möglichen Transpiration wird als potentielle Evapotranspiration bezeichnet. Wo die Niederschläge die potentielle Evapotranspiration überschreiten, ist ihr Verhältnis kleiner als 1,0, und es herrscht immergrüne Vegetation vor. Trockenere Klimate werden durch ein Verhältnis von größer als 1,0 repräsentiert. In Mittelamerika entsprechen die Kästchen des Diagramms rechts genau den bekannten Pflanzengesellschaften.

Fuß der Berge ab. Das bröckelige, feinkörnige Sediment dieses Schwemmlandes ist außerordentlich fruchtbar, aber auch leicht erodierbar. Die Flüsse ändern ständig ihren Lauf und bilden schlängelnde Mäander und Altarme. Gäbe es nicht zu bestimmten Zeiten Hochwässer, die ein halbes Jahr andauern können, wären diese Schwemmflächen – manche sind mehr als zehn Kilometer breit – schon vor Jahrhunderten in Kulturland verwandelt worden. Während der Überschwemmungsperiode steigt der Wasserstand um zehn Meter oder mehr an. Dann ist die ortsansässige Bevölkerung an ihre schwimmenden oder auf Stelzen stehenden Häuser gebunden. Die Ansiedlung und das Wachstum der Bäume wird durch diese Überschwemmungen ständig bedroht. Es entstand ein besonderer „Varzea-Wald", der sich hauptsächlich aus speziell angepaßten Arten zusammensetzt.

Ein weiterer wichtiger Lebensraum des Amazonasgebiets wird durch Flüsse geschaffen, die den präkambrischen Sandstein des Guayana-Schildes abtragen. Er gehört zu den ältesten geologischen Formationen der Erde und wurde lange vor der Entstehung vielzelligen Lebens aus dem Meeresbereich gehoben. Der Guayana-Schild bedeckt weite Teile des nordöstlichen Südamerika und zeichnet sich durch ausgelaugte und verwitterte Böden aus, die zu den nährstoffärmsten der Erde zählen. Das durchsickernde Wasser ist fast völlig frei von mineralischen Bestandteilen. Um die knappen Nährstoffe zu bewahren, schützen viele Pflanzen dieser Region ihr Laub mit einem hohen Gehalt an Tanninen, sauren Verbindungen, die für Pflanzenfresser schwerverdaulich sind. Wenn die Blätter abgefallen sind, sickern die Tannine ins Grundwasser. Das Wasser des Rio Negro und anderer Hauptzuflüsse dieser Region ist zwar klar, aber stark von Tanninen gefärbt und wird daher als „Schwarzwasser" bezeichnet.

Der Rio Negro und andere Schwarzwasserflüsse werden zwar auch von Hochwasserzonen flankiert, aber das Fehlen von Sediment und

1.18 Von einer Sandbank reflektiertes Sonnenlicht schimmert durch das teefarbene Wasser des brasilianischen Rio Negro. Das über die Sandbank strömende Wasser erzeugt im weißen Sand wellenförmige Muster. Die dunkle Färbung kommt durch Tannine zustande, die aus dem sich zersetzenden Laub in dem sumpfigen, unfruchtbaren Entwässerungsbecken herausgelöst werden. Schwarzwasserflüsse führen nur eine geringe Sedimentfracht mit sich und mäandrieren weniger als Weißwasserflüsse.

die saure Sterilität des Wassers schaffen Bedingungen, die sich von denen der Varzea des Weißwassers grundlegend unterscheiden. Die analoge „Igapo-Formation" der Schwarzwasserflüsse ist eine zweite hochspezialisierte Gemeinschaft hochwassertoleranter Bäume.

Peru und Brasilien grenzen zwar an 1 500 Kilometern aneinander, sie haben zur Klassifizierung ihrer Wälder jedoch völlig verschiedene Systeme entwickelt. In Peru liefert die Topographie des Berglandes am Fuße der Anden ein geeignetes Kriterium, während in Brasilien die großen Flußebenen und die Geologie der Stromgebiete als wichtiger angesehen werden. Der gemeinsame Nenner dieser beiden und der oben beschriebenen Schemata ist ihre praktische Zweckmäßigkeit, basierend auf der Intuition erfahrener Forstwissenschaftler.

Solche vorläufigen Bemühungen zur Einteilung tropischer Vegetation sind ein notwendiger und wertvoller erster Schritt, aber sie erreichen bei weitem nicht den Standard, den wir in den gemäßigten Breiten für selbstverständlich halten. Leider erfordert die Erhaltung der tropischen Vielfalt detaillierte Informationen über die Zusammensetzung biologischer Lebensgemeinschaften, eine Forderung, welcher der derzeitige Stand des Wissens nicht gerecht wird.

Obwohl die obengenannten Beispiele typisch sind, hat man in einigen Ländern, darunter in Costa Rica, Venezuela, Malaysia und Indonesien, Fortschritte erzielt, die Vegetation auf der Basis der Artenzusammensetzung zu erfassen. In Malaysia und Indonesien bemühten sich britische und holländische Forstwissenschaftler in der Zeit sowohl vor als auch nach dem Zweiten Weltkrieg darum. Das Interesse der Kolonialmächte wurde durch die Tatsache geweckt, daß die primären Tieflandwälder Südostasiens die reichhaltigsten und wertvollsten in den Tropen überhaupt sind. Deren außerordentlicher kommerzieller Wert ist dem häufigen Vorkommen von Bäumen aus der Pflanzenfamilie der Dipterocarpaceae zuzuschreiben. Dipterocarpaceen wachsen gewöhnlich kerzengerade, sind bis zu 60 Meter hoch und lassen sich hervorragende verarbeiten. Viele Arten werden unter dem Sammelbegriff „Philippinisches Mahagoni" verkauft, wobei diese Bezeichnung eine absichtliche Fehlbenennung ist, die zur Förderung des Marktwertes erfunden wurde.

Die Dipterocarpaceen spielen in Südostasien eine ähnliche Rolle wie die Eichen in den Wäl-

1.19 Zwei Dipterocarpaceen in einem malaysischen Wald überragen kleinere Bäume. Solche Baumriesen werden immer seltener, weil Holzeinschlag und Waldvernichtung über das Land hereinbrechen.

dern der südöstlichen Vereinigten Staaten, wo es etwa 30 Eichenarten gibt, von denen viele eng an bestimmte Bodenbedingungen gebunden sind. Weiß- und Schwarzeichen wachsen auf durchlässigen, lehmigen Hochlandböden, Schindeleichen auf Kalkböden, Wasser- und Weideneichen in feuchten Flußniederungen, Blackjackeichen auf trockenen Dünen und Steineichen und Lorbeereichen in Küstenwäldern. Auf ähnliche Weise dienen in Südostasien die zwei oder drei häufigsten Dipterocarpaceenarten dazu, die Zusammensetzung der Flora vieler Standorte zu charakterisieren und Informationen über die Bodeneigenschaften zu vermitteln. Da es jedoch Hunderte von Dipterocarpaceenarten in Südostasien gibt, übersteigt die Zahl erkennbarer Pflanzengesellschaften die der Eichenwälder im Südosten der Vereinigten Staaten bei weitem.

Ein Aufgabenfeld für Fernerkundung

In Zukunft werden die meisten großräumigen Kartierungen der tropischen Wälder zwangsläufig mit Hilfe der Fernerkundung (remote sensing) durchgeführt werden, entweder von Satelliten oder von Flugzeugen aus. Während ich dieses Buch schrieb, standen die Bemühungen, natürliche Pflanzengesellschaften anhand von Daten zu klassifizieren, die durch Fernerkundung gewonnen wurden, noch ganz am Anfang. Sowohl die Bildauflösung als auch die elektronische Datenverarbeitung machen jedoch rasante Fortschritte, daher ist zu erwarten, daß noch innerhalb dieses Jahrzehnts effektive neue Methoden zur Verfügung stehen werden.

Zwei Methoden scheinen besonders vielversprechend zu sein. Die eine ist die Analyse des von der Vegetation reflektierten Lichtes im sichtbaren und infraroten Bereich. Die Sensoren an Bord von Satelliten stimmen mit den Stäbchen des menschlichen Auges bezüglich ihrer Empfindlichkeit für die verschiedenen Spektralfarben ziemlich genau überein. Die Interpretation von Informationen, die von solchen Sensoren empfangen werden, kann im Falle von Wasser (blau) oder Eis (weiß) einfach sein, ist hingegen weitaus schwieriger, wenn feine Grünabstufungen beteiligt sind. Mit der gegenwärtigen Technik ist es relativ einfach, das Dunkelgrün eines Nadelwaldes vom Hellgrün eines laubabwerfenden Waldes zu unterscheiden – sogar mit bloßem Auge von einem hochfliegenden Flugzeug aus. Verschiedene Typen von Dipterocarpaceenwald voneinander zu unterscheiden, ist jedoch weit schwieriger und übersteigt die gegenwärtigen Möglichkeiten. Es ist noch nicht sicher, ob man mit der Analyse reflektierten Lichtes dieser Herausforderung wirklich begegnen kann.

Dieser Aufgabe könnte eine neue Methode gerecht werden, die sich beim Jet Propulsion Laboratory in Pasadena (Kalifornien) gerade im Vorstadium der Entwicklung befindet. Es handelt sich um eine Form von Radar mit Wellenlängen im Zentimeterbereich. Ein in 10 000 Meter Höhe fliegendes Flugzeug – der normalen Höhe eines Düsenflugzeuges auf Langstrecken – gibt Impulse ab, die in bestimmtem Winkel auf der Erde auftreffen (side-scanning). Die stärksten Reflexionen erhält man von Objekten, deren Größe der Wellenlänge des Strahles am nächsten kommen. Es wird mit drei Wellenlängen gleichzeitig gearbeitet, um Informationen über das Vorhandensein von Objekten in der Größenordnung von Blättern, Zweigen und Stämmen zu erhalten. Somit enthält die Vielbandreflexion nicht nur Information über das Blätterdach, sondern ebenso über darunterliegende Strukturen. Die Fähigkeit des Radars, gewissermaßen durch das obere Blattwerk „hindurchzusehen", ermöglicht ein Auflösungsvermögen, das jenes der auf sichtbarem Licht basierenden Systeme potentiell weit übertrifft. Vorläufige Versuchsergebnisse aus Belize lassen darauf schließen, daß dieses System sämtliche Vegetationsformationen zu unterscheiden vermag, die ein Botaniker erkennen kann. Dies scheint einen entscheidenden Durchbruch darzustellen, denn solch große Trennschärfe wies keine der älteren Methoden auf.

Die Eigenschaft der Fernerkundung, schnell große Gebiete abdecken zu können, wird sie in Zukunft bei Vegetationsaufnahmen zwangsläufig zur Methode der Wahl machen. Selbst wenn die durch solche indirekten Methoden unterschiedenen Vegetationseinheiten nicht genau mit den Kategorien übereinstimmen, die Botaniker aufstellen würden, sind Karten zu erwarten, die weit besser sind als alle gegenwärtig existierenden. Als Biologe kann man sich des Eindrucks von Ironie nicht erwehren, wenn man sieht, daß die Vereinigten Staaten Milliarden in die Entwicklung einer Technologie investiert haben, um Autonummernschilder aus dem Weltraum lesen zu können, während die Vegetationserfassung im Amazonasgebiet oder anderswo in den Tropen auf dem Stand der wissenschaftlichen Steinzeit bleibt.

Der besondere wissenschaftliche Wert der Tropenwälder liegt darin, daß sie uns eine letzte Chance bieten, die Natur in ihrem vorgeschichtlichen Zustand zu studieren, Natur, wie sie sich während der vergangenen Jahrmillionen entwickelt hat. Die geschäftigen, hochindustrialisierten Regionen der gemäßigten Breiten mit ihren Autobahnnetzen, ihrer Luftverschmutzung und ihren hochwassersicheren Schiffahrtswegen haben nichts mit Natur in ihrer ursprünglichen Form zu tun. In weiten Teilen Nordamerikas, sogar in einigen der renommiertesten Nationalparks, sind Ökosysteme vereinfacht und aus dem Gleichgewicht geraten, weil große Raubtiere und andere wichtige Arten fehlen, die bei der Landung der Pilgerväter noch vorhanden waren. Wir werden später sehen, daß solche Geschöpfe für die Erhaltung der biologischen Vielfalt und intakter Ökosysteme eine entscheidende Rolle spielen.

Die wenigen noch verbliebenen Wildnisse der Tropen bieten der Wissenschaft eine letzte Chance, biologische Vielfalt zu verstehen; warum es so viele Arten gibt, wie sie entstehen und wie sie in stabilen Gemeinschaften nebeneinander existieren können. Ursprüngliche Ökosysteme gibt es noch in Teilen Südamerikas, Zentralafrikas, in Indonesien, Neuguinea und auf einigen Inseln im Pazifik. Diese Ökosysteme stellen unschätzbare und unersetzliche Werte dar, denn sie bilden einige der wenigen verbliebenen Kontrollen für die Biologie. Sie sind die Maßstäbe, an denen wir den Einfluß der Menschheit auf die Umwelt ablesen können.

Wenn, wie es wahrscheinlich passiert, der Regenwald innerhalb der nächsten 30 Jahre verschwindet, wird die Wissenschaft unwiderruflich verstümmelt. Der Versuch, die Evolutionsmechanismen zu verstehen, würde dem Versuch gleichen, die Funktionsweise einer Stereoanlage ohne Schaltplan nur aus den Einzelteilen abzuleiten. Man kann vielleicht jeden Bestandteil für sich rekonstruieren und daraus seine Wirkungsweise ableiten, aber die besonderen Eigenschaften des Ganzen würden trotzdem ein unlösbares Rätsel bleiben.

2

Das Paradoxon der tropischen Üppigkeit

2.1 Diese Pilze der Gattung *Hygrocybe*, die auf einem Waldboden Malaysias wachsen, helfen bei dem für das Pflanzenwachstum lebenswichtigen Recycling der Nährstoffe.

Die Urwälder rund um den Äquator sind prächtig und überwältigend aufgrund der unermeßlichen Größe und der Entfaltung einer Wuchskraft und Vitalität, die man in gemäßigten Breiten selten oder überhaupt nicht sieht.« So beschrieb der berühmte Naturforscher Alfred Russel Wallace im 19. Jahrhundert die Laubfülle und die riesigen Stämme eines tropischen Waldes.

Beeindruckt von der Üppigkeit des Regenwaldes haben schon viele Besucher aus der gemäßigten Zone den Schluß gezogen, der Boden unter den aufragenden Bäumen müsse reichlich mit den für das Pflanzenwachstum erforderlichen Nährstoffen ausgestattet sein. Die Forschung der Gegenwart hat jedoch gezeigt, daß diese scheinbar logische Schlußfolgerung auf einer falschen Analogie zu den Wäldern der gemäßigten Zonen beruht. Landwirte, die sich in den mittleren Breiten auskennen, wissen aus

ihrer praktischen Erfahrung, daß hohe Bäume reiche und fruchtbare Böden anzeigen. Dennoch läßt sich paradoxerweise dieses Stückchen althergebrachter Erfahrung nicht auf die Tropen übertragen, wo die Böden oft arm an wichtigen Nährstoffen sind.

In einer Hinsicht ist der Eindruck jedoch richtig. Tropische Wälder, die auf Böden von durchschnittlicher Qualität wachsen, sind hochproduktiv und übertreffen die anderen Typen terrestrischer Vegetation an Photosyntheseleistung. Die Produktivität kann man durch Sammeln, Trocknen und Wiegen der Masse von Laub, Früchten und Ästen, die während eines Jahres auf den Waldboden fallen, abschätzen. Diese „Streu" repräsentiert etwa 40 Prozent der oberirdischen Produktivität von Wäldern der gemäßigten Breiten und einen etwas höheren Anteil bei tropischen Wäldern. Beim Vergleich der Werte mit verschiedenen Ökosystemen stellt man fest, daß der Durchschnittswert für tropische immergrüne Wälder fast doppelt so hoch ist wie der für Wälder der gemäßigten Zone. Warum ist es dann notwendig, sich mit der Beurteilung der Böden, auf denen die Tropenwälder wachsen, zurückzuhalten?

Tabelle 2.1: Nettoproduktivität der Vegetation in Ökosystemen der Erde

Vegetationstyp	Trockenmasse*	
	Normalbereich	Durchschnitt
tropischer Regenwald	1000 – 3500	2200
tropischer Jahreszeitenwald	1000 – 2500	1600
Wald in gemäßigten Breiten		
immergrün	600 – 2500	1300
laubabwerfend	600 – 2500	1200
borealer Nadelwald	400 – 2000	800
Wald- und Buschsteppe	250 – 1200	700
Savanne	200 – 2000	900
Grasland in gemäßigten Breiten	200 – 1500	600
Tundra und Gebirgsregionen	10 – 400	140
Wüste und Halbwüste	10 – 250	90
extreme Wüste	0 – 10	3

* in Gramm pro Quadratmeter und Jahr

Nährstoffe und Boden

Die für das Pflanzenwachstum erforderlichen Substanzen sind einfach und nahezu allgegenwärtig: Kohlendioxid und Sauerstoff aus der Luft, Wasser aus Regen und Boden sowie etwa 13 essentielle Mineralstoffe aus dem Erdreich. Zwei Hauptgruppen essentieller Nährelemente werden gemeinhin unterschieden: Makronährstoffe wie Stickstoff, Phosphor, Kalium, Calcium und Magnesium, von denen relativ große Mengen erforderlich sind, und Mikronährstoffe (Spurenelemente) wie Bor, Kobalt, Molybdän und andere, die nur in Spuren benötigt werden.

In den meisten tropischen Böden liegen ein oder mehrere Makronährstoffe (am häufigsten Phosphor) nur in solch begrenzten Mengen vor, daß sie das Wachstum limitieren.

Ironischerweise ist der sogenannte Mineralboden unter vielen Tropenwäldern nahezu frei von löslichen Mineralstoffen, die von Wurzeln aufgenommen werden können. Die Sterilität dieser Böden rührt daher, daß sie seit Jahrtausenden strömendem Regen ausgesetzt waren. Das nach unten durch das Erdreich sickernde leicht saure Regenwasser wäscht alle löslichen Mineralstoffe aus. Dieser Auslaugungsprozeß hinterläßt das bloße Substrat, das aus den meist unlöslichen Bestandteilen des anstehenden Gesteins besteht. Diesen Rückstand bezeichnen wir als Boden.

Boden bildet sich in einem komplexen Prozeß, in den sowohl chemische als auch biologische Vorgänge involviert sind. Der erste Schritt ist die Verwitterung des anstehenden Gesteins. Chemische Reaktionen, die durch Wärme und Feuchtigkeit gefördert werden, lösen allmählich das Muttergestein und führen zur Bildung feiner Partikel. Deren im Verhältnis zum Volumen große Oberfläche begünstigt die Lösung der Mineralstoffe. Gleichzeitig tragen verrottende Überreste von Pflanzen und Tieren zur Akkumulation organischen Materials auf der Oberfläche bei. Es entsteht ein in typischer Weise geschichtetes Bodenprofil mit einem hochgradig organischen oberen Horizont (Oberboden). Darunter liegt der „Mineralboden" (Unterboden).

In den meisten Regionen schreitet die Verwitterung des anstehenden Gesteins in tausend Jahren um ein paar Millimeter fort. In den feuchten Tropen läuft sie besonders rasch ab, weil die begleitenden chemischen Umwandlungen durch hohe Temperaturen und reichliches Versickern von Regenwasser beschleunigt werden. Rasche Verwitterung bedeutet jedoch nicht, daß die gelösten Mineralstoffe den Pflan-

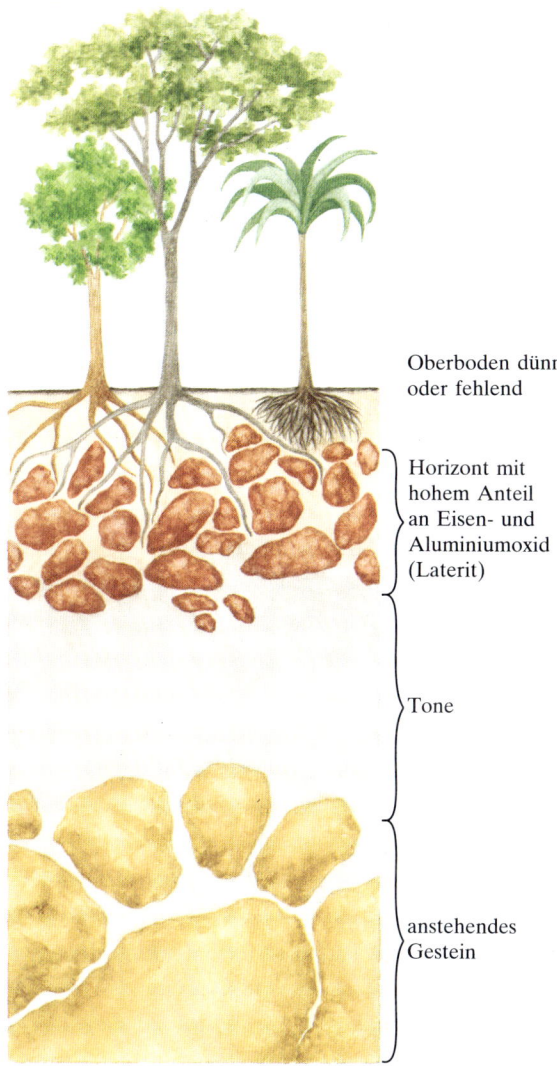

Oberboden dünn oder fehlend

Horizont mit hohem Anteil an Eisen- und Aluminiumoxid (Laterit)

Tone

anstehendes Gestein

2.2 Ein typisches Bodenprofil der feuchten Tropen. Die Verwitterung des anstehenden Gesteins hat in Millionen von Jahren eine dicke Bodenschicht geschaffen. Im Gegensatz dazu ist der Oberboden nur dünn, weil organische Substanz in dem warmen und feuchten Klima zu rasch zersetzt wird, um sich zu akkumulieren. Oftmals bilden sich unter der Oberfläche harte Konkretionen. Baumwurzeln sind an die obersten Schichten gebunden, aus denen sie versickernde Nährstoffe aufnehmen.

zen auch tatsächlich zur Verfügung stehen. Über dem anstehenden Gestein können sich viele Meter Boden aufhäufen. Dann erreichen die Wurzeln die tief im Boden durch Verwitterung gelösten Mineralstoffe nicht mehr. Die Mineralstoffe gelangen aus den unteren Bodenschichten in das Grundwasser, sickern schließlich in Wasserläufe und werden dann fortgeschwemmt. Wenn Wissenschaftler den Mineralstoffgehalt von Wasserläufen messen, können sie die Verwitterungsgeschwindigkeit in dem stromaufwärts gelegenen Wassereinzugsgebiet beurteilen. Als Folge der raschen Verwitterung liefert die feuchte Tropenzone (die grob geschätzt etwa 25 Prozent der Erdoberfläche ausmacht) etwa 65 Prozent der gelösten Silikate (den häufigsten Gesteinsbestandteilen) und 38 Prozent der Nichtsilikatmineralien, die durch Flüsse ins Meer gelangen. Ebendiese Region steuert etwa 50 Prozent der weltweiten Sedimentfracht bei. Diese Zahlen lassen die Stärke der Verwitterung in den Tropen erkennen.

Wo die Durchschnittstemperaturen niedriger liegen (wie in großen Höhen) oder die Niederschläge spärlich sind (wie in den wechselfeuchten Zonen, die an den feuchten Tropengürtel grenzen) geht die Verwitterung langsamer vonstatten – allerdings aus unterschiedlichen Gründen. Obgleich Gestein in gemäßigten Breiten durch Frosteinwirkung gesprengt und der Aufschluß des Ausgangsmaterials dadurch beschleunigt werden kann, ist die Auswaschungsrate niedriger, und die Mineralstoffe sind bei den niedrigen Temperaturen weniger gut löslich.

In den wechselfeuchten Tropen und Subtropen schränkt nicht die niedrige Temperatur, sondern der Wechsel zwischen feuchten und trockenen Perioden die Verwitterung ein. Während der Regenzeit kann sich der Boden vollsaugen und das Wasser versickern. Die Folge ist eine starke Auswaschung, wie sie in den immerfeuchten Tropen am Äquator das ganze Jahr hindurch abläuft. Wenn die Regenfälle aufhö-

ren, beginnen die Böden jedoch auszutrocknen, was durch die Transpiration der Pflanzen massiv gefördert wird. Wenn die Wurzeln dem Boden mehr und mehr gespeichertes Wasser entziehen, kommt es infolge der Kapillarwirkung teilweise zu einer ausgleichenden Strömung von tieferen Schichten nach oben. Die umgekehrte Strömung transportiert frisch gelöste Mineralien aus dem verwitternden anstehenden Gestein mit nach oben. Daher sind Böden der wechselfeuchten Tropen oft fruchtbarer als solche aus feuchteren Gegenden.

Die große Vielfalt von Geologie und Klima führt bei den riesigen Ausmaßen der Tropen zu einer entsprechenden Vielfalt an Böden. Be-

Tabelle 2.2: Die Hauptbodentypen der Tropen

Boden	Fläche in Millionen Hektar	Flächenanteil in Prozent
sehr niedrige Fertilität		
Spodosole	19	1,3
Psammente	90	6,0
niedrige Fertilität		
lithischer Boden (flachgründig)	72	4,8
Histosole (organisch)	27	1,8
mäßige bis sehr niedrige Fertilität		
Oxisole	525	35,3
Ultisole	413	27,7
veränderliche Fertilität		
Aquepte	120	8,1
mäßige Fertilität		
Alfisole	53	3,6
Tropepte	94	6,3
Andepte	12	0,8
Mollisole	7	0,5
Fluvente	50	3,4
Vertisole	5	0,3
andere	2	0,1
Summe	1489	

trachten wir diese Diversität weltweit, stellen wir fest, daß fast zwei Drittel aller tropischen Böden zu den Oxisolen und Ultisolen gerechnet werden. Die beiden Bodentypen enthalten Tone mit geringem Anteil an löslichen Mineralien. Der schwache bis hohe Säuregehalt dieser häufigen Bodentypen beeinträchtigt die Fähigkeit der Wurzeln, Nährstoffe aufzunehmen. Diese Böden sind mäßig bis hochgradig unfruchtbar. Etwa sieben Prozent der tropischen Böden sind Spodosole und Psammente, Böden mit niedrigstem Nährstoffgehalt, die auf sandigen Schwemmlandterrassen beziehungsweise stark verwitterten Flächen der *Tierra firme* entstanden sind. Auf ihnen kann praktisch kein Ackerbau betrieben werden. Das gleiche gilt

für Felsböden und Histosole, wobei erstere aus zutageliegendem Ausgangsgestein bestehen und letztere aus Torfmooren hervorgegangen sind. Insgesamt machen diese sechs Typen über drei Viertel der Böden in den feuchten Tropen aus.

Nur auf etwa 20 Prozent der Böden in den feuchten Tropen kann mit der gegenwärtigen Technologie Ackerbau betrieben werden. Der größte Teil dieses Gebiets ist bereits intensiv genutzt. Beispiele sind die fruchtbaren vulkanischen Hochflächen Mittelamerikas, der Philippinen, Indonesiens und Kameruns (Alfisole) und die reichen Schwemmlandebenen des Ganges und Mekong in Asien (Fluvente und Aquepte). Da landwirtschaftliche Versuchssta-

2.3 Grasartige Schraubenpalmen (*Pandanus*) scheinen im Spiegelbild dieses Schwarzwasserflusses auf Borneo (Indonesien) sowohl nach unten als auch nach oben zu wachsen. Das dunkle, saure Wasser ist fast frei von Nährstoffen — ein Zeichen dafür, daß die Verwitterung im flußaufwärts gelegenen Wassereinzugsgebiet extrem langsam verläuft. Versuche, die landwirtschaftliche Entwicklung in solchen Regionen zu fördern, blieben allesamt erfolglos, und die entstandenen Umweltschäden brauchen möglicherweise Jahrhunderte, bis sie verheilt sind. Stromgebiete mit Schwarzwasser überläßt man am besten der Natur.

tionen oft auf solchen Böden errichtet wurden, entstand ein irreführender Eindruck vom akkerbaulichen Potential der gesamten Tropen.

Gerade das Vorkommen ausgedehnter Wälder, wie in Amazonien, Guayana, Zentralafrika, Borneo und Neuguinea, zeigt, daß dieses Land kaum für Landwirtschaft geeignet ist. Die Kleinbauern und die eingeborenen Bauern sind Experten darin, gute von schlechten Böden zu unterscheiden; der schlechteste wird überall bis zuletzt übriggelassen. Wäre die üppige Vegetation der feuchten Tropen wirklich ein Zeichen für fruchtbares Land, wie viele Besucher aus den gemäßigten Zonen der Erde dachten, dann wäre es unvorstellbar, daß in der heutigen, übervölkerten Welt überhaupt noch Regenwald in nennenswertem Umfang existierte.

Der Nährstoffkreislauf in tropischen Wäldern

Wie können Böden mit niedriger Fertilität die gemessene hohe Produktivität der Tropenwälder hervorbringen? Bis in die sechziger und siebziger Jahre, als Wissenschaftler begannen, die chemische Zusammensetzung der tropischen Vegetation zu untersuchen und sie mit dem zugrundeliegenden Boden zu vergleichen, stand die Antwort auf diese Frage nicht endgültig fest. Dabei entdeckte man, daß die Nährstoffe tropischer Ökosysteme hauptsächlich in der lebenden und der erst kürzlich abgestorbenen organischen Substanz zu finden sind – also in den Pflanzen selbst und in der Streu aus vermodernden Pflanzenteilen, die den Boden bedeckt.

Da oftmals mehr Nährstoffe in der Pflanzenmasse als im Boden enthalten sind, müssen die Pflanzen gelöste Mineralstoffe aufnehmen, die

während der Verrottung freigesetzt werden. In vielen Tropenwäldern dient der Mineralboden vor allem der Verankerung der Bäume und der Wasserversorgung ihrer Wurzeln. Die Nährstoffe sind vorwiegend in der dünnen Deckschicht des Oberbodens konzentriert, in der die Endstadien der Zersetzung pflanzlichen und tierischen Materials ablaufen. Termiten spielen eine besonders wichtige Rolle beim Abbau der etlichen Tonnen Holz, die auf einem durchschnittlichen Hektar Primärwald alljährlich zu Boden fallen. Auch Bakterien, Pilze und eine Vielzahl wirbelloser Tiere setzen Nährstoffe in gelöster Form frei, die über die Wurzeln aufgenommen werden können.

Noch wichtiger für das Pflanzenleben sind Mycorrhiza-Pilze. Mit Hilfe dieser allgegenwärtigen Bodenorganismen nehmen Regenwaldbäume vorrangig ihre Nährstoffe auf. Der Pilz dringt in Baumwurzeln ein, zapft das Gefäßsystem des Wirtes an und entzieht ihm Nährstoffe. Damit ist der Baum zwar gezwungen, den Pilz zu ernähren, er selbst profitiert jedoch von der enormen Fähigkeit des Mycorrhiza-Mycels, Nährstoffe heranzuschaffen. Dieses Mycel ist ein Geflecht aus mikroskopisch kleinen Pilzfäden. Es vergrößert die Oberfläche, über die der Baum mit dem Erdboden in Kontakt steht, wirkungsvoll um ein Vielfaches. Viele Bäume sind so sehr auf ihren Mycorrhiza-Partner angewiesen, daß sie ohne ihn verkümmern oder gar absterben.

Experimente bestätigen die Effektivität der Nährstoffrückgewinnung. Dazu brachte man Isotopen auf der Bodenoberfläche aus. Bei einem häufig zitierten Versuch hielt der Wurzelfilz über 99 Prozent der in einem Wald in Amazonien applizierten Radioaktivität von ^{45}Calcium und ^{35}Phosphor zurück. In der Regel werden 60 bis 80 Prozent der meisten Nährstoffe eines Tropenwaldes über Recycling zurückgewonnen. Das Experiment zeigt, daß in den Tropen ein Großteil der Nährstoffe in einen Kreislauf eingebunden ist. Von der lebenden

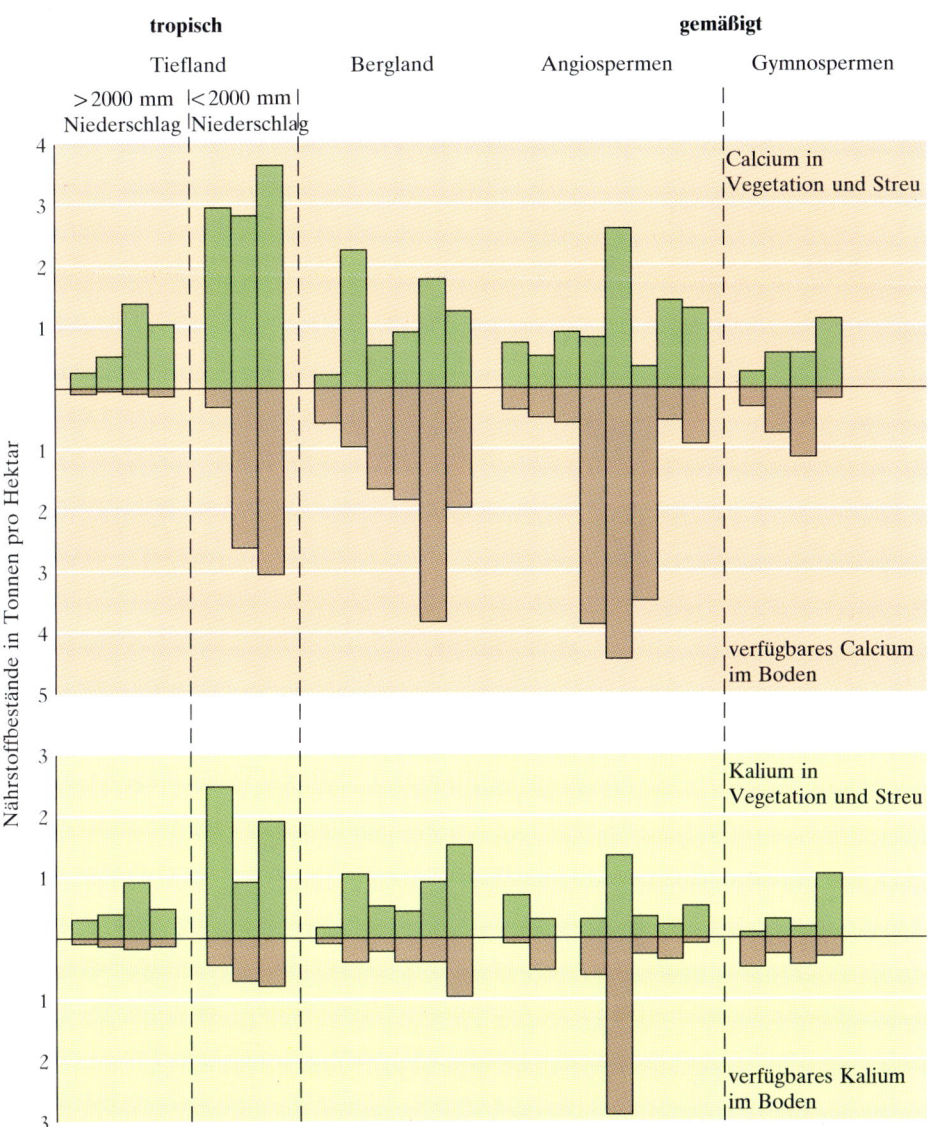

2.4 Die Verteilung von Calcium und Kalium über (grüne Säulen) und unter (braune Säulen) der Erdoberfläche in einer Reihe von Waldökosystemen. Der oberirdische Anteil sind jene Mineralstoffe, die im lebenden und sich zersetzenden pflanzlichen Material enthalten sind; die unterirdische Fraktion repräsentiert die im Boden vorhandenen Mineralien. Beide Mineralien sind in tropischen Tieflandwäldern relativ knapp und im wesentlichen im oberirdischen Anteil enthalten. Tropische Trocken- und Bergwälder sind gewöhnlich sowohl ober- als auch unterirdisch besser mit Calcium und Kalium ausgestattet als die Laub- und Nadelwälder der gemäßigten Breiten.

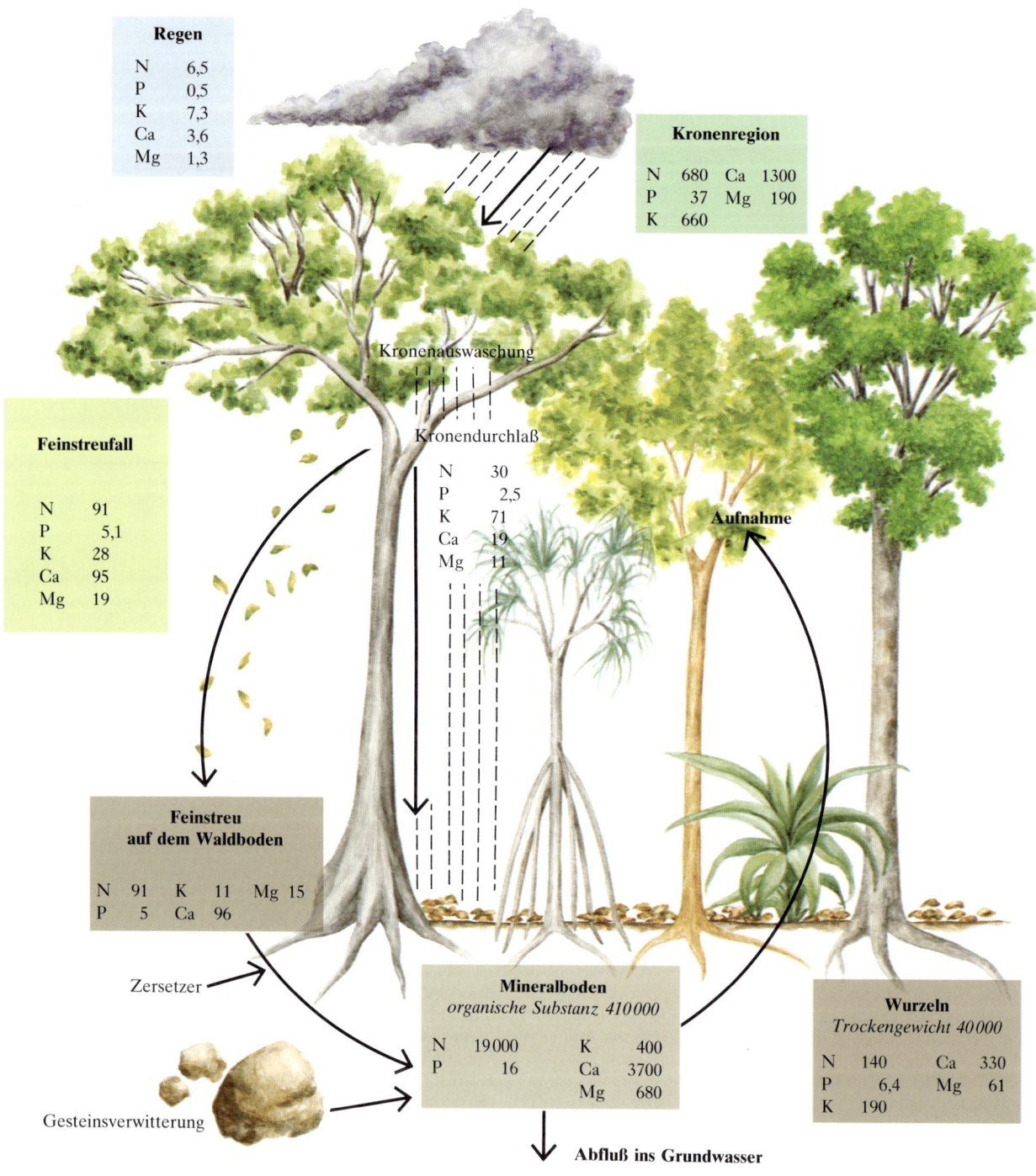

Regen

N	6,5
P	0,5
K	7,3
Ca	3,6
Mg	1,3

Kronenregion

N	680	Ca	1300
P	37	Mg	190
K	660		

Kronenauswaschung

Kronendurchlaß

N	30
P	2,5
K	71
Ca	19
Mg	11

Feinstreufall

N	91
P	5,1
K	28
Ca	95
Mg	19

Aufnahme

**Feinstreu
auf dem Waldboden**

N	91	K	11	Mg	15
P	5	Ca	96		

Zersetzer

Gesteinsverwitterung

Mineralboden
organische Substanz 410 000

N	19 000	K	400
P	16	Ca	3700
		Mg	680

Wurzeln
Trockengewicht 40 000

N	140	Ca	330
P	6,4	Mg	61
K	190		

Abfluß ins Grundwasser

◄ **2.5** Der Nährstoffkreislauf in einem Bergregenwald auf Neuguinea. Durch Verwitterung von Bodenmineralien und durch Niederschläge gelangen die Nährstoffe in den Zyklus. Sie verlassen den Kreislauf durch Auswaschung in das Grundwasser. Die im pflanzlichen Material enthaltenen Nährstoffe gelangen mit dem Regen, der durch die Kronenregion sickert (Kronendurchlaß), sowie durch verrottende Laubstreu und Wurzeln wieder in den Boden. Lebende Wurzeln entziehen dem Boden die Nährstoffe wieder und führen sie den im Wachstum befindlichen Pflanzenteilen zu. Man beachte, daß die Menge an Nährstoffen, die über die Niederschläge in den Zyklus gelangt, im Vergleich zum Gehalt in Stämmen, Kronen und Wurzeln der Pflanzen winzig ist.

Pflanze fließen die Nährstoffe über die (tote) organische Substanz wieder zurück zur lebenden Pflanze. Weil solche Kreisläufe jedoch keine Effizienz von 100 Prozent aufweisen, müssen die restlichen 20 bis 40 Prozent aus den Niederschlägen und dem Boden stammen.

So dürftig der Nährstoffgehalt des Bodens auch sein mag, der Wald ist auf dieses Reservoir angewiesen, um die in der organischen Substanz gebundenen Nährstoffe zu ergänzen. Da viele Nährstoffe durch Auswaschung endgültig verloren gehen, wäre dieser Vorrat bald erschöpft – gäbe es nicht den Eintrag aus zusätzlichen Quellen. Die wichtigsten davon sind die Verwitterung und die Atmosphäre. Die Luft steuert Nährstoffe in Form von Staubpartikeln, Pollen und im Regenwasser gelösten Mineralien bei. Direkt aus der Verwitterung stammen nur wenige Nährstoffe, daher sind die Nährstoffkreisläufe vieler Tropenwälder äußerst empfindlich. Solche Wälder haben nur deshalb eine Überlebenschance, weil sie mittels außerordentlich wirkungsvoller Mechanismen ihre Nährstoffe aus dem oberflächlichen lebenden und verrottenden Material zurückgewinnen.

Jede größere Störung wie Rodung oder Abbrennen, welche die Recycling-Mechanismen unterbricht, hat einen raschen Verlust des angesammelten Nährstoffkapitals zur Folge. Sind die Nährstoffe erst einmal verloren, kann die

Vegetation weder ihre frühere Vielfalt noch ihre Wuchsform wieder erreichen. Neue Vorräte können nur durch allmähliche Freisetzung aus der Verwitterung und durch Eintrag von Staub und gelösten Mineralien im Regenwasser gesammelt werden. In von Natur aus armen Böden kann dieser Prozeß Jahrzehnte oder gar Jahrhunderte dauern. Der nach einer Störung aufkommende Jungwuchs enthält im allgemeinen nicht dieselben Arten wie der Primärwald. So ist leider das lokale Aussterben vieler Arten eine unvermeidliche Folge der auf kurzzeitigen Profit ausgerichteten Landnutzung.

Wenn wir Menschen Erzeugnisse aus dem Wald gewinnen – seien es Holz, Früchte, Nüsse oder Wild –, müssen wir innerhalb der Grenzen bleiben, welche die Natur uns durch die natürlichen Prozesse von Verwitterung und Nährstoffgewinnung vorgibt. Produkte aus dem Wald können nicht unbegrenzt geerntet werden, sondern nur bis zu dem Grad, an dem die natürliche Rate der Nährstoffergänzung nicht überschritten wird. Aus- und Einträge müssen

2.6 Die Durianfrucht mit ihrem beißenden Geruch ist die beliebteste und zugleich meistgeschmähte Wildfrucht Asiens. Man hat die Erfahrung beim Genuß einer reifen Durianfrucht mit dem Verzehr von Limburger Käse auf einem „stillen Örtchen" verglichen. Trotzdem haben viele Stadtbewohner der Region Geschmack an der Frucht gefunden und sind bereit, dafür einen stattlichen Preis zu zahlen.

im Gleichgewicht stehen; nur dann ist eine nachhaltige Nutzung möglich. Hier stehen wir einem Naturgesetz gegenüber, das selbst in den industrialisierten Ländern nur widerwillig akzeptiert wird. Die dortigen Ackerbaumethoden führen üblicherweise zu einer Bodenerosion, welche die Geschwindigkeit der Bodenbildung bei weitem überschreitet.

Anpassungen zur Nährstofferhaltung

Tropenwälder können beeindruckende Ausmaße erreichen, weil sie die spärlichen Mineralstoffe effizient aufnehmen und hartnäckig bewahren. In manchen Lebensräumen sind Nährstoffe dermaßen knapp, daß Pflanzen eine ganze Reihe von Anpassungen entwickelt haben, um Nährstoffe zu sammeln und zu speichern. Der Nährstoffkreislauf ist jedoch nicht in allen Wäldern gleichermaßen effektiv, weil manche Böden von Natur aus fruchtbarer sind als andere. Eine Investition in Anpassungen, die der Aufnahme und Speicherung von Nährstoffen dient, zahlt sich im evolutionären Sinn nur dann aus, wenn daraus ein besseres Wachstum resultiert. Daher sollte man die auffälligsten Anpassungen an den ärmsten Standorten erwarten. Eben dies belegt Tabelle 2.3 im Vergleich von Pflanzenmerkmalen an sieben Fundorten. Von links nach rechts gesehen nimmt die Fruchtbarkeit der Standorte zu.

Die Standorte repräsentieren eine Spanne von mehreren Größenordnungen, was die Verfügbarkeit von Nährstoffen im Boden anbelangt. Dennoch variiert die oberirdische Biomasse der Wälder (die Gesamtmasse lebenden Materials pro Flächeneinheit) erstaunlich wenig. Der unfruchtbarste Standort, die Caatinga von San Carlos (eine Caatinga ist ein mit Sukkulenten

durchsetztes Dorngehölz), erzeugt eine Biomasse, die nur 20 Prozent niedriger als die der reichsten Stelle (in Panama) ist. Der Wald mit der größten Biomasse (an der Elfenbeinküste) kommt auf einem Boden von durchschnittlicher Fertilität vor. Offensichtlichen Kümmerwuchs zeigen Wälder nur bei extremem Nährstoffmangel. Bei den sieben Standorten dieses Vergleichs fehlt jegliche klare Beziehung zwischen der Biomasse des Waldes und der Bodenfruchtbarkeit – eine deutliche Bestätigung für das Vorherrschen wirksamer Nährstoffkreisläufe. Je größer der Nährstoffmangel, desto mehr investieren die Bäume in die Aufnahme und Speicherung von Nährstoffen, so daß mit der Zeit jeder Wald entsprechende Vorräte ansammelt, die einen normalen Wuchs ermöglichen. Dies ist der Grund, weshalb das Erscheinungsbild der Tropenwälder die frühen europäischen Forscher, die deren Üppigkeit vor den interessierten Zuhörern daheim rühmten, so irreführte. Ohne einen sehr scharfen und kritischen Blick ist es fast unmöglich, die Qualität des Bodens durch bloßes Anschauen der Bäume einzuschätzen.

Ein weit besserer Indikator für die Bodenqualität ist unter der Oberfläche verborgen. Während die oberirdische Biomasse dieser Wälder um den Faktor 2,3 variiert, kann sich die Biomasse der Wurzeln um fast das Zwölffache unterscheiden. Hier gibt es einen Zusammenhang zur Bodenqualität, denn die ärmste Lage hat die höchste Wurzelbiomasse und die reichste Stelle die niedrigste. Dieses Phänomen illustriert augenfällig die adaptive Aufteilung von Ressourcen. Auf fruchtbaren Böden konkurrieren die Pflanzen heftiger um Licht und investieren stark in ihre Stämme, Äste und Blätter. Wo auf armen Böden das Wachstum durch die Aufnahme von Nährstoffen begrenzt ist, muß die Investition in Wurzeln verhältnismäßig höher sein. Tatsächlich ist das Verhältnis von Wurzelbiomasse zu Sproßbiomasse in der Caatinga von San Carlos sechzehnmal größer als an der Untersuchungsstelle in Panama.

Tabelle 2.3: Merkmale von Ökosystemen in tropischen Feucht- und Regenwäldern

Parameter	Caatinga am Amazonas (San Carlos, Venezuela)	Oxisol-Wald (San Carlos, Venezuela)	Bergregenwald der submontanen Stufe (El Verde, Puerto Rico)	immergrüner Wald (Banco, Elfenbeinküste)	Dipterocarpaceenwald (Pasoh, Malaysia)	Tieflandregenwald (La Selva, Costa Rica)	Feuchtwald (Panama)
1. Gesamtcalcium im Boden in Kilogramm pro Hektar	195	7	176	—	115	6530	22 166
2. Gesamtstickstoff im Boden in Kilogramm pro Hektar	785	1697	—	6500	6752	20 000	—
3. Gesamtphosphor im Boden in Kilogramm pro Hektar	36	243	—	600	44	7000	23
4. Wurzelbiomasse in Tonnen pro Hektar	132	56	72,3	49	20,5	14,4	11,2
5. oberirdische Biomasse in Tonnen pro Hektar	268	264	228	513	475	382	326
6. Wurzel-Sproß-Verhältnis	0,49	0,21	0,32	0,10	0,04	0,04	0,03
7. Anteil der oberflächlichen Wurzeln an der Wurzelmasse in Prozent	26	20	~0	~0	~0	~0	—
8. spezifische Blattfläche in Quadratzentimetern pro Gramm	47	65	61	—	88	139	131–187
9. Blattflächenindex	5,1	6,4	6,6	—	7,3	—	10,6–22,4
10. Vorausgesagter Blattwechsel in Jahren	2,2	1,7	2,0	—	1,3	—	0,9
11. Blattabbau, k	0,76	0,52	2,74	3,3	3,3	3,47	3,2

Darüber hinaus gibt es an beiden Standorten bei San Carlos ein auffälliges, oberflächliches Wurzelgeflecht, das an allen anderen Stellen fehlt. Die Konkurrenz um den kärglichen Nährstoffvorrat ist in dem nahezu sterilen Boden so intensiv, daß die Pflanzen Wurzeln an der Oberfläche ausbilden. Diese durchdringen die Laubstreu und nehmen Nährstoffe auf, die während der Verrottung freigesetzt werden oder durch Niederschläge und Kronendurchlaß (Regenwasser, das durch die Kronenregion gesickert ist, bevor es den Boden erreicht) eingetragen werden. Oberflächliche Wurzelgeflechte sind kennzeichnend für ärmste Standorte und bieten ein besseres Erkennungsmerkmal für die Bodenqualität als die Größe der Bäume.

2.7 Ein Wurzelgeflecht bildet ein flaches Relief auf dem nackten, sandigen Spodosol dieses Keranga-Waldes in Sarawak auf Borneo. In diesem Lebensraum sind Nährstoffe so knapp, daß die Pflanzen massiv in die Wurzeln investieren. Sie breiten sich flach über dem Boden aus, um die Mineralstoffe aufzunehmen, sobald sie aus der sich zersetzenden Streuschicht freigesetzt werden.

Weitere Anpassungen findet man bei den Blattmerkmalen. Wo die Bodenfruchtbarkeit das Wachstum begrenzt, müssen die Pflanzen – wie bereits erwähnt – mehr Ressourcen für den Wurzelaufbau bereitstellen. Das Sproßwachstum verläuft dementsprechend langsamer, und die einzelnen Blätter können länger am Baum verbleiben, bevor sie von neuem Laub abgelöst werden. Solche Blätter sind jedoch einem höheren Risiko ausgesetzt, von folivoren (laubfressenden) Insekten vertilgt zu werden. Da die Kohlenstoffanteile als unmittelbare Photosyntheseprodukte leichter verfügbar sind als der für die Zellbildung benötigte Stickstoff und Phosphor, kostet es die Pflanze relativ wenig, ihre Blätter mit Holzfasern zu verstärken und

sie mit Gerbstoffen gegen Insekten zu schützen. Wenn die derben, dicken, giftigen Blätter zu Boden gefallen sind, werden sie relativ schlecht zersetzt.

Da die Blätter einerseits lange am Baum verbleiben und andererseits nur sehr langsam zersetzt werden, verlängert sich die Dauer des Recycling ganz erheblich. Das ganze System als solches läuft langsamer ab, weil die Geschwindigkeit des Kreislaufs durch ein negatives Feedback aufgehalten wird. Aber wie soll das ein javanischer Reisbauer wissen, der auf Borneo neu angesiedelt wird, oder ein Bauer aus den Anden, der an einem Siedlungsprogramm am Amazonas teilnimmt?

Wechselwirkungen zwischen Boden und Feuchtigkeit: das Vegetationsmosaik

Die unterschiedlichen Merkmale von Wäldern auf Standorten mit verschiedener Bodenqualität weisen auf ein wesentliches Grundprinzip der Evolution pflanzlicher Vielfalt hin. Ein Baum, der genetisch darauf programmiert ist, seine Ressourcen für Wurzeln und Sproß in einem bestimmten Verhältnis aufzuteilen und nach einem festgelegten Zeitplan neue Blätter zu bilden, wird am besten auf Böden gedeihen, die einen entsprechenden Nährstoffgehalt bieten. Der Wettbewerb stellt sicher, daß auf reicheren beziehungsweise ärmeren Böden andere Arten erfolgreicher sein werden. Dementsprechend reagiert die Vegetation, sei es in gemäßigten oder in tropischen Gegenden, bevorzugt auf die Geologie.

Es ist jedoch nicht nur die Geologie für das Erscheinungsbild einer Landschaft verantwortlich, sondern ebenso die Topographie. Kleinräumige

Oberflächenformen, wie das sanfte Auf und Ab einer großen Ebene, beeinflussen die Vegetation primär über die Verfügbarkeit von Wasser. Liegt der Grundwasserspiegel nahe der Oberfläche, kann sich der Boden mit Wasser vollsaugen. Sauerstoff diffundiert sehr langsam durch wassergetränkten Boden, und Wurzeln werden in ihrer Entwicklung gehemmt oder sterben aus Sauerstoffmangel ab. Steigt der Wasserspiegel, etwa hinter einem Biberdamm, sterben die Bäume deshalb häufig ab. Wo die Böden durchlässig sind und der Grundwasserspiegel niedrig liegt, kann während Trockenzeiten ein ernsthafter Wasserstreß entstehen. In Extremsituationen führt Wassermangel zu kümmerlichem Restwuchs, wie man ihn bei Wüstenbüschen sieht.

Das Zusammenspiel von Geologie und Topographie führt zu dem sogenannten Vegetationsmosaik, einem Patchwork aus verschiedenen Vegetationstypen in der Landschaft. Ein hervorragendes Beispiel eines tropischen Vegetationsmosaiks beschreibt die Arbeit von Carl Jordan und seinen Mitarbeitern (University of Georgia). Über viele Jahre hinweg untersuchten sie die Gegend um San Carlos del Rio Ne-

gro im südlichen Amazonasgebiet Venezuelas. Der Standort liegt auf dem Guayana-Schild gelegen und befindet sich am unteren Ende des Bodenfruchtbarkeitsspektrums. Die Pflanzen bei San Carlos besitzen dementsprechend Anpassungen, die es ihnen ermöglichen, in einer Umgebung zu wachsen und sich zu behaupten, wo Mineralstoffe Mangelware sind.

Aus der Luft betrachtet, scheint das Gelände kein Relief aufzuweisen, aber ein Beobachter auf der Erde nimmt leichte Bodenwellen wahr, die gut drainiertes Gebiet von Flußläufen und umgebenden Sümpfen trennen. Mit einem Höhenunterschied von etwa 20 Metern ist das Relief nur halb so hoch wie ein voll entwickelter Baum der Kronenregion. Dennoch beeinflußt diese geringfügige Erhebung über dem Grundwasserspiegel sowohl die Artenzusammensetzung als auch die Vegetationsstruktur entscheidend.

2.8 Ein schematischer Querschnitt durch das abwechslungsreiche Gelände bei San Carlos del Rio Negro in Venezuela. Er zeigt, wie stark die Vegetation auf kleine Unterschiede in Bodentyp und Höhe über dem Grundwasserspiegel reagiert.

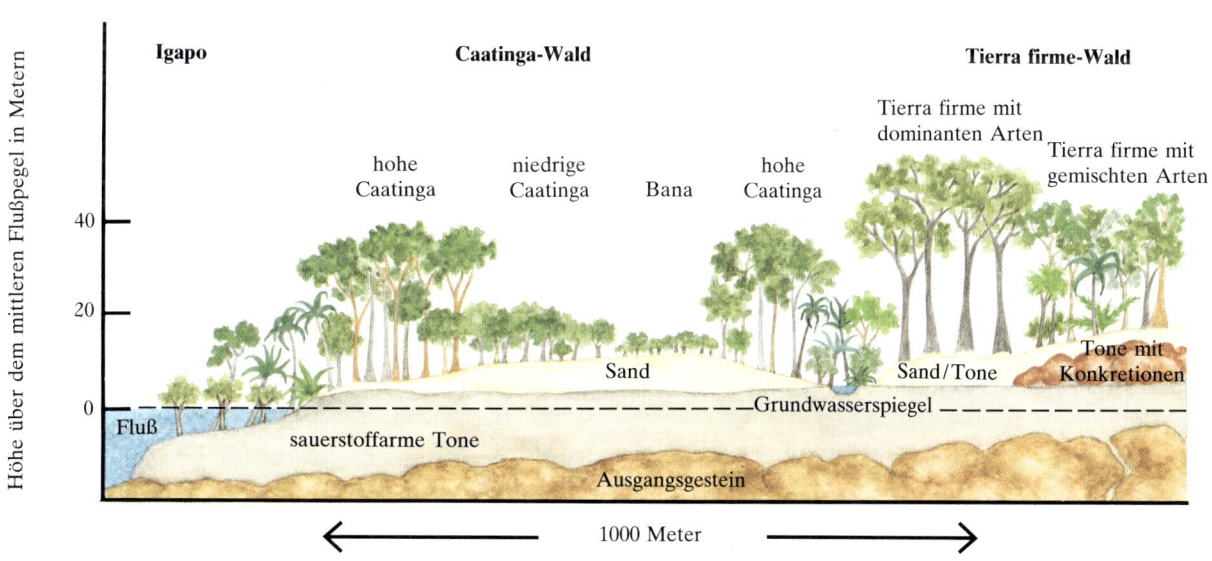

Ein regelmäßig überfluteter „Igapo-Wald" (siehe Kapitel 1) wächst auf den tiefliegenden Uferstreifen nahe den Wasserläufen. Während der Regenzeit stehen die unteren Teile der Bäume normalerweise mehrere Monate unter Wasser. Auf etwas höhergelegenen Lehmböden, wo der Sauerstoff besser in das Substrat eindringen kann und einen aktiveren Wurzelstoffwechsel zuläßt, tritt ein Gürtel von *Igapo alto* oder hohem Igapo auf.

Oberhalb der periodisch überschwemmten Zone, kann das Bodensubstrat entweder tonig oder sandig sein. Die Tone sind zwar ziemlich unfruchtbar, haben aber ein hohes Wasserhaltevermögen. Die sandigen Spodosole weisen dagegen eine sehr niedrige Speicherkapazität sowohl für Wasser als auch für Nährstoffe auf. Liegt flachgründiger Sand über Tonen, die während der Trockenzeit Feuchtigkeit speichern, erreichen die spindeldürren, dicht zusammenstehenden Bäume mäßige Höhen von 20 bis 30 Metern. Sie bilden einen charakteristischen Waldtyp, der lokal als *Caatinga alta* (obere Caatinga) bekannt ist. Liegt der Grundwasserspiegel mehr als einen Meter unter der Oberfläche, existiert eine Kümmerform derselben Formation, bekannt unter dem Namen *Caatinga baja* oder niedrige Caatinga. Unter den Extrembedingungen von Sandhügeln und Bergrücken ist die natürliche Vegetation spärlich, offen und kaum mehr als mannshoch. Diese krüppeligen *Banas* stellen in einem Klima mit über 3 500 Millimeter Niederschlag pro Jahr eine überraschende Anomalie dar.

In der San-Carlos-Region findet man weitere Typen von Festlandböden. Hat die oberflächliche Bodenschicht einen hohen Gehalt an oxidierten, rötlichen Tonen, treten Oxisole auf. Darauf wächst ein gemischter *Tierra firme*-Wald mit hoher Artenvielfalt. Die Bäume erreichen jedoch nur mäßige Höhen, weil ihre Wurzeln Schwierigkeiten haben, den dichten Ton zu durchdringen. Etwas höhere, aber weniger artenreiche, von Leguminosen dominierte

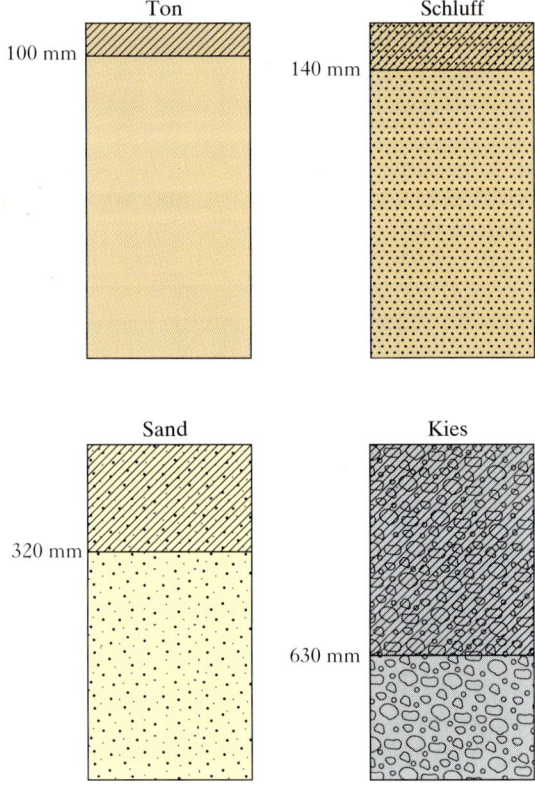

2.9 Fein- und grobkörnige Böden haben in feuchter wie trockener Umgebung völlig unterschiedliche Wasserspeicherkapazitäten. Fällt genügend Regen, um den Boden mit Wasser zu sättigen, nehmen Tone durch Quellung große Wassermengen auf. Im Gegensatz dazu können Kiesböden nur begrenzte Wassermengen in den Kornzwischenräumen speichern. Daher trocknen grobkörnige Böden während einer Trockenphase in einem ansonsten feuchten Klima als erste aus. Das Gegenteil ist in Trockenklimaten der Fall, wo die meisten der seltenen Regenfälle in Form kurzer Schauer auftreten, die kaum die Oberfläche durchfeuchten. Tonböden nehmen das gesamte Wasser an der Oberfläche auf. Sobald die Sonne wieder scheint, verdunstet es rasch. Nur sehr wenig verbleibt lange genug im Boden, um von Pflanzen aufgenommen werden zu können. Andererseits versickert Regen, der auf Kies oder Steine fällt, in tiefe Spalten. Da es vor den Sonnenstrahlen geschützt ist, steht das unter der Oberfläche gespeicherte Wasser bis in Tiefen zur Verfügung, die auf den Profilen durch Querlinien markiert sind. Entsprechend wachsen Akazien in Teilen der Sahara auf steinigen Böden, die nur 200 Millimeter Regen jährlich erhalten; auf tonigen Böden brauchen sie 500 Millimeter, um zu gedeihen.

Wälder besiedeln die sandigeren Ultisole, wo die Baumwurzeln bis in größere Tiefen vordringen können.

Diese sieben deutlich unterschiedlichen Waldtypen treten in einem Radius von wenigen Kilometern um San Carlos auf und bilden ein komplexes Mosaik über die gesamte Region. Ortsansässige und die eingeborenen Yanomami-Indianer erkennen diese Typen und passen ihre Landschaftsnutzung den wechselnden Bedingungen an. Verglichen mit dem Stromgebiet der schluffbeladenen Weißwasserflüsse an anderen Stellen Amazoniens enthält der schwarzwasserführende Rio Negro Nährstoffe nur in geringer Menge oder so gut wie gar nicht. Die eingeborenen Yanomami leben in weit verstreuten Siedlungen in einer Populationsdichte von weniger als einer Person pro Quadratkilometer und praktizieren Wanderfeldbau (*shifting cultivation*) auf kleinen Schwemmlandflächen. Im Gegensatz dazu erreicht die Bevölkerungsdichte an anderen Stellen der feuchten Tropen 200 pro Quadratkilometer, beispielsweise in

Ruanda oder auf Java, wo fruchtbare vulkanische Böden hohe landwirtschaftliche Erträge erlauben.

Anthropologen diskutieren die grundlegenden Faktoren, welche die Bevölkerungsdichte der Yanomami begrenzen. Bis in die jüngste Zeit limitierten kriegerische Auseinandersetzungen zwischen den Stämmen maßgeblich die Zahl der Yanomami. Die anthropologische Diskussion dreht sich um die Frage, ob die Kriege von dem Wunsch ausgingen, viele Frauen zu bekommen, oder ob das Motiv in der Notwendigkeit bestand, große Gebiete zu kontrollieren, um sich einen angemessenen Wildbestand in einem proteinarmen Lebensraum zu sichern. Obwohl diese Fragen noch nicht geklärt sind, steht fest, daß die Yanomami in selbst für Amazonien extrem niedrigen Bevölkerungsdichten leben. Es ist schwer, sich der Ansicht zu entziehen, die spärliche Bevölkerung hinge mit der Tatsache zusammen, daß die Yanomami auf Böden leben, die zu den ärmsten der Erde gehören.

2.10 Eine Gruppe Yanomami-Männer diskutiert über Pfeilspitzen. Weltweit vertreibt das Vordringen von „Zivilisation" Waldbewohner wie diese aus ihrer Heimat.

Tropenwälder als Laubfabriken

Es wurde bereits erwähnt, daß tropische Wälder zu den produktivsten Ökosystemen auf der Welt zählen. Daher erscheint es durchaus denkbar, sie seien Holzfabriken *par excellence*. Statt dessen sind die Tropenwälder jedoch ausgezeichnete Blattfabriken; ihre Holzbildungsrate ist nicht höher als die anderer Waldtypen. Für diese unvermutete Entdeckung gibt es eine zweiteilige Erklärung.

Tropenwälder tragen mehr Blätter pro Flächeneinheit (höhere Blattflächenindices) als andere Wälder. Der Grund liegt in ihrer hochgradig geschichteten Struktur: Diese Wälder setzen sich aus vielen in der Vertikalen übereinanderliegenden Kronen zusammen. Mit Ausnahme der obersten Baumschicht werden alle Kronen teilweise oder ganz beschattet und sind daher nur zu schwacher Photosynthese fähig. Die Produktion konzentriert sich auf die obere Wipfelregion, wo die Kronen dem Sonnenlicht voll ausgesetzt sind. Im Unterschied zu tropischen Arten vertragen die Bäume der nördlichen Wälder meist keinen Schatten, daher wachsen unter ihrem Blätterdach viel weniger Pflanzen. Die Produktivität von Bäumen eines Waldes in gemäßigten Breiten ist somit viel einheitlicher,

während sie in einem Tropenwald wesentlich stärker variiert. In einem tropischen Wald fließt die aufgenommene Energie in stärkerem Maße in die Produktion von Blättern ein. Diese wiederum tragen relativ wenig zur Produktivität bei, weil sie im Schatten liegen.

Zweitens ist zu berücksichtigen, daß Tropenwälder in einem gleichmäßig warmen Klima wachsen, in dem die Atmungsrate hoch ist. Pflanzen atmen genau wie Tiere, indem sie Sauerstoff aufnehmen und Kohlendioxid abgeben. Die aus der Atmung gewonnene Energie wird zur Umwandlung von Zuckern in Holz und andere Gewebe verwendet. Manche Zucker werden einfach zur Erhaltung organischer Substanz verbraucht; bei den hohen Umgebungstemperaturen der Tropen veratmet eine Pflanze mehr Kohlenhydrate, um die vorhandene Menge an Blättern und Holz zu erhalten. Berücksichtigt man weiter, daß sich viele Waldbäume der gemäßigten Breiten fast die Hälfte des Jahres in einer winterlichen Ruhephase befinden, werden die unterschiedlichen Kosten für den Erhaltungsstoffwechsel sehr deutlich. Wie der Vergleich in Tabelle 2.4 zeigt, ist das Gewicht von Holz und Blättern eines Tropenwaldes dreimal höher als das eines Birkenwaldes in gemäßigten Breiten. Um diese zusätzliche Masse zu bewahren, sind jedoch die Atmungsverluste im Holz viermal und im Laub sechsmal höher. Tropenwälder sind bei den ho-

Tabelle 2.4: Atmungskosten für einen Wald in den Tropen und in gemäßigten Breiten

Wald	Ort	oberirdische Biomasse in Tonnen pro Hektar		Atmungsverluste in Tonnen pro Hektar und Jahr		Erhaltungskosten in Tonnen pro Tonnen und Jahr	
		Holz	Blätter	Holz	Blätter	Holz	Blätter
46 Jahre alter Buchenwald	Dänemark	129	2,7	4,5	4,6	0,035	1,7
Dipterocarpaceenwald im Tiefland	Pasoh (Malaysia)	414	7,6	18,8	29,1	0,045	3,8

hen Temperaturen zu stärkeren Stoffwechselleistungen gezwungen, daher kann auch weniger in die Produktion von Holz investiert werden.

Landwirtschaft in den feuchten Tropen: Rechtfertigen die Erträge die Kosten?

Regierungen auf der ganzen Welt fördern Programme für die Besiedlung des Tropenwaldes. Manchmal soll damit eine nationale Präsenz in abgelegenen Grenzgebieten geschaffen werden. Häufiger jedoch befriedigen solche Programme nur den Landhunger, der aus der stetig wachsenden Bevölkerung der Kleinbauern erwächst. Es ist verständlich, daß sich die Regierungen aufgerufen fühlen, auf die Bedürfnisse der Landlosen zu reagieren, aber ist die Rodung des Regenwaldes wirklich die beste Alternative? Können Regenwaldgebiete wirklich eine wachsende Bevölkerung langfristig ernähren? Wenn ja, dürfte der Nutzen vielleicht den Preis eines nicht wieder gutzumachenden Verlusts biologischer Vielfalt wettmachen. Wenn nicht, leidet die ganze Welt darunter.

Die Ökosystemforschung bietet objektive Kriterien, die sich auf den Entwicklungsprozeß anwenden lassen. Wenn „Entwicklung" eine biologisch vielfältige und produktive Landschaft in eine verarmte und unproduktive verwandelt, steht wohl außer Frage, daß dies eine „schlechte" Entwicklung ist. Das Kriterium einer „guten" Entwicklung ist die Nachhaltigkeit. Wenn künftige Generationen dasselbe grundsätzliche Anrecht auf die Ressourcen der Erde haben sollen wie wir selbst, kann es keine ethische Rechtfertigung für nicht nachhaltige Bestrebungen geben.

Eine nachhaltige Nutzung liegt vor, wenn ein Landstrich eine gegebene Produktivität mit den derzeitigen Methoden trägt. Die Regeln sind einfach und einleuchtend. Boden darf nicht schneller durch Erosion verlorengehen, als er durch Verwitterung entsteht. Nährstoffe dürfen nicht schneller ausgewaschen oder mit den Ernteerzeugnissen entzogen werden, als sie durch Verwitterung und aus der Atmosphäre ersetzt werden. Der Gebrauch von Düngemitteln ist ein durchaus akzeptables und in der Tat häufig notwendiges Mittel, um Nachhaltigkeit zu gewährleisten.

Wir wollen nun zwei gegensätzliche Beispiele von „Entwicklung" aus den feuchten Tropen untersuchen und sie in Hinblick auf das Kriterium der Nachhaltigkeit prüfen. Unser erstes Beispiel ist das Brachesystem der Lua'. Die Lua' sind ein Volksstamm auf den Philippinen, der seit Jahrhunderten eine traditionelle Form des Wanderfeldbaus (Brandrodungsackerbau) unterhält. Daß die Lua' seit so langer Zeit in derselben Region leben, ist ein Beleg für die Nachhaltigkeit ihrer Ackerbaumethoden. Sie nutzen das gesamte Land – selbst Steilhänge – allerdings bei jedem Nutzungszyklus nur für eine einzige Ernte von Hochlandreis. Der Schlüssel zur Nachhaltigkeit liegt in der Länge der Bracheperioden, die zwischen den einzelnen Kulturphasen liegen.

Der Zyklus fängt mit der Auswahl einer Sekundärwaldparzelle für den Bedarf eines Jahres an. Die Rodung beginnt zu Anfang der Trockenzeit. Zuerst wird das Unterholz geschlagen, dann werden die Bäume gefällt. Die Baumstümpfe von einem halben bis zu einem Meter Höhe bleiben stehen. Viele davon treiben später wieder aus und beschleunigen das Nachwachsen des Waldes. Nachdem das geschlagene Holz sechs oder acht Wochen in der Sonne getrocknet ist, werden die Felder zu einem vorher festgelegten Zeitpunkt abgebrannt.

2.11 Mehrere hundert Millionen Wanderfeldbauern leben in den feuchten Tropen im ökonomischen Grenzbereich der Zivilisation, so wie die Bauern, die dieses Land in Peru abbrennen. Viele wohnen in entlegenen Gebieten ohne Zugang zu Schulen, Ärzten oder Transportmöglichkeiten. Die überwiegende Mehrheit dieser Menschen würde lieber in Städten leben, wenn es dort Arbeitsplätze gäbe.

Dieser Zeitpunkt entscheidet über den Ernteerfolg. Wird ein zu früher Termin gewählt, sind die größeren Stämme nicht ausreichend getrocknet, und das Feuer brennt schlecht. Andererseits erhöht zu langes Warten das Risiko, daß ein frühes Gewitter das geschlagene Holz durchnäßt. Ein heißes Feuer gewährleistet, daß ein Maximum an mineralhaltiger Asche aus dem gefällten Wald freigesetzt wird.

Der Reis wird noch vor Beginn der Regenfälle gepflanzt. Trotz der starken Sonne und der erhöhten Temperaturen während der Trockenzeit ist die Erde in einer Tiefe von mehr als fünf Zentimetern feucht, weil ihr kein Wald die Feuchtigkeit entziehen konnte. Die Lua' ringen ihrem System die höchstmögliche Produktivität ab, indem sie die sonnige Periode ausnutzen, die der Regenzeit vorausgeht. Das Einsetzen des Regens regt die Keimung Tausender von Samenkörnern im Boden an, und das Unkraut beginnt mit dem Reis um die Wette zu wachsen. Kurz nach der Ernte, die in das Ende der Regenzeit fällt, sind die nun brachliegenden Felder ein Meer aus krautigen Pflanzen und Baumsämlingen. In der Zwischenzeit haben viele der Baumstümpfe neue Schößlinge getrieben. Der Jungwuchs nimmt schnell alle im Boden verbliebenen Nährstoffe auf und profitiert zusätzlich davon, wenn die verkohlten Stämme des einstigen Waldes allmählich verrotten.

Wird die Reismenge von ein oder zwei Tonnen pro Hektar geerntet, die solche Parzellen hervorbringen, erschöpft sich – obwohl es trivial scheint – der verfügbare Vorrat an Nährstoffen dermaßen, daß eine zweite Pflanzung nicht lohnt. Völlige Erholung ist möglich, erfordert jedoch eine verlängerte Brache. Bei den Lua' beträgt ein Anbauzyklus im Schnitt zehn Jahre. Dies bedeutet, daß jeweils 90 Prozent des Geländes brachliegen.

Dieses oder ihm sehr ähnliche Szenarien beschreiben eine traditionelle Lebensweise, die in den feuchten Tropen der ganzen Welt vorkommt. Das System ist von Natur aus nachhaltig, vorausgesetzt, die Brachperioden sind angemessen. Solange Geburten und Todesfälle sich die Waage halten, ist Nachhaltigkeit gewährleistet. Dank der modernen Medizin, die auch den Lua' in steigendem Maße zur Verfügung steht, ist die Sterberate gesunken, während die Geburtenrate konstant blieb. Die wachsende Bevölkerung erzwingt eine Jahr für Jahr zunehmende Rodung weiteren Landes und damit Kompromisse. Die Brachezeiten werden verkürzt, bis abnehmende Ernteerträge zu chronischer Unterernährung führen. In vielen Ländern nimmt der akute Landmangel der Jugend den Mut, eine Zukunft als traditionelle Bauern einzuschlagen, und trägt zur Beschleunigung der Landflucht bei.

Hungrige, arbeitslose Menschenmassen in den Städten erzeugen eine explosive Unzufriedenheit, vor der sich Politiker in Zivil- wie in Militärregierungen fürchten. In etlichen Ländern reagierten sie mit dem Bau von Straßen in den Regenwald hinein, wo freies Land allen Ankommenden zur Verfügung steht. Man hofft, daß die Erschließung neuen Landes sowohl die Arbeitslosigkeit mildert wie die landwirtschaftliche Produktion anregt. Gleichzeitig stellen die Regierungen jedoch erhebliche Subventionen für Grundnahrungsmittel bereit, um die Stadtbewohner zu beschwichtigen, und senken damit die Verbraucherpreise unter die örtlichen Produktionskosten. Solch widersprüchliche Politik führt zum Teufelskreis aus chronischer Inflation und ersticktem Anreiz auf dem Agrarsektor. Hierin liegt die Wurzel der Schuldenkrise der Dritten Welt.

Unser zweites Beispiel illustriert die Entwicklung nach der Einführung „moderner" Landwirtschaft in den feuchten Tropen. Internationalen Entwicklungsexperten ist wohlbekannt, daß nur eine erhöhte Produktivität der Anbauflächen die enormen Nahrungsmittelmengen liefern kann, um die Ansprüche einer wachsenden Bevölkerung zu befriedigen. Das System des Wanderfeldbaus eignet sich nicht zur Inten-

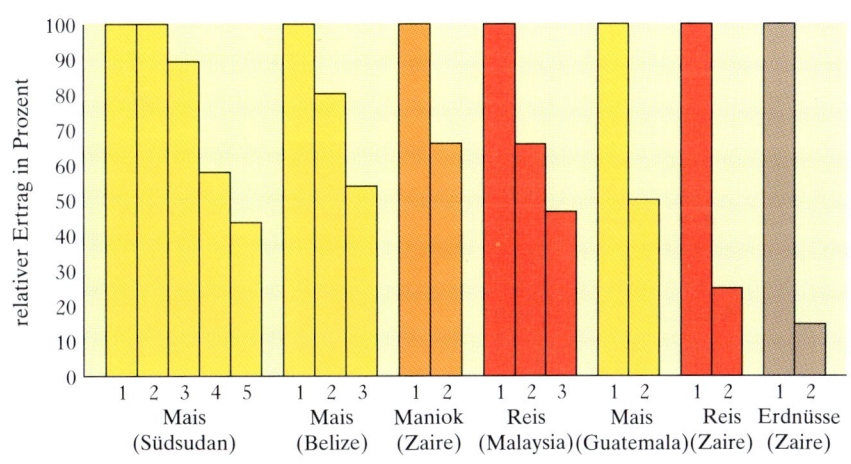

2.12 Die Erträge aufeinanderfolgender Ernten nehmen auf ungedüngten tropischen Böden rapide ab, wie diese Graphik zeigt. Da es im allgemeinen an Düngemitteln mangelt, sind die Bauern in den Tropen gezwungen, zur Ernährung der wachsenden Familien jedes Jahr eine neue Waldparzelle zu roden.

sivierung. Daß 90 Prozent des Landes brachliegen, stört die Agrarexperten der Ersten Welt ebenso wie die in der Natur des Systems liegende Unordnung. Ein „richtiger" Acker hat nicht voller Baumstümpfe und verkohlter Stämme zu sein. Er sollte geräumt und frei von Wurzeln, Steinen und anderen Hindernissen für die Bearbeitung sein.

Gutgemeinte Entwicklungshilfeprojekte haben gewaltige Anstrengungen unternommen, westliche Technologie in die feuchten Tropen einzuführen. In vieler Hinsicht waren die Resultate enttäuschend. Die Gründe für den fehlenden Erfolg waren nicht immer offensichtlich, denn bei solchen Bemühungen hat man nur selten traditionelle Methoden als Kontrolle zur Bewertung der „modernen" Techniken benutzt. Eine der wenigen Studien, in denen es eine solche Kontrolle gab, war ein exemplarischer Versuch in Nigeria. Statt anzunehmen, westliche Methoden würden automatisch bessere Ergebnisse liefern, verglichen die Forscher eine abgestufte Serie von Methoden, die den Graben zwischen traditionellem und modernem Anbau überspannte.

Was das überaus wichtige Kriterium der Nachhaltigkeit betraf, siegte die traditionelle Anbaumethode mühelos. Abfluß, Bodenerosion und Nährstoffverluste waren geringer als bei allen mechanisierten Modifikationen. Aber die traditionelle Praxis kennt keine Düngung. Rasche Abnahme der Produktivität ist deshalb unvermeidlich, wenn nicht auf jeden Anbauzyklus eine lange Brachezeit folgt. Auf der anderen Seite führt Mechanisierung zu Bodenverdichtung und hat untragbare Ausmaße von Erosion und Nährstoffverlust zur Folge. Gibt es noch andere Alternativen?

Professor Pedro Sanchez hat an der Forschungsstation der North Carolina State University in Yurimaguas im peruanischen Teil Amazoniens Alternativen untersucht. Er war Wegbereiter für zwei Systeme, die er High-In-put- und Low-Input-Anbau (hohen beziehungsweise geringen Eintrag von Nährstoffen) nannte. Wie die Ausdrücke schon verraten, basiert ersteres auf massivem Düngemitteleinsatz, während letzteres eher traditionellen Methoden ähnelt.

2.13 Versuchsfelder bei Yurimaguas in Peru. Im Vordergrund eine Brachfläche mit Kudzou-Bohnen, dahinter Hochlandreis.

Manche tropischen Böden haben trotz ihres niedrigen Nährstoffgehalts physikalische Eigenschaften, durch die sie sich für eine mechanische Bearbeitung eignen: gute Bodenstruktur, Belüftung und Durchlässigkeit. Die Versuche mit der High-Input-Methode in Yurimaguas haben gezeigt, daß solche Böden zumindest einige Jahre lang kontinuierlichen Anbau zulassen. Mehrere Versuchsfelder trugen bis zu elf Jahre lang drei Ernten jährlich mit einem Fruchtwechsel von Reis, Erdnüssen oder Kichererbsen und Mais. Obwohl es noch offen ist, ob sich das Yurimaguas-System als Wundermittel für den tropischen Landbau erweisen wird, stellt es eindeutig einen großen Fortschritt dar. Wenn ein Feld für fünf, zehn oder fünfzehn Ernten in Folge benutzt werden kann statt nur für eine oder zwei, bevor es wieder brachfallen muß, wird sich der Druck auf den verbliebenen Wald deutlich verringern.

Das High-Input-System ist als ungeeignet für lokale Bedürfnisse kritisiert worden, weil es auf hohen Investitionen in technischen Geräten, Dünger und Pestiziden basiert. Einheimische Kleinbauern haben weder die Ausbildung noch das Kapital, um von seinen Vorteilen profitieren zu können. Darüber hinaus sind die Transportmöglichkeiten und Erlöse am lokalen Markt nicht kalkulierbar, und der notwendige Nachschub an Düngemitteln und anderen chemischen Substanzen oft nicht gesichert. Selbst wenn die Wissenschaft Wundersorten oder verbesserte Techniken entwickelt hat, sträuben sich konservative, traditionelle Dorfbauern gegen die Übernahme neuer Methoden. Was man brauche, so wurde argumentiert, sei eine angemessenere Technologie.

Als Antwort auf diese Kritikpunkte entwickelte Sanchez das Low-Input-Anbausystem. Statt sich auf fremde Nährstoffquellen zu verlassen, wird mit allen Mitteln versucht, den Ausgangsbestand zu erhalten. Die Bodenbearbeitung wird auf ein Minimum beschränkt, um der Erosion entgegenzuwirken. Die gesamte, nicht geerntete Biomasse wird aufbewahrt, einschließlich des Unkrauts und der Ernterückstände. Kudzou-Bohnen, die zwischen den Anbauzyklen angepflanzt werden, fördern die Regeneration von

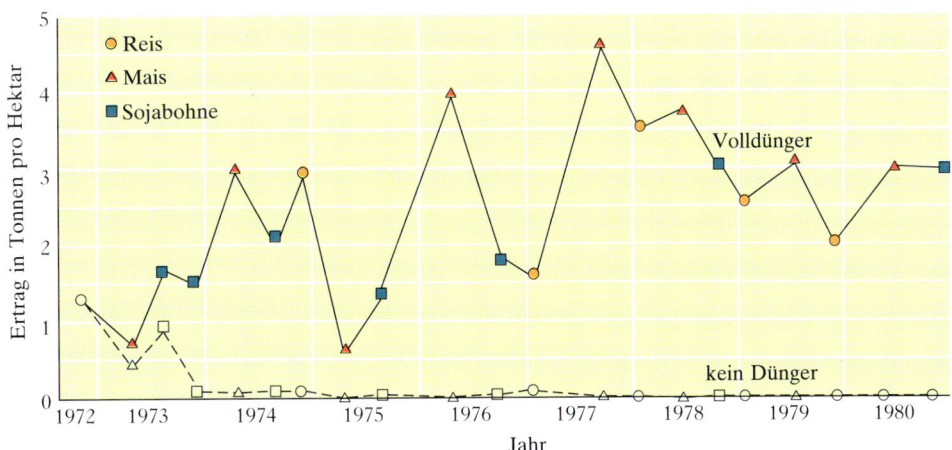

2.14 Durch reichliche Gaben von Volldünger und Kalk konnten Pedro Sanchez und seine Forschungsgruppe fast zehn Jahre lang eine Fruchtfolge von Reis, Mais und Sojabohnen mit drei Ernten jährlich ohne erkennbaren Ertragsrückgang anbauen. Ohne Dünger sank die Produktivität nach dem zweiten Jahr auf Null. Unglücklicherweise verfügen nur relativ wenige Bauern in den Tropen über genug freies Kapital zum Kauf von Düngemitteln — selbst wenn es sie denn zu kaufen gibt.

Nährstoffen. (Kudzou-Bohnen sind schnell-wachsende, stickstoffixierende Kletterpflanzen aus der Familie der Leguminosen, die sich als Neubürger im Südosten der Vereinigten Staaten weit verbreitet haben.) Die Low-Input-Methode ist nicht kapital- sondern arbeitsintensiv und entkräftet daher die meisten Argumente gegen das High-Input-System.

Bislang gaben die Ergebnisse Anlaß zur Hoffnung. Die Produktivität einiger Felder steigerte sich auf bis zu sieben Erntezyklen innerhalb von drei Jahren. Die zwangsläufige Abnahme der Fruchtbarkeit trat zwar wie erwartet ein und erzwang die gelegentliche Erholung des Landes während extensiverer Nutzungsphasen, aber sie ist verzögert. Selbst dies ist bereits ein Fortschritt, denn wir müssen Zeit gewinnen. Alles, was zur Verlängerung der intensiven Landnutzungsperiode getan werden kann, ist ein Schritt in die richtige Richtung, denn es bedeutet, daß zwischenzeitlich weniger Wald abgeholzt wird. Dennoch dürfte der Weg bis zum endgültigen Ziel der Nachhaltigkeit noch lang sein.

3

Der globale Gradient biologischer Vielfalt

3.1 Hellrote (mit Gelb im Flügel) und Dunkelrote Aras verdrängen einander von einer Salzlecke in Peru.

65

Schon als Kind habe ich mit Begeisterung Reptilien und Amphibien gesammelt. Daher war ich immer sehr enttäuscht, daß es an den Urlaubszielen im Norden, die meine Eltern für die Sommerferien bevorzugten, fast keine dieser Geschöpfe gab. Während man in meiner Heimat Virginia sage und schreibe 120 Arten finden konnte, waren ein paar Strumpfbandnattern, einige Frösche und gelegentlich eine Zierschildkröte alles, was Maine oder Quebec zu bieten hatten. Alle wirklich interessanten Reptilien und Amphibien schienen im Süden zu leben – als Kind außerhalb meiner Reichweite. Schon eine Tagesfahrt nach North Carolina hätte mich in das Verbreitungsgebiet einer reichen Auswahl exotischer Tiere gebracht: zu Armmolchen (aalartigen, aquatisch lebenden Amphibien), beinlosen Glasschleichen, Rotkehlanolis (einer Echse, welche die Farbe wechseln kann), Weichschildkröten, einer Trugnatter, die als einzige Schlange der Region hinten in der Mundhöhle liegende Giftzähne aufweist, Mississippi-Alligator und vielen anderen. Je weiter man nach Süden geht, desto mehr Tiere gibt es.

Die Tendenz, daß die Zahl der Arten zum Äquator hin zunimmt, ist in keiner Weise auf Reptilien und Amphibien beschränkt. Dies gilt – um nur einige Beispiele zu nennen – auch für Bäume, Vögel, Insekten und ebenso für Meerestiere. Bei vielen taxonomischen Gruppen ist der gemäßigt-tropische Diversitätsgradient (Änderung der Artenzahl in Abhängigkeit vom Breitengrad) steil, bei manchen ist er flacher und bei ganz wenigen, wie Salamander und Blattläusen, verläuft er umgekehrt – das heißt, in gemäßigten Breiten kommen mehr Arten vor. Warum, weiß niemand genau, allerdings ist die Vielfalt der Verbreitungsmuster ein erster Hinweis darauf, daß ein einziger Faktor zur „Erklärung" des tropischen Artenreichtums nicht ausreicht.

Abbildung 3.2 zeigt, daß die regionale Dichte der Vogelarten von den mittleren Breiten zu den Tropen hin um etwa das Fünffache zunimmt. Zu einem erheblichen Teil setzt diese Zunahme tritt genau beim Übergang in den Tropengürtel (20. bis 25. Breitengrad) ein. Somit verläuft der „Gradient" nicht gleichmäßig, sondern erscheint eher als schrittweise Diskontinuität, welche die frostfreien Teile des Globus von jenen mit regelmäßigen Kältephasen trennt.

Bäume zeigen ein ähnliches Verbreitungsmuster. In den artenreichsten Wäldern der gemäßigten Zone, jenen Nordamerikas, der südlichen Appalachen oder der Golfküste, gedeihen höchstens 50 bis 60 Arten, während jeder „anständige" Tropenwald diese Zahl auf einem einzigen Hektar beherbergt. Von größeren Gebieten in den Tropen gibt es – außer wenigen bemerkenswerten Ausnahmen – so gut wie keine Daten, weil es jahrelange Anstrengungen erfordert, alle Arten zu entdecken und zu bestimmen.

Die wahrscheinlich am besten bekannte Tropenflora ist die der Insel Barro Colorado in Panama, einem 15 Quadratkilometer großen Forschungsreservat der Smithsonian Institution. Für die auf BCI, wie die Insel kurz genannt wird, tätigen Forscher ist das von Thomas Croat vom Missouri Botanical Garden verfaßte umfassende botanische Handbuch von unschätzbarem Wert. Dieses gewichtige Werk beschreibt – eine Seltenheit für die Tropen – 1369 Gefäßpflanzen, die auf BCI gefunden wurden, darunter 365 Baumarten. Ein Gebiet von vergleichbarer Größe und ähnlichem Relief in Ohio beherbergt schätzungsweise ein Zehntel an Baumarten. Dabei ist die Flora von BCI nach tropischen Maßstäben noch nicht einmal besonders artenreich.

Bei den Bäumen nimmt der Artenreichtum zwischen den mittleren Breitengraden und den Tropen außerordentlich zu – bezogen auf eine

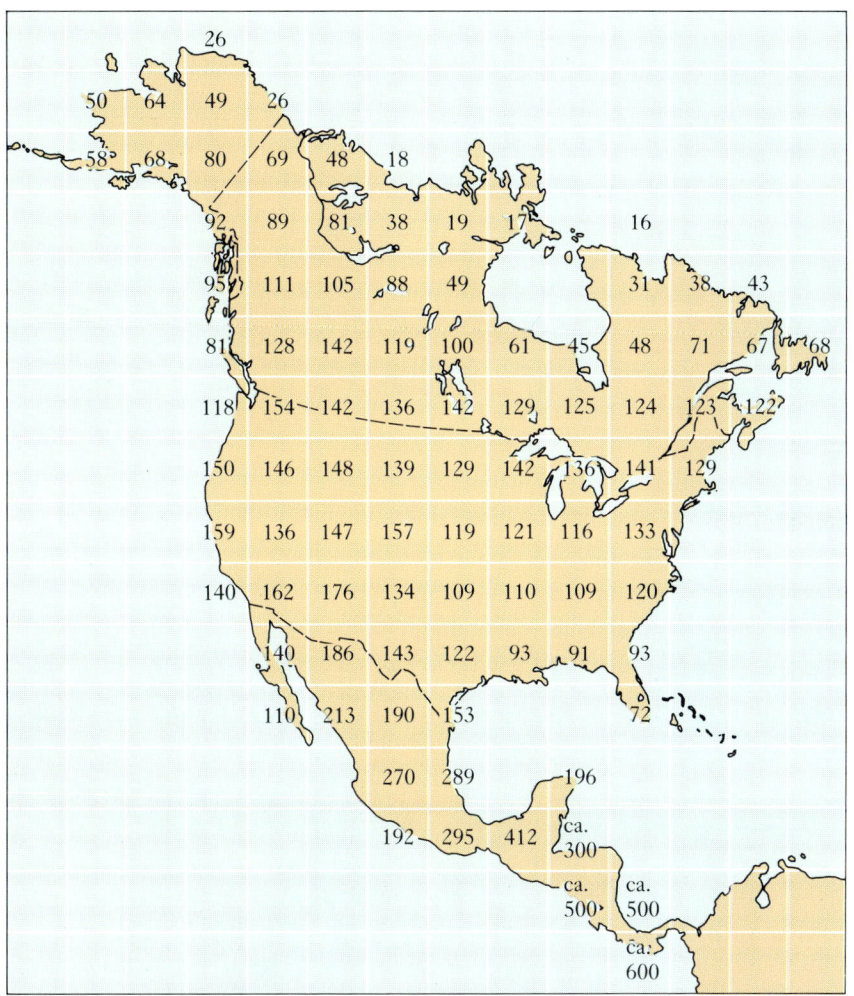

3.2 Die Anzahl von Brutvogelarten in Nord- und Mittelamerika in Quadraten von 350 Meilen Seitenlänge. In den Vereinigten Staaten und Kanada tritt der größte Artenreichtum in den Gebirgsstaaten des Westens auf, wo die abwechslungsreiche Topographie ein reichhaltiges Mosaik von Lebensräumen schafft. Weiter südlich beginnen die Zahlen in Zentralmexiko mit dem Auftreten tropischer Wälder rasch anzusteigen. Trotz der winzigen Fläche brüten in Costa Rica mehr Landvogelarten als in den USA und Kanada zusammen.

Fläche von einigen Hektar bis Quadratkilometern um etwa das Zehnfache. Großräumiger betrachtet wird der Unterschied sogar noch größer. Die Artenzahlen von Vögeln, Fledermäusen und marinen Mollusken steigen im kleinräumigen Maßstab um etwa den Faktor 5. Angesichts solcher Übereinstimmung ist es verwunderlich, daß die vierfüßigen Säugetiere (also ohne Fledermäuse) nur um etwa das Zweifache zunehmen.

Fast alle Säugetiere der gemäßigten Breiten leben terrestrisch und verlassen den Boden nur

selten, oder sie sind semiarboreal, das heißt, sie verbringen ihre Zeit zum Teil auf dem Boden und zum Teil auf Bäumen. Echte baumbewohnende Säugetiere wie Gleithörnchen oder Greifstachler sind in der Minderheit. Die erhöhte Artenzahl vierfüßiger Säugetiere im Tropenwald ist gänzlich der größeren Anzahl von baumbewohnenden Formen zuzuschreiben, wie Faultieren, Ameisenbären, Wickelbären in der Neuen Welt, Riesengleitern, Zibetkatzen, Ratten und zahlreichen Hörnchen in Asien und Zibetkatzen, Hörnchen, Dornschwanzhörnchen (Gleithörnchenähnliche), Baumschliefern und

3.3 Ein Riesengleitflieger auf einem Baumstamm in Sarawak (Ostmalaysia). Diese Tiere sind im Englischen unter dem Namen *flying lemur* bekannt, doch gehören sie weder zu den Lemuren noch können sie fliegen. Sie gleiten jedoch mittels einer dehnbaren Flughaut, die sich ausgebreitet von den Vorderpfoten über die Hinterfüße bis zum Schwanz spannt, von Stamm zu Stamm.

3.4 Ein Schlankbär (*Bassaricyon gabbii*) sucht in einem Nebelwald Costa Ricas nach Früchten und kleinen Beutetieren. Schlankbär, Wickelbär und Kleiner Nasenbär gehören als tropische Vertreter der Neuen Welt zur Familie der Kleinbären.

anderen in Afrika. Daneben stellen in allen drei Regionen Primaten die vorherrschende Gruppe baumbewohnender Säugetiere. Obwohl die Zahl terrestrischer Vögel, Reptilien und Amphibien in den Tropen immens zunimmt, gilt dies nicht für terrestrische Säugetiere. Niemand kennt den wirklichen Grund dafür.

Die Äquitabilitäts-Stabilitäts-Hypothese

Seit Wallaces Zeit versuchen Biologen, den Gradienten der biologischen Vielfalt zwischen gemäßigten Breiten und Tropen zu verstehen. Viele Erklärungen dafür konzentrierten sich auf das tropische Klima: In einem warmen Klima ohne Jahreszeiten oder längerfristige Störungen könnten sich Arten über Jahrtausende anhäufen. Im Gegensatz dazu war die nördliche gemäßigte Zone vor nicht allzulanger Zeit dem einschneidenden Ereignis einer kontinentalen Vergletscherung ausgesetzt, eine Tatsache, die den Geologen seit mehr als einem Jahrhundert bekannt ist. Etliche große Säugetierarten einschließlich Mammut und Mastodon waren während des späten Pleistozän, dem Eiszeitalter, ausgestorben, und viele Spezialisten führten ihr Verschwinden auf ungünstige Klimabedingungen zurück. Nach dieser Argumentation hätten die raschen und extremen Klimawechsel in der gemäßigten Zone die biologische Vielfalt immer wieder auf ein niedrigeres Niveau zurückgeworfen, wohingegen die vergleichsweise begünstigten Tropen das Überleben von Arten zu gewährleisten schienen.

Obwohl dieses Argument oder auch verschiedene Abwandlungen davon verlockend klingen, birgt es auch einige Schwachpunkte. Erstens darf man eine verführerische Korrelation nicht mit einer Erklärung verwechseln. In der Tat scheint das milde und gleichmäßige Tropenklima üppigem Leben auf irgendeine Weise förderlicher zu sein als die sprunghaften jahreszeitlichen Wechsel des Nordens, mangels jeglicher tieferen Begründung ist die Behauptung dieser Theorie jedoch lediglich eine Tautologie. Zweitens ließen die ständigen Fortschritte bei der Entschlüsselung fossiler Zeugnisse Zweifel an der Vorstellung aufkommen, daß die fortschreitende Vergletscherung als solche für das Massenaussterben von Arten verantwortlich gemacht werden kann. So kann man viele Pflanzen, die Mitteleuropa vor dem Pleistozän besiedelten, heute noch in Rückzugsgebieten an den Südhängen der Pyrenäen, des Kaukasus und des nordiranischen Elbursgebirges finden.

Dank genau datierter Fossilien fanden Wissenschaftler heraus, daß Mastodon und andere heute verschwundenen Säugetiere die Veränderungen im Pleistozän überlebten und erst später ausgestorben sind, als sich die Gletscher schon weit auf dem Rückzug befanden. Wie man mittlerweile weithin akzeptiert, verschwanden die großen Säugetiere eher aufgrund der Überjagung durch den frühen Menschen zugeschrieben werden kann als infolge des Stresses von Klimaveränderungen. Die sogenannte Äquitabilitäts-Stabilitäts-Hypothese begann einiges von ihrem Glanz zu verlieren. Nicht daß sie völlig falsch wäre, aber die Belege dafür schienen viel weniger überzeugend. Zudem bot sie, wie bereits festgestellt, lediglich eine tautologische Karikatur einer Theorie.

So lagen die Dinge Anfang bis Mitte der sechziger Jahre, als Ökologen ernsthaft damit begannen, den Gradienten der biologischen Vielfalt weltweit zu untersuchen. Innerhalb weniger Jahre erschien eine Unzahl neuer Ideen, aber wie es häufig in der Wissenschaft der Fall ist, die Auslese dauerte einige Zeit.

Gibt es in den Tropen mehr ökologische Nischen?

Ein wichtiger Bereich von Theorien in der Ökologie richtet sich auf das Verständnis der Koexistenz von Arten: Wie können Arten mit ähnlicher Nahrung und ähnlichem Verhalten, wie die beiden Krähenarten auf meinem Hinterhof, dauerhaft denselben Lebensraum besiedeln? Überschneiden sich die Ansprüche zweier Arten zu sehr, schaltet die eine normalerweise die andere aus, wenigstens dort, wo beide gemeinsam vorkommen. Damit zwei ähnliche Spezies im selben Lebensraum existieren können, müssen sie die verfügbaren Ressourcen in irgendeiner Weise untereinander aufteilen. Besetzen die Arten aneinandergrenzende, sich nicht überlappende Lebensräume, befinden sie sich genau genommen nicht in Koexistenz. Dann können sie ein fast identisches Leben führen, ohne das Überleben der anderen Art im Ökosystem zu gefährden.

Vor mehr als einem halben Jahrhundert prägten Forscher den Begriff „ökologische Nische", um die Ansprüche zu beschreiben, denen der Lebensraum einer Art genügen muß. Die Nische ist ein abstraktes Konzept von in erster Linie heuristischem Wert. Sie geht von der Vorstellung aus, daß in der Natur jede Art eine Rolle spielt, die sich von denen aller anderen Arten unterscheidet. Eine Nische wird durch die Bandbreite abiotischer (Faktoren der unbelebten Natur) und biologischer Bedingungen definiert, welche die Existenz einer Art ermöglichen. Stellen wir uns einen bestimmten Maustyp vor, der weder große Hitze noch große Kälte verträgt. Eine solche Maus könnte dennoch in einem Jahreszeitklima überleben, indem sie zum Schutz immer dann einen Bau aufsucht, wenn die Temperaturen unerträglich werden. Notwendig ist auch eine adäquate Nahrung. Viele Mäuse reagieren jedoch flexibel, da sie ein weites Nahrungsspektrum aus

Samen, Früchten, zarten Trieben und Insekten verzehren. Zarte Triebe gibt es im Frühjahr, Insekten im Sommer, Früchte im Herbst und Samen im Winter, so daß die Maus auf alle vier angewiesen wäre, um ein Jahr zu überleben. Sie bräuchte auch dichte Vegetation, um Beutegreifern zu entkommen. Erst wenn ein überlegener Konkurrent oder irgendeine andere biologische Katastrophe, beispielsweise eine Krankheit in einigen der zur Verfügung stehenden Lebensräumen aufträte, würde die Maus daraus vertrieben werden. Faßt man all diese Bedürfnisse zusammen, könnte unsere imaginäre Mäuseart dort leben, wo die Umwelt geeignetes Substrat für den Höhlenbau, das ganze Jahr ausreichende Nahrungsversorgung, schützende Vegetation und einen Lebensraum bietet, der frei von überlegenen Konkurrenten und Krankheiten ist. Lebensräume, die all diesen Erfordernissen entsprechen, könnten entweder weit verbreitet sein oder nur an wenigen Stellen vorkommen, die Arten wären dementsprechend verteilt.

Es muß erwähnt werden, daß eine bestimmte Nische die Eigenschaft eines Organismus, nicht die seiner Umwelt ist. Eine Art mit breiter Nische kann einen weiten Bereich von Lebensräumen (Habitaten) besiedeln, eine mit enger Nische hingegen ist in mancher Hinsicht eingeschränkter. Da sich eine bestimmte Nische durch mehrere Eigenschaften auszeichnet, kann sie bezüglich einer, etwa der Nahrung, breit sein, während eine andere, etwa die Größe akzeptabler Habitate, limitierend wirkt.

Das Nischenkonzept hilft Forschern, überprüfbare Hypothesen aufzustellen. Insbesondere können sie Fragen zum gemäßigt-tropischen Gradienten der biologischen Vielfalt im Hinblick auf den Nischenbegriff formulieren. Bieten tropische Lebensräume die Voraussetzungen für mehr Nischen, so daß mehr Arten nebeneinander leben können? Oder anders gefragt, haben tropische Arten engere Nischen als jene in gemäßigten Breiten? Dies kann der Fall sein, wenn sie speziellere Nahrung aufnehmen oder einen engeren Habitatbereich besetzen. Solche Fragen wurden erstmals in den frühen sechziger Jahren als Leitlinie für Forschungsschwerpunkte aufgeworfen; sie haben unsere Erkenntnisse erheblich erweitert.

Ein Großteil der späteren Fortschritte beruhte auf Untersuchungen tropischer Vogelgemeinschaften. Aus vielerlei Gründen waren Vögel naheliegende Studienobjekte. Ihr gemäßigt-tropischer Gradient ist besonders ausgeprägt, sie sind gut zu beobachten, meist tagaktiv, und es gibt bewährte quantitative Untersuchungsmethoden. Der wohl wichtigste Grund war jedoch, daß Vögel zu den wenigen tropischen Organismengruppen gehören, die von Nichtfachleuten im Gelände sicher bestimmt werden können. Ein Wissenschaftler, der mit einer anderen Gruppe arbeitet, muß große Mühe darauf verwenden, Belegexemplare zu sammeln. Bis zum heutigen Tag sind Vögel und Säuger die einzigen größeren taxonomischen Gruppen, für die es Feldführer für die Tropen gibt. Tropische Reptilien, Amphibien, Fische, Pflanzen und natürlich Insekten können dagegen nur im direkten Vergleich mit Exemplaren eines großen naturhistorischen Museums verläßlich bestimmt werden.

Tropenwälder weisen ein komplexeres Gefüge auf als entsprechende Lebensräume in den gemäßigten Breiten; diese größere strukturelle Komplexität ist vielleicht der Grund für eine höhere Zahl ökologischer Nischen. Generell sind tropische Wälder höher als die in der gemäßigten Zone, enthalten eine größere Vielfalt an Pflanzen und sind reicher an Lebensformen, besonders an Lianen, Palmen und Epiphyten. Man kann sich schwerlich vorstellen, daß all diese Komponenten der Habitatkomplexität nicht zur erhöhten Zahl von Vogelarten in den Tropenwäldern beitragen.

Eine strukturell komplexe Vegetation dürfte sehr viele Nischen für Vogelarten enthalten, da sie den Vögeln eine mannigfaltigere Futtersuche gestattet. Vögel, die nach Arthropoden suchen, zeigen je nach Vegetation ganz unterschiedliche Vorgehensweisen. Sie picken auf offenen Flächen, hacken in vermodertem Holz, entfernen Rinde, stochern in Spalten, durchsuchen die Streuschicht, lesen das Laub ab und betreiben alle möglichen anderen Aktivitäten, um an Beute zu gelangen. Die Schnäbel, Flügel, Füße und anderen morphologischen Charakteristika der verschiedenen Vogelarten sind den Verhaltensweisen bei diesem Nahrungserwerb angepaßt. Einige vertraute Beispiele sind

3.5 Ein Sichelbaumhacker (Gattung *Campylorhamphus*) sucht in einer epiphytisch wachsenden Bromelie nach Beutetieren. Sichelbaumhacker gehören zur Familie der Baumsteiger. Sie jagen auch in Brettwurzeln, Bambus und Röhricht, wobei sie ihre langen Schnäbel einsetzen, um Arthropoden und kleine Wirbeltiere wie Frösche aus ihren Tagverstecken herauszuziehen.

71

3.6 Vögel, die das Laub nach Nahrung absuchen, brauchen scharfe Augen, um diese Sattelschrecke (Familie *Tettigonidae*) im peruanischen Wald zu entdecken, die mit ihrer Tarnfärbung Beutegreifern zu entgehen versucht. Sattelschrecken und ihre Verwandten aus der Insektenordnung der Geradflügler (*Orthoptera*) stellen die Hauptbeute vieler Vögel und mehrerer Affenarten dar.

die meißelartigen Schnäbel, die Spechte zum Abschälen von Rinde und zum Höhlenbau einsetzen, die langen Flügel von Schwalben, die ihnen Geschwindigkeit und Wendigkeit verleihen, um Insekten im Flug zu erbeuten, und die winzigen Füße der Kolibris, die lediglich zum Sitzen dienen, nicht aber zum Laufen oder Hüpfen.

Steht eine große Auswahl von Nahrungsquellen zur Verfügung, können sich die Vögel in ähnlich vielfältiger Weise auf die Art der Nahrung spezialisieren, wie dies auch für die Suchtechniken gilt. Ihre Nahrung ist auffallend vielseitig. Die verschiedenen Arten konzentrieren sich auf Früchte, Sämereien, Nektar oder tierische Kost. Die bevorzugten Beutetiere von Vögeln sind meist Arthropoden, schließen aber auch Schnecken, Reptilien, Amphibien, Säuger und andere Vögel ein. Die Jagd- und Fangmethoden von Vögeln sind so vielseitig wie die Strategien ihrer Beute, ihnen zu entkommen, sei es durch Wegfliegen, Springen, Krabbeln, Kriechen, Huschen oder in der Bewegung Erstarren. Manche Vögel zeigen hochgradige Spezialisierungen an ihre Nahrung und die Nahrungssuche, andere weniger. Somit scheinen die Möglichkeiten, eine Vielfalt an Nischen von Vögeln zu erreichen, fast unbegrenzt.

Wie sich jedoch die Vogelnischen genau unterschieden, war 1960 bei weitem nicht klar. Die Nahrungsauswahl konnte ein entscheidendes Merkmal sein. In anderen Fällen erwiesen sich Taktiken zum Aufspüren und Fangen von Beute als grundlegender, oder die Wahl des Lebensraumes gab den Ausschlag. Die Intuition des erfahrenen Naturforschers war gefragt, um eine qualifizierte Vermutung abgeben zu können.

Der Ökologe Robert MacArthur von der University of Pennsylvania stellte Überlegungen hierüber an. Bei den Forschungsarbeiten für seine Dissertation hatte er gezeigt, daß manche nordamerikanischen Grasmücken, die in Fichtenwäldern in Maine leben, außergewöhnlich sensibel auf feine Unterschiede ihres Lebensraumes reagieren. Eine Art suchte ausschließlich auf den kirchturmartigen Spitzen von Fichtenkronen nach Beute, eine andere konzentrierte sich auf die äußeren Nadeln der unteren Äste, während wieder eine andere eher von den inneren Zweigen näher am Stamm angezogen wurde. Diese Beobachtungen ließen darauf schließen, daß die strukturellen Eigenschaften eines Lebensraumes maßgeblich eine Vogelnische bestimmen.

Wenn MacArthur recht hätte, böten Lebensräume mit einem breiten Spektrum beutereicher Substrate den Ernährungsstrategien einer größeren Zahl von Vogelarten Raum als strukturärmere. Mit seiner Kronenregion, einem Unterwuchs aus Sträuchern und einer Schicht krautiger Pflanzen am Boden bietet ein Wald der gemäßigten Breiten Nahrungsmöglichkeiten für hämmernde Spechte, an Stämmen laufende Kleiber, Nahrung ablesende Vireos, jagende Fliegenschnäpper und laufende Töpfervögel. Aufgrund des größeren Angebots an Kleinlebensräumen kann man daher erwarten, daß ein Wald mehr Vogelarten eine Lebensgrundlage bietet als offenes Gelände.

In einer Reihe mittlerweile klassischer Veröffentlichungen zeigten MacArthur und seine Mitarbeiter eine streng lineare Beziehung zwischen der Komplexität des Lebensraumes und den Artenzahlen von Vögeln im Osten der USA auf. Dieses Ergebnis bestätigte die Erkenntnisse aus seinen Grasmückenbeobachtungen. Für MacArthur schien dies eine mögliche Basis zum Verständnis der tropischen Vogelvielfalt zu sein. Wenn man ähnliche Erhebungen zu Vogelvielfalt und Komplexität des Lebensraumes in den Tropen durchführen könnte,

müßten die Ergebnisse zeigen, ob tropische Vögel ebenso auf den Lebensraum reagieren wie die der gemäßigten Breiten. Vielleicht würde allein die größere strukturelle Komplexität der Tropenwälder deren vielfältigere Vogelgemeinschaften erklären.

MacArthurs Hypothese war der erste ernsthafte Versuch, den Zirkelschluß der Äquitabilität-Stabilität-Hypothese zu durchbrechen. Ein schlüssiges Ergebnis würde zumindest für die Gruppe der Vögel bedeuten, daß die Artenvielfalt in den Tropen durch Unterschiede in der Struktur des Lebensraumes erklärt werden könnte. Leider scheiterte MacArthurs Bemühen, diese Annahme zu bestätigen, Ende der sechziger Jahre an technischen Schwierigkeiten. Mittlerweile ist jedoch die Forschung weit genug fortgeschritten, um einige der grundsätzlichen Streitfragen zu klären.

Forscher sind mit zwei Ansätzen an das Problem herangegangen. Zum einen wurde bestimmt, ob strukturarme Habitate in den Tropen die Zahl von Vogelarten beherbergen, die man mit Hilfe der für nordamerikanische Lebensräume ermittelten empirischen Beziehung vorhergesagt hatte. Solche einfachen Lebensräume sind Baumplantagen mit nur einer oder zwei Pflanzenarten, denen alle exotischen Lebensformen des Primärwaldes fehlen. Trotz der Einfachheit dieser „Lebensräume" lebten dort mehr Vogelarten als in jedem Lebensraum der gemäßigten Breiten – wie komplex diese auch sein mögen. Natürlich sind die abiotischen Eigenschaften eines Lebensraumes nicht allein maßgeblich, aber sie könnten doch eine Rolle spielen.

Beim zweiten Ansatz ging es um MacArthurs Beziehung zwischen der Komplexität des Lebensraumes und der Artenvielfalt der Vögel. Ließen seine Ergebnisse Schlüsse auf die Vielfältigkeit der Vogelgemeinschaften in vollentwickelten Tropenwäldern mit ihren komplexen Lebensräumen zu? Selbst die größten und besterhaltenen Wälder der gemäßigten Breiten beherbergen nicht mehr als 30 bis 40 Vogelarten. Aufgrund der größeren strukturellen Komplexität tropischer Wälder sagte man für sie eine Verdoppelung oder Verdreifachung dieser Artenzahlen voraus – je nach Art der Annahmen bei der Datenanalyse. Doch hat die gegenwärtige Forschung gezeigt, daß Vogelgemeinschaften im Amazonastiefland Perus über 200 Arten umfassen können, eine gegenüber den gemäßigten Breiten fünf- bis sechsfache Steigerung. Wiederum scheint die größere strukturelle Komplexität tropischer Lebensräume bestenfalls eine Teilerklärung für die tropische Vogelvielfalt zu geben. Welche anderen Faktoren könnten dann eine Rolle spielen?

Zahlreichere und größere Gilden

Für einige neue Ideen müssen wir zu MacArthurs intuitiver Schlußfolgerung zurückkehren, daß Vogelnischen durch die Struktur des Lebensraumes festgelegt werden. Seine Ergebnisse erklärten gut die unterschiedliche Vogelvielfalt nordamerikanischer Lebensräume, versagten jedoch bei der Anwendung auf die Tropen. Wir sollten uns aber in Erinnerung rufen, daß es zur Unterscheidung von Nischen noch andere Kriterien gibt; eines davon ist die Nahrung, das Verhalten beim Nahrungserwerb ein weiteres. Um diese Möglichkeiten zu untersuchen, vergleichen wir Vogelgemeinschaften der Tropen und der gemäßigten Breiten mit Hilfe des „Gildenkonzepts".

Wie der Begriff andeutet, sind Gilden Gruppen von Arten mit derselben Lebensweise. Mitglieder einer Gilde können aufgrund ihrer Nahrung zusammengefaßt werden – beispielsweise alle Arten einer Gemeinschaft, die sich von

Nektar ernähren. Auch Tiere, die sich gleichartig verhalten, lassen sich einer Gilde zuordnen – alle Arten, die nach Beute jagen, während sie sich an senkrechte Stämme klammern, oder alle, die Insekten im Flug aus der Luft erbeuten. Weil weder Nahrung noch Verhalten allein hinreichend feine Unterscheidungsmöglichkeiten bieten, werden Gilden im allgemeinen auf der gemeinsamen Basis von Nahrung und Verhalten definiert. Unterteilt man eine Gemeinschaft in Gilden, werden Artengruppen ausgegliedert, die sich in ökologischer Hinsicht stärker untereinander als Mitgliedern anderer Gilden ähneln. Deshalb sind Gildenmitglieder häufig potentielle oder tatsächliche Konkurrenten.

3.7 Diese Spinne der Gattung *Pandercetea* ist eine attraktive Beute für Rinde absuchende Vögel. Vor dem gefleckten Hintergrund aus Rinde und Flechten ist sie auf diesem Baumstamm in Malaysia nur schlecht zu erkennen.

Der Wert des Gildenkonzepts besteht darin, Gemeinschaften vergleichen zu können, die sich aus taxonomisch nicht miteinander verwandten Arten zusammensetzen. Weil die Mitglieder einer Gilde sich Lebensraum und Nahrung teilen oder die gleichen Verhaltensmuster haben, kann man sagen, daß sie eine „Gildennische" ausfüllen.

Mit diesen neuen Konzepten gewappnet, können wir nun einen zweiten Ansatz auf die Frage angehen, warum in tropischen Lebensräumen mehr Vogelarten leben als in denen der gemäßigten Breiten. In der Tat dürften die Tropen Vögeln ein breiteres Spektrum an Lebensweisen erlauben, so wie eine Großstadt vielfältigere berufliche Möglichkeiten zu bieten hat als eine Kleinstadt. Um die Frage zu klären, wollen wir die Gildenorganisation von Vogelgemeinschaften je eines Waldes der gemäßigten Breiten und der Tropen vergleichen. Beide Wälder wurden sorgfältig ausgewählt, um so ähnlich wie irgend möglich zu sein. Damit sollten die Auswirkungen abweichender Strukturkomplexität ausgeschlossen werden – ein perfektes Paar wäre allerdings ein Ding der Unmöglichkeit. Die Auswirkungen struktureller Unterschiede zwischen den Lebensräumen werden wir zunächst außer acht lassen und erst später erörtern, inwieweit sie eine Rolle spielen.

Die beiden Vogelgemeinschaften in unserem Vergleich bewohnen Wälder in Peru und im Südosten der Vereinigten Staaten. Der peruanische Standort ist typisch für die Wälder, die den Großteil Amazoniens bedecken. Der Wald im gemäßigten Klima bedarf einer näheren Erläuterung: Nahe Columbia in South Carolina im Congaree National Monument gelegen, ist er einer der letzten ursprünglichen Auenwälder Nordamerikas – und mit Abstand der größte. Die Bäume im Congaree sind im Durchschnitt höher als die eines typischen Tropenwaldes; manche erreichen eine Höhe von 45 Metern und Durchmesser von 2,5 Metern. Obwohl sie nicht soviele Baumarten wie ein tropischer

Wald enthält, weist die Congaree-Aue über 40 Arten auf und damit beträchtlich mehr als die meisten Wälder gemäßigter Breiten. Bezüglich der Struktur ähnelt dieser Wald mehr den Pendants in Amazonien als anderen in Nordamerika. Mehrere Baumschichten sorgen für eine komplexe vertikale Gliederung. Hinzu kommen Epiphyten (Spanisches Moos und Falsche Rose von Jericho) und mächtige Lianen (Weinreben und andere). Im Unterholz gibt es sogar eine Palme. Hier herrscht eine Strukturkomplexität, die der vieler Tropenwälder gleichkommt.

Der Urwald im Congaree National Monument beherbergt eine Brutvogelgemeinschaft von 40 Arten; sogar 43, wenn man Bachmans Waldsänger, Karolinasittich und Elfenbeinspecht, die nunmehr ausgestorben sind, mitzählt. Die vorhandenen Spezies bilden 16 Gilden, von denen nur drei, nämlich Specht-, Fliegenschnäpper- und laubablesende Gilde (Grasmücken und Vireos) mehr als zwei Arten enthalten. Mit anderen Worten: Die Arten verteilen sich sehr breit auf die Gilden. Dies läßt darauf schließen, daß in dieser Gemeinschaft nur wenige Arten direkte Konkurrenten sind.

In der Vogelgemeinschaft Amazoniens sind die Arten sogar noch gleichmäßiger auf die Gilden verteilt, doch enthalten hier alle 24 Gilden – mit Ausnahme von zweien – mehr als zwei Arten. Die Gesamtartenzahl der Gemeinschaft ist mit 207 fünfmal so hoch wie die am warm-gemäßigten Standort. Die Artenzahlen in vielen dieser Gilden sind zudem um ein Vielfaches höher als in denen der gemäßigten Breiten.

Wenn man die beiden Gemeinschaften miteinander vergleicht, fällt sofort auf, daß der tropische Wald Lebensmöglichkeiten für Arten aus acht Gilden bietet, die in dem Wald der gemäßigten Zone nicht vorkommen. Diese steuern insgesamt 56 Arten bei, die ein Drittel der „zusätzlichen" Vogelarten im tropischen Untersuchungsgebiet ausmachen. Auf welche besonderen Eigenschaften des tropischen Lebensrau-

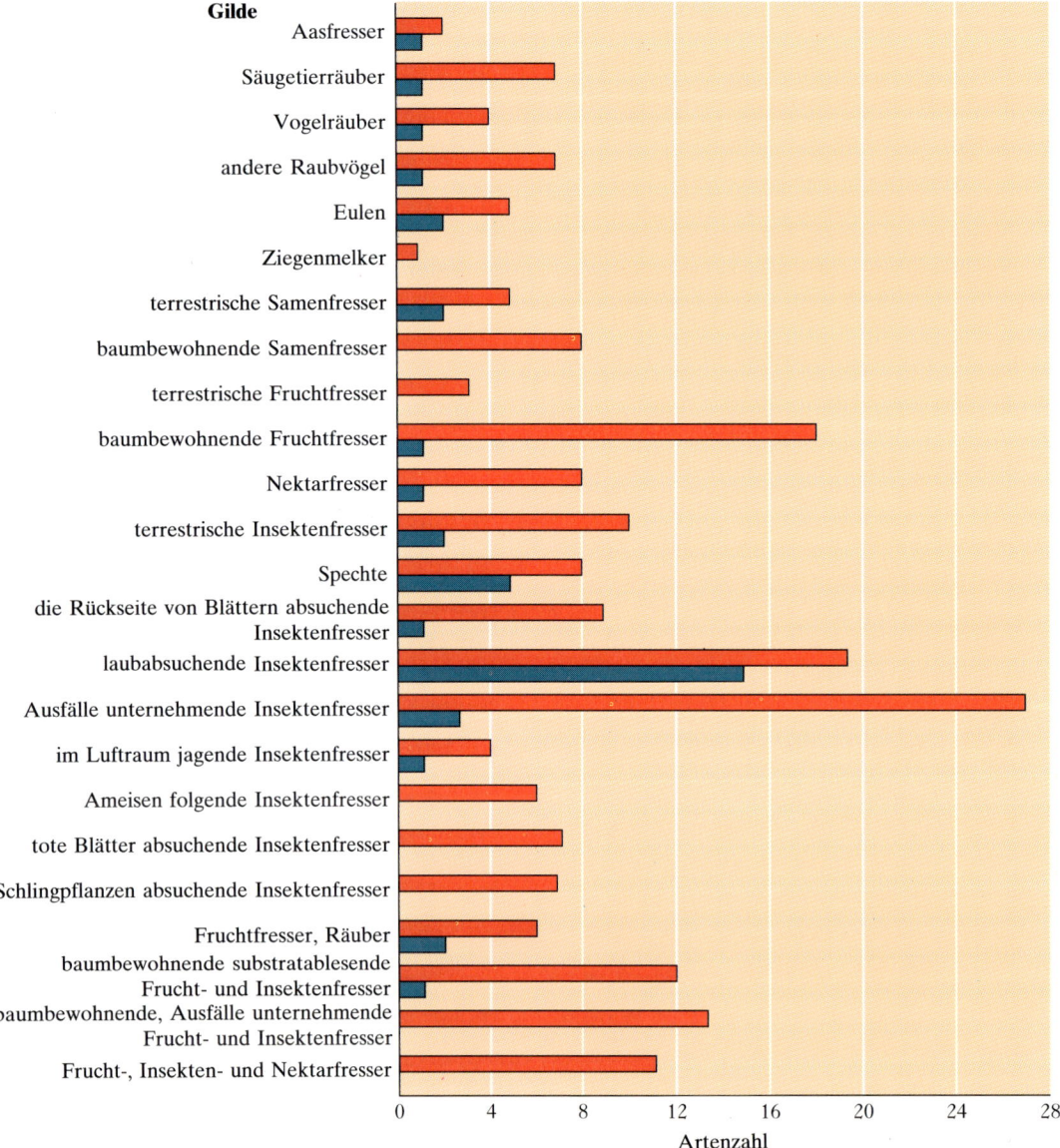

3.8 Die Vogelgemeinschaften je eines Waldes der gemäßigten Breiten (Congaree-Aue) und der Tropen (Peru), aufgegliedert nach Gilden. Die tropische Gemeinschaft (rote Säulen) enthält mehr Gilden und mehr Arten je Gilde als die Gemeinschaft der gemäßigten Breiten (blaue Säulen).

mes läßt sich das Vorkommen dieser 56 Spezies nun zurückführen?

Eine Art ist ein Nachtfalter fressender Ziegenmelker (ähnlich dem Whip-Poor-Will, einer nordamerikanischen Nachtschwalbenart), acht sind Papageien, die sich von den Samen unreifer, noch an den Bäumen hängender Fruchte ernähren, drei sind terrestrische Fruchtfresser, die reife, bereits zu Boden gefallene Früchte verzehren, und die restlichen 44 gehören verschiedenen insekten- und allesfressenden Gilden an. Warum kommt keine dieser Gilden im Wald der gemäßigten Breiten vor? Die Frage zwingt uns, nachträgliche Erklärungen zu finden – eine Praxis, die in der Wissenschaft nicht gern gesehen wird, weil sie zu Vereinfachungen verlockt. Da die Umstände jedoch keine andere Wahl lassen, wollen wir es zulassen und bei Schlußfolgerungen hoffentlich die gebührende Vorsicht walten lassen.

Immergrüne Tropenwälder bringen viele Nahrungsquellen hervor, die das ganze Jahr über existieren. Zahlreiche, wie Früchte, Samen, Nektar und natürlich Arthropoden, werden von Vögeln gefressen. Wälder in gemäßigten Breiten erzeugen alle diese Nahrungsquellen ebenfalls, aber nach einem jahreszeitlichen Schema. Die Verfügbarkeit der einzelnen Ressourcentypen wechselt daher ständig zwischen Phasen des Überflusses und des Mangels. Die meisten Früchte gibt es im Sommer und Herbst, Samen im Herbst und Winter, Nektar im Frühling und Sommer, und Arthropoden nur in den warmen Monaten. Um in einer Umgebung überleben zu können, wo sich das Nahrungsangebot ständig ändert, müssen Vögel der gemäßigten Zonen entweder je nach Jahreszeit von einer Nahrungsquelle auf eine andere wechseln, oder sie müssen wandern. Manche tun beides. Die amerikanische Wanderdrossel, die im Frühling in Neuengland eintrifft, wo sie auf Vorstadtrasen nach Regenwürmern sucht, verbringt den Winter in südöstlichen Wäldern und lebt dort von den Beeren der Stechpalmen. Ohne solche

Vielseitigkeit wäre das Leben in den gemäßigten Breiten nahezu unmöglich.

In den Tropen können es sich die Arten dagegen leisten, sich auf eine engbegrenzte Gruppe von Nahrungsquellen zu spezialisieren; dadurch sind sie vielleicht in der Lage, sich erfolgreicher gegen Konkurrenten um das gewählte Futter durchzusetzen. Ein Papageienschnabel eignet sich zum Beispiel gut zum Knacken von Samen, aber nicht zum Insektenfang. Ein Kolibri kann

3.9 Ein glänzender Quetzal (*Pharomachrus mocinno*) im Nebelwald bei Monteverde (Costa Rica) verschluckt eine Lorbeerfrucht (zur Familie der Lorbeergewächse zählt auch die Avocado). Da in tropischen Wäldern das ganze Jahr über Früchte vorkommen, sind spezialisierte Fruchtfresser wie der Quetzal recht häufig.

den Nektar in den tiefsten Blütenwinkeln erreichen, ist dagegen unfähig, bei Früchten die Samen vom Fruchtfleisch zu trennen.

Andere tropische Vögel, Angehörige der Gilde von Allesfressern, sind vielseitig, aber nicht nach Art der Vögel in gemäßigten Breiten. Viele Tangaren, Zuckervögel und andere Arten des Tropenwaldes in der Neuen Welt nehmen eine gemischte Kost aus Insekten, Früchten oder Nektar oder auch allen dreien zu sich. Während der Brut besuchen die adulten Tiere vieler dieser Arten fruchttragende oder blühende Bäume, um ihren eigenen Stoffwechselbedarf schnell zu decken. Damit verbleibt genügend Zeit, nach eiweißreichen Insekten zu suchen, die ihre rasch heranwachsende Brut benötigt. Für Vögel der gemäßigten Breiten ist ein solches Verhalten relativ ungewöhnlich, vermutlich, weil sie im späten Frühjahr und frühen Sommer brüten, wenn Insekten am häufigsten sind, die meisten Fruchtsorten jedoch noch nicht reif sind. Weil die Jahreszeiten im tropischen Wald weniger ausgeprägt sind, bietet er Gelegenheiten zur Spezialisierung in der Ernährung, die Bewohnern der gemäßigten Breiten verschlossen bleiben.

Dieses Argument erklärt jedoch nicht das Fehlen dreier Gilden von insektenfressenden Arten in der Gemeinschaft der gemäßigten Breiten, die in der tropischen Gemeinschaft reich vertreten sind: Sechs Arten schnappen Insekten, die vor anstürmenden Treiberameisen flüchten, sieben Arten durchsuchen zusammengerollte tote Blätter, die in Schlingpflanzen und Zweigen steckengeblieben sind, und sieben Arten leben in dichten Schlingpflanzendickichten. Wieder liefern die stärker ausgeprägten Jahreszeiten der gemäßigten Umgebung die Erklärung dafür, wenn auch in etwas anderer Form.

Hunderttausende von Treiberameisen können einen Schwarm bilden, der sich amöbenartig über die Streu bewegt und dabei überraschte Arthropoden aufscheucht. Schaben, Spinnen, Hundertfüßer, Grillen und viele andere aufgeschreckte Beutetiere hüpfen oder krabbeln über die toten Blätter und versuchen zu entkommen. Wenn diese normalerweise verborgenen Bewohner der Streuschicht auf der Flucht ihre Verstecke verlassen, sind sie dem Zugriff von Vögeln, die am Vorderrand des anrückenden Schwarmes lauern, schutzlos ausgeliefert. Während die in Schwärmen einfallenden Trei-

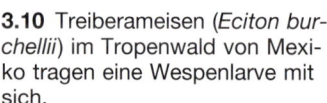

3.10 Treiberameisen (*Eciton burchellii*) im Tropenwald von Mexiko tragen eine Wespenlarve mit sich.

berameisen in den Tropen der Neuen Welt regelmäßig vorkommen, fehlen sie im Südosten
der Vereinigten Staaten – vielleicht weil es hier
während des Winters keine Arthropoden als
Beute gibt. Auf das Absuchen hängender, ab-
gestorbener Blätter (arboreale Laubstreu) spezialisierte Vögel sähen sich ebenfalls die meiste
Zeit des Jahres ohne Nahrungsquelle, da tote
Blätter erst gegen Ende der Wachstumsperiode
häufiger werden und bei Beginn des Winters
rasch weggeweht werden. Aus einem ähnlichen
Grund würden Vögel, die hauptsächlich in
Schlingpflanzendickichten jagen, in Wäldern
der gemäßigten Breiten kümmerlichere Jagd-
möglichkeiten finden als in vielen Tropenwäldern, wo Schlingpflanzen weite Bereiche der
Kronenregion miteinander verbinden.

In der Tat sind alle „zusätzlichen" Gilden der
Vogelgemeinschaft im Tropenwald an Nahrungsquellen oder nahrungsliefernde Substrate
gebunden, die in dem gemäßigten Lebensraum
mit seinen ausgeprägten Jahreszeiten selten
sind oder über lange Zeit fehlen. Zweifellos ist
das Auftreten von Jahreszeiten ebenso für einige fast leere Gilden in den gemäßigten Breiten
verantwortlich: Der jahreszeitliche Mangel an
Früchten erklärt höchstwahrscheinlich, warum
nur eine einzige fruchtfressende Art den Wald
im gemäßigten Klima bewohnt – im Gegensatz
zu den 18 Arten des Standortes in Amazonien.
Dementsprechend ist der Rubinkehlkolibri der
einzige im Congaree vorkommende Kolibri,
während im peruanischen Wald acht Arten leben. Wiederum scheint die unterschiedliche
Menge an verfügbaren Nahrungsquellen den
Ausschlag zu geben. In der Aue von Congaree
findet der Rubinkehlkolibri während der Brutzeit nur eine einzige nennenswerte Nektarquel-
le, eine als Klettertrompete bekannte Schling-
pflanze. Andere Pflanzen mit geeigneten Blüten sind selten oder fehlen. Im Regenwald
Amazoniens gibt es hingegen Unmengen von
Pflanzenarten, die Kolibris anziehen. Manche
haben lange, röhrenförmige Blüten, die nur
langschnäbligen Arten zugänglich sind, andere

3.11 Obwohl der Schnabel dieses Kolibris (*Selasphorus scintilla*) relativ kurz ist, reicht seine Länge aus, um Nektar aus den flachen Blüten eines epiphytischen Heidekrautgewächses (Familie Ericaceae) in Costa Rica zu saugen.

kurze Blüten, die kurzschnäblige Arten zufriedenstellen. Bäume und Schlingpflanzen oben in
den Baumkronen und kleine Bäume und krautige Pflanzen im Unterwuchs bilden geeignete
Blüten. Kurz gesagt, Nektar steht im vielstöcki-
gen Wald in vielerlei Form von oben bis unten
zur Verfügung. Damit bietet sich nektarsuchen-
den Vögeln eine Fülle von Möglichkeiten zur
Spezialisierung.

Weniger als 40 Prozent der Vögel im Regenwald Amazoniens ernähren sich vorwiegend
von pflanzlichen Produkten; in Wäldern der gemäßigten Breiten ist der Anteil noch geringer.

In beiden Wäldern dominieren insektenfressende Vögel. Die tropischen Gilden enthalten ausnahmslos mehr Arten als ihre Gegenstücke in gemäßigten Breiten. Hier scheint der Wechsel der Jahreszeiten nicht besonders relevant zu sein, weil die Insekten während der Brutzeit der Vögel ihre maximale Häufigkeit haben. Die Insektenvielfalt ist in Wäldern der gemäßigten Zonen vielleicht infolge der reduzierten Pflanzenvielfalt geringer, aber die Individuenzahlen können hoch sein. Deshalb steht Vögeln, die sich von Insekten ernähren, in Wäldern mit gemäßigtem Klima ebensoviel Beute zur Verfügung wie in Tropenwäldern.

Welche Faktoren können dann für die höhere Artenzahl bei den tropischen Gilden verantwortlich sein? Mindestens zwei Möglichkeiten sind denkbar: Erstens bietet der Regenwald vielleicht größere Gildennischen, zum anderen können die tropischen Gilden dichter mit Arten besetzt sein. Die erste Möglichkeit verlangt eine Erklärung aus der Ökologie, die zweite eine aus der Evolution.

Sind tropische Gildennischen größer?

Normalerweise nehmen die Mitglieder einer Gilde Nahrung auf, die in Qualität oder Größe variiert. Betrachten wir zum Beispiel, wie sich Arten aus der Gilde der Fruchtfresser die vorhandenen Früchte aufteilen. Ein kleiner Fruchtfresser kann nur kleine Früchte schlucken, während ein großer Früchte von fast jeder Größe verzehrt – er kann aus einem breiteren Angebot auswählen. Einem großen Fruchtfresser sind aber Grenzen anderer Art gesetzt. Betrachten Sie sich einmal selbst als Beispiel. Wenn Sie hungrig wären und eine Stelle mit Heidelbeeren oder einen Pfirsichhain aufsuchen könnten, wofür würden Sie sich entscheiden? Sofern Sie nicht zufällig eine Abneigung gegen Pfirsiche haben, ist die Antwort klar. Von Pfirsichen werden Sie in 15 bis 20 Minuten satt, aber das Pflücken desselben Quantums Heidelbeeren würde wenigstens eine Stunde dauern. Es ist richtig, daß Bären häufig Heidelbeeren fressen, aber im allgemeinen geben große Fruchtfresser eher großen Früchten den Vorzug. So „teilen" Gildenmitglieder oft Nahrungsquellen nach der Größe „untereinander auf" und umgehen damit übermäßige Konkurrenz.

Die Frage, inwiefern Unterschiede in der Körpergröße die Konkurrenz zwischen Arten mildert, ist theoretisch von Bedeutung. Den grundlegenden Beitrag zu diesem Thema lieferte die bedeutende Ökologin G. Evelyn Hutchinson von der Yale University. Bei ihren Studien über Copepoden (kaum sichtbaren Krebschen, die auch Hüpferlinge genannt werden) in einigen oberitalienischen Seen stellte Frau Hutchinson fest, daß die Seen unterschiedliche Artenzahlen in verschiedenen Kombinationen aufwiesen, daß sich aber die Artengemeinschaft jedes beliebigen Sees aus Spezies zusammensetzte, die in der Größe variieren. Mit verblüffender Übereinstimmung war jede Art 1,2- bis 1,3mal so groß wie die nächstkleinere.

Von solchen Größenunterschieden weiß man heute in der Ökologie, daß sie sich in den „Hutchinson-Index" einfügen. Hutchinson vermutete, daß ein Verhältnis von etwa 1,25 in der Länge den gerade ausreichenden Größenunterschied darstellt, bei dem die Koexistenz zweier nahe verwandter Arten unter Nutzung der gemeinsamen Lebensgrundlagen möglich ist. Heute spricht man von der Vorstellung Hutchinsons oft als dem „Gesetz der begrenzenden Ähnlichkeit". Im weiteren Sinne drückt es die Annahme aus, daß zwei Arten nicht koexistieren können, wenn sie nicht um ein Mindestmaß voneinander abweichen. Es war ein Heiliger Gral der theoretischen Ökologie, den Hutchinson-Index aus Grundprinzipien abzuleiten.

Hutchinsons Vermutung legt nahe, daß es eine Höchstgrenze für die Artenzahl gibt, die von bestimmten Ressourcen leben können. Ist der Ressourcenpool vielseitig, kann sich ein größeres Spektrum von Konsumenten diesen Pool teilen. Zur Verdeutlichung betrachten wir die Gilde der baumlebenden Samenfresser. Im Amazonaswald wird sie von einer ganzen Reihe von Papageien besetzt, von den winzigen Sperlingspapageien über die etwas größeren Sittiche und die Großpapageien bis hin zu den farbenprächtigen und majestätischen Aras. Weil sie verschieden groß sind, können diese Vögel eine Nahrungsquelle untereinander aufteilen, die alle gemeinsam nutzen: Sämereien, insbesondere unreife Samen. Beispielsweise suchen die kleinen Sittiche nach winzigen Feigensamen. Die Vögel handhaben die Früchte geschickt mit ihrem unbeschreiblich beweglichen Schnabel, lesen geduldig die Samen heraus und lassen das Fruchtfleisch fallen.

Mag sich diese Tätigkeit für einen Sittich absolut lohnen, ein Papagei oder Ara würde sie verschmähen. Ein größerer Vogel könnte die winzigen Samen nicht mit der nötigen Genauigkeit handhaben, und selbst wenn das möglich wäre, reichte deren Energie nicht aus, um seinen Stoffwechselbedarf zu decken. Größere Gildenmitglieder zieht es zu größeren Früchten, von denen viele gegen solche Plünderungen durch harte oder faserige Hüllen geschützt sind. Ein Ara zum Beispiel hat keine Schwierigkeiten beim Öffnen einer Paranuß, aber in der freien Natur hat er selten Gelegenheit, eine zu verspeisen. Paranüsse sind nämlich von einer dickwandigen, kokosnußähnlichen Schale umhüllt, die sich selbst mit einem so gewaltigen Werkzeug wie dem Araschnabel nicht öffnen läßt. Trotzdem können Aras eine Vielzahl geschützter Früchte öffnen, um an die darin enthaltenen Samen zu gelangen. Indem sie Gebrauch von ihrem größeren, kräftigeren Schnabel machen, nutzt jede Papageienart in der Reihe zunehmender Größe Nahrungsquellen, die der nächstkleineren Art verwehrt bleiben. So-

3.12 Eine Motmot-Sägeracke (*Momotus momota*), die gerade dabei ist, eine Anolisechse zu verschlucken. Die Sägeracken bilden eine von mehreren Familien großschnäbliger Vögel, die in tropischen Wäldern der Neuen Welt große Arthropoden und kleine Wirbeltiere erbeuten.

mit dient in vielen Gilden die Größe als wichtigste Basis für die Aufteilung von Ressourcen.

In einem bestimmten Lebensraum ist die Größenspanne von Früchten oder die Widerstandsfähigkeit ihrer Schalen ausschlaggebend für die Größe des zur Verfügung stehenden Ressourcenpools. Von einem bestimmten Ressourcenpool können null bis viele Konsumentenarten abhängig sein, aber im allgemeinen dürfte ein breiterer Pool Lebensgrundlage für eine größere Zahl von Konsumenten darstellen.

Die Existenz größerer Gildennischen wurde vor längerer Zeit von Thomas Schoener (heute arbeitet er an der University of California in Davis) als Teilerklärung für die tropische Vogelvielfalt vorgeschlagen. Diese Möglichkeit trat bei einer vergleichenden Studie über die Schnabelgrößen von insektenfressenden Vögeln in Regionen der Tropen und der gemäßigten Breiten zutage. Bei Vögeln einer bestimmten Größe besaßen die tropischen Arten durchweg größere Schnäbel. Zusätzlich gab es in den Tropen mehr große Arten mit sehr großen Schnäbeln.

Dieses Ergebnis ließ vermuten, daß tropische Insekten im Durchschnitt größer sind als solche in gemäßigten Breiten. Zusammen mit seinem Kollegen Daniel Janzen besammelte Schoener die Insektengemeinschaften einiger Wälder in Costa Rica und in den Vereinigten Staaten. Die tropischen Proben enthielten viel mehr große Insekten und zudem Arten, die größer als alle Vertreter der gemäßigten Breiten waren. Angesichts dieser Ergebnisse nahm man logischerweise an, daß die besonders großen Insekten in den Tropen Nischen für großschnäblige insektenfressende Vögel schufen. Diese Schlußfolgerung wurde gestützt durch die Feststellung, daß die größte Art der Insektenfressergilde am Amazonas ihr Pendant im gemäßigten Klima an Körpergewicht übertrifft. (Eine Ausnahme ist die Rindengilde, wo der nordamerikanische Haarspecht etwas größer ist.) Im allgemeinen sind die Unterschiede jedoch ziemlich klein. Es liegt daher nahe, daß tropische Gildennischen nur zum Teil größer sind als ihre Gegenstücke im gemäßigten Klima.

3.13 Die Schnabellängen von Vögeln, die zwischen acht bis zehn Grad (links) und 42 bis 44 Grad nördlicher Breite (rechts) brüten. Im Durchschnitt haben die tropischen Vögel längere Schnäbel als ihre Pendants in gemäßigten Breiten.

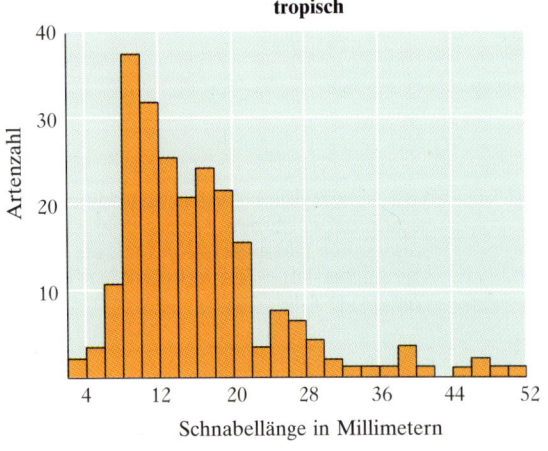

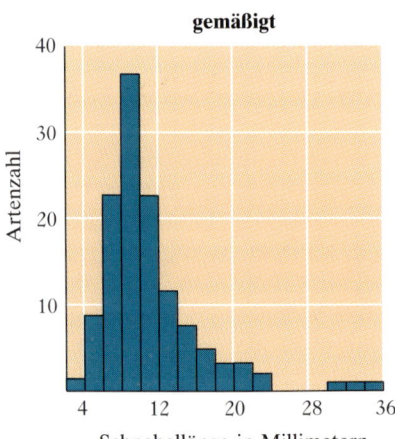

Die „Packung" tropischer Gilden

Ein viel augenfälligerer Unterschied zwischen gemäßigten und tropischen Gilden ist, daß letztere gewöhnlich zwei- bis mehrfach so viele Arten enthalten. Im Falle der Insektenfressergilde dürften die „zusätzlichen" Arten schwerlich den Auswirkungen von Jahreszeiten, der größeren tropischen Baumvielfalt oder den größeren Gildennischen zuzuschreiben sein. Innerhalb jeder Gilde, die auch in Wäldern mit gemäßigtem Klima vertreten ist, scheint es in den Tropen einfach mehr Arten zu geben.

Aus den höheren Artenzahlen tropischer Gilden ergibt sich eine der Fragen, die diese Diskussion auslösten: die Möglichkeit, daß die Nischen tropischer Vögel enger sind. Den Schluß zu ziehen, die Nischen tropischer Vögel seien enger, einfach weil es dort mehr Arten gibt, wäre jedoch eine Tautologie und daher unkorrekt. Aus diesem Grund ist es wichtig, den Vergleich auf der Grundlage von Gilden durchzuführen, denn diese sind unabhängig von den in ihnen enthaltenen Arten definiert. Da mehrere der tropischen Gilden viel mehr Arten als ihre Gegenstücke in gemäßigten Breiten umfassen, erscheinen die Nischen der beteiligten Arten in der Tat enger. Im Ökologenjargon heißt es, die Arten in den tropischen Gildennischen sind „dichter gepackt".

Die plausibelste Entstehungsweise für die dichtere Packung ist die Speziation, der Evolutionsmechanismus zur Bildung neuer Arten. Wie wir in Kapitel 6 sehen werden, hat die Evolution in den Tropen offenbar mehr Arten hervorgebracht, und infolgedessen könnten sich viele von ihnen stark spezialisiert haben.

Die große Höhe und Komplexität der inneren Struktur des Tropenwaldes liefern die Grundlage für eine feinere Spezialisierung. Ein hervorragendes Beispiel bilden die Zwergameisenwürger der Neuen Welt, eine Gruppe kleiner, laubablesender Vögel, die den Grasmücken unserer Breiten entsprechen. Bis zu zehn Arten können einen einzigen Standort besiedeln. Morphologisch und häufig auch vom oberflächlichen Erscheinungsbild her untereinander sehr ähnlich, ernähren sich die Zwergameisenwürger von Insekten – sie unterscheiden sich jedoch durch die Vielfalt ihrer Suchmethoden. In Amazonien, am Ort unseres Vergleichs zwischen tropischen und gemäßigten Vögeln, lebt eine Art in Bodennähe, eine andere in der Kronenregion und einige weitere in den mittleren Stockwerken des Waldes. Zu letzteren gehören eine Spezies, die Laubstreuansammlungen im Kronenraum durchstöbert, eine andere, die bloße Oberflächen von Ästen und Zweigen inspiziert, und drei weitere, die im dichten Laub nach Beute jagen.

Abbildung 3.14 zeigt, wie sich vier Arten, die Blätter absuchen, auf enge und nur teilweise überlappende Nahrungszonen aufteilen. Sie unterscheiden sich jeweils durch Ort oder Art der Beutesuche. Eine solch feine Aufteilung des strukturellen Lebensraumgefüges wäre in einem einfacheren Lebensraum nicht möglich. Hier scheint die größere Strukturkomplexität des Tropenwaldes als Grundlage der biologischen Vielfalt ins Spiel zu kommen. Durch die Wahl leicht unterschiedlicher Höhen zur Nahrungssuche umgehen die vier Zwergameisenwürger die Konkurrenz so weit, daß sie in enger Nachbarschaft zusammenleben können. Solche hochgradig abgestimmten ökologischen Rollen sind typisch für Arten, die in den verschiedenen tropischen Gemeinschaften leben.

Überall in diesem Kapitel haben uns naturgeschichtliche Details Antworten geliefert auf die Fragen, was eine Art frißt, wie sie Nahrung findet, wie ihre Beziehung zu anderen Arten derselben Gemeinschaft ist. Eine Suche, die mit ein paar entwaffnend einfachen Fragen begann, führte uns in ein Dickicht komplexer Beziehun-

M. brachyura

M. menetriesii

M. axillaris

M. haematonota

3.14 Vier Arten von Zwergameisenwürgern (Gattung *Myrmotherula*) mit vertikal gestaffelten Nahrungszonen in einem Amazonaswald. Solche engen ökologischen Beziehungen weisen auf eine dichtere Packung der Arten in tropischen Gilden hin.

gen. Jeder in Erwägung gezogene Faktor schien nach Prüfung nur eine Teilantwort auf eine noch umfangreichere Frage zu geben.

Vieles bleibt noch zu klären, doch wissen wir bereits heute, daß viele Faktoren zu der „zusätzlichen" biologischen Vielfalt der Tropen beitragen. Dazu gehören ein von der Struktur her komplexer Lebensraum (veranschaulicht durch die vier Zwergameisenwürger und die Gilde der spezialisierten Schlingpflanzenabsammler), zusätzliche Gilden (auf Bäumen lebende Samenfresser, terrestrische Fruchtfresser, Verfolger von Treiberameisen) dank der weni-

ger starken jahreszeitlichen Schwankungen des Lebensraumes, größere tropische Pflanzenvielfalt (als Nahrungsquellen für Kolibris und Fruchtfresser), größere Insekten (die breitere Gildennischen für insektenfressende Vögel zulassen) und schließlich die dichte Packung vieler Gilden als Hinweis auf eine überschwengliche Artbildung. Die Ursachen der Vielfalt in anderen Gruppen als den Vögeln sind vermutlich ähnlich komplex, obwohl es wahrscheinlich Unterschiede in Einzelheiten geben wird.

Wenn die eingangs gestellten Fragen – bieten tropische Lebensräume mehr Nischen? sind die Nischen tropischer Arten enger? – im Rückblick nun vielleicht naiv erscheinen, ist dies nur ein Maß für den Fortschritt, den MacArthur auslöste. Naive Anfänge verlangen keine Entschuldigung, denn die einfachsten Fragen sind manchmal die gescheitesten.

4

Ein Mosaik aus Bäumen

4.1 Viele Baumarten reagieren auf die Trockenzeit, indem sie ihre Blätter verlieren, blühen und neues Laub treiben, wie in diesem Wald im brasilianischen Bundesstaat Rondonia.

Unsere Bemühungen im vorangegangenen Kapitel, die Vielfalt der Tierwelt in den Tropenwäldern zu verstehen, führten immer wieder zu den Pflanzen – als komplexe Strukturelemente des Lebensraumes und als breites Angebot eßbarer Produkte in Form von Blättern, Blüten, Früchten und Samen. Ohne die pflanzliche Vielfalt des tropischen Waldes wäre die tierische Vielfalt mit Sicherheit nicht annähernd so groß. Wenn wir nicht die evolutionären und ökologischen Faktoren würdigen, die zur Pflanzenvielfalt und ihrem Fortbestand beitragen, können wir die tropische Vielfalt nicht verstehen.

Die Ansätze, die wir bei der Erörterung der tierischen Vielfalt benutzt haben, lassen sich nicht unmittelbar auf Pflanzen anwenden. Tiere nutzen vielerlei Arten von Nahrungsquellen und suchen diese an verschiedenen Stellen und mit unterschiedlichen Mitteln auf. Im Gegensatz dazu haben alle grünen Pflanzen dieselben Grundbedürfnisse, um zu gedeihen: Sonnenlicht, Kohlendioxid, Wasser und Mineralstoffe. Darüber hinaus sind Pflanzen seßhaft und damit standortgebunden. Die unterschiedlichen Anpassungsstrategien, worin sich die ökologischen Rollen der einzelnen Pflanzen unterscheiden, sind sehr verschieden von denen, die Tieren die Koexistenz in komplexen Gemeinschaften gestatten.

Kohlendioxid, die wichtigste Ausgangssubstanz bei der Photosynthese (dies ist in etwa mit der Nahrung von Tieren zu vergleichen), ist überall in der Luft vorhanden. Weil sich die Atmosphäre in ständiger Bewegung befindet, kann eine einzelne Pflanze die Menge an Kohlendioxid, die einer anderen zur Verfügung steht, nicht merklich reduzieren; daher gibt es um diese Grundressource keine Konkurrenz.

Konkurrenz um Sonnenlicht geht in erster Linie nach dem Motto vonstatten: Wer zuerst kommt, mahlt zuerst. Licht wird aus einem gerichteten Strahl aufgefangen. Nur selten kommt es zu einem Geflecht zweier Baumkronen, denn die höhere kann im allgemeinen jede potentielle Konkurrentin neben sich überwachsen. Schlingpflanzen sind jedoch recht gut in der Lage, das Wachstum von Bäumen zu ersticken, indem sie deren Kronen überwuchern und das Laub unter sich begraben. Wie das Sonnenlicht muß auch das Wasser aus einem gerichteten Fluß aufgefangen werden. Die Konkurrenz um Wasser ist jedoch nicht einfach eine Frage der Priorität, da Wasser keine Lichtgeschwindigkeit erreicht. Es dringt in den Boden ein und muß über die Wurzeln aufgenommen werden. Eine Pflanze, die viel in Wurzeln investiert, kann zwar hart um Wasser konkurrieren, aber gerade dadurch wird sie zwangsläufig zu einem schwächeren Mitbewerber um das Licht, weil ihr weniger Material für die Investition in die Bildung von Stamm und Krone bleibt. Ein entsprechendes Argument gilt für die Konkurrenz um Nährstoffe im Boden. Erinnern Sie sich an die vergrößerte Wurzelmasse von Bäumen, die auf nährstoffarmen Spodosolen in Venezuela wachsen (Kapitel 2).

Weil alle Pflanzen Licht, Wasser und Nährstoffe brauchen, ist es kaum vorstellbar, daß die Aufteilung dieser Ressourcen für mehr als einen Teil der tropischen Pflanzenvielfalt verantwortlich ist. Man braucht sich nur vor Augen zu halten, daß manche der vielfältigsten Pflanzengesellschaften der Erde in immerfeuchten Klimaten auftreten, wo der Boden ständig wassergesättigt ist. Mit anderen Worten: Die Vielfalt ist nicht merklich herabgesetzt, wenn die Konkurrenz um Wasser wegfällt. Genauso gibt es keine eindeutige Tendenz, daß die Pflanzenvielfalt auf armen Böden mit starker Konkurrenz um Nährstoffe höher ist als auf reichen Böden, wo die meisten wichtigen Nährstoffe im Überfluß vorhanden sind. Selbstverständlich konkurrieren Pflanzen um Licht, Wasser und Nährstoffe, um nebeneinander in Gesellschaften existieren zu können, scheinen sie jedoch andere Merkmale ihres Lebensraumes unter sich aufteilen zu müssen. In diesem Kapitel werde ich eine Reihe von Ansätzen untersuchen, um diese zusätzlichen Merkmale herauszufinden.

Beginnen möchte ich mit der Untersuchung von Diversitätsmustern tropischer Pflanzen in verschiedenen räumlichen Maßstäben – interkontinental, regional und lokal. Auf der höchsten, der kontinentalen Ebene, spiegeln Unterschiede in der Artenvielfalt wahrscheinlich das Ergebnis der Evolution wider. Die drei tropischen Hauptregionen der Erde waren während der vergangenen 80 bis 100 Millionen Jahre weitgehend voneinander isoliert. Während dieses langen Zeitraumes hatte jedes Gebiet reichlich Gelegenheit, verschiedene Arten hervorzubringen. Auf regionaler Ebene innerhalb eines Kontinents werden wir dann sehen, daß die Diversitätsmuster der Pflanzen von den Hauptparametern der Umwelteigenschaften wie Niederschlag und Bodenchemie abhängen, wenn auch nicht von einem Parameter allein. Auf der niedrigsten Stufe, der von unmittelbaren Nachbarn in einem Baumbestand, beginnen schließlich biologische Prozesse eine wichtige Rolle für die Aufrechterhaltung der Pflanzenvielfalt zu spielen.

Interkontinentale Verbreitungsmuster

Die tropischen Gebiete Asiens, Afrikas und Amerikas bilden drei große biogeographische Einheiten, die sich in Größe, Erdgeschichte, Geografie und topographischer Komplexität deutlich voneinander unterscheiden. Aufgrund der mannigfaltigen Unterschiede gibt es *a priori* keine Möglichkeit zu erkennen, welche Region die höchste Vielfalt an Baumarten aufweisen könnte. Seit vor mehreren Jahrzehnten die ersten umfassenden Untersuchungen aneinandergrenzender Parzellen veröffentlicht wurden, waren Botaniker im großen und ganzen der Meinung, die artenreichsten Wälder der Welt seien auf der Halbinsel Malaysia und dem nordwestlichen Borneo zu finden. In Sarawak und dem indonesischen Borneo überraschten Gebiete mit bis zu 200 Arten pro Hektar, wohingegen in Amazonien die artenreichsten damals bekannten Standorte nur 175 verbuchen

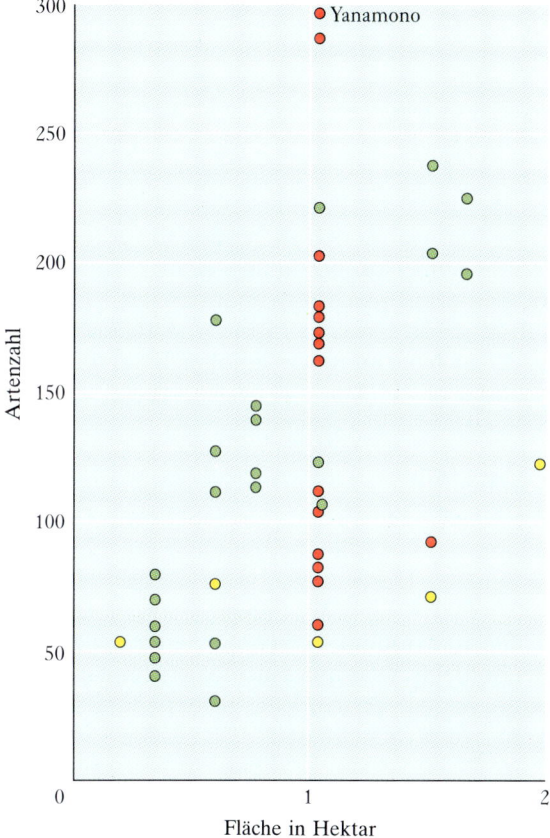

4.2 Die Vielfalt von Bäumen in Tropenwäldern auf der ganzen Welt. Die Punkte stehen für die Anzahl der Baumarten mit einem Mindestdurchmesser von zehn Zentimetern in Brusthöhe auf Parzellen von unterschiedlicher Größe. Grüne Punkte: Südostasien; rote Punkte: Neuwelttropen (Südamerika); gelbe Punkte: Afrika.

konnten. Afrika wurde der schwache Dritte, eine Tatsache, die angesichts der kleineren Gesamtwaldfläche und einer Geschichte voller Dürrezeiten und Aufteilung in kleinräumige Gebiete (Fragmentierung) verständlich schien.

Die bisherige Lehrmeinung, die Wälder Südostasiens seien die artenreichsten auf der Welt, ist kürzlich von Alwyn Gentry, einem hervorragenden Botaniker am Missouri Botanical Garden, bestritten worden. Gentry hat durch die Untersuchung vieler Standorte in Zentralamerika, Kolumbien, Venezuela und besonders im westlichen Amazonien unseren Kenntnisstand über den Florenreichtum neuweltlicher Wälder maßgeblich erweitert. Das westliche Amazonien ist in früheren botanischen Werken nicht besonders hervorgetreten, war aber Ornithologen als Heimat der artenreichsten Vogelgemeinschaften der Erde bekannt.

Gentry entdeckte bei Iquitos (Peru), Standorte, die sich als „Epizentrum" botanischer Vielfalt auf der Erde erweisen könnten. Auf Böden mit niedriger beziehungsweise hoher Fruchtbarkeit wuchsen pro Hektar 289 beziehungsweise 300 Baumarten – 30 Prozent mehr als an allen bekannten Standorten Südostasiens. Eine äußerst fruchtbare Parzelle bei Yanamono am unteren Rio Napo zeigt wirklich Unglaubliches: Die insgesamt nur 606 Stämme mit mehr als zehn Zentimeter Durchmesser in Brusthöhe gehörten zu 300 Arten. Mit anderen Worten, jedes zweite Individuum stellte eine andere Art dar. Bei den ersten 50 untersuchten Exemplaren zählte man 48 Arten. Eine größere Vielfalt ist wohl kaum vorstellbar!

Solche Daten zu erheben, ist keineswegs einfach. Ein erfahrener Botaniker könnte zum Beispiel durch einen Hektar Wald in Wisconsin gehen und alle Bäume an einem einzigen Tag bestimmen – ihm bliebe immer noch genug Zeit für eine Partie Golf am Nachmittag. Nicht so im tropischen Regenwald. Die meisten Bäume können selbst von einem Experten vom Bo-

den aus nicht bis zur Art bestimmt werden. Für eine zweifelsfreie Bestimmung ist es notwendig, von fast jedem Baum ein Belegstück zu sammeln. Dies erfordert eine solch unerschrockene Hingabe, daß der Forscher bereit sein muß, sein Leben aufs Spiel zu setzen, denn die Proben können nur genommen werden, wenn man auf die Bäume klettert – auf Hunderte davon. Um einen Hektar auf meinem Untersuchungsgelände in Peru zu analysieren, brauchte Gentry beinahe einen Monat. Während dieser Zeit erklomm er Hunderte von Bäumen – ein Bravourstück geistiger und körperlicher Anstrengung – danach war er völlig erschöpft. Kein Wunder, daß es nicht viele vollständig untersuchte Gebiete von einem Hektar Größe tropischen Regenwaldes gibt und nur wenige Parzellen besammelt wurden, die größer sind als ein Hektar!

Selbst wenn Proben von jedem der 600 bis 800 Bäume, die normalerweise auf einem Hektar stehen, vorliegen, ist die Aufgabe noch lange nicht erledigt. Die Belegstücke müssen in ein Herbarium von Weltrang gebracht und dann sortiert werden, erst nach der Familie und dann nach der Gattung. Die Proben werden danach Gattung für Gattung oder Familie für Familie verpackt und zur genauen Bestimmung an den vielleicht einzigen dazu kompetenten Menschen geschickt. Wahrscheinlich wird der Spezialist mit Dutzenden solcher Anfragen überhäuft, die alle warten müssen, bis sie an der Reihe sind. Es kann ein oder zwei Jahre dauern, bis die Proben mit von dem Experten abgesegneten Namen zurückkommen. Stücke ohne Blüten oder Früchte können häufig überhaupt nicht bestimmt werden. Diese gewaltigen naturwissenschaftlichen und logistischen Engpässe bei der Analyse von Baumparzellen haben unser Wissen über die tropischen Wälder ernstlich verzögert.

Vom Standpunkt der Statistik aus müßte man als richtige Reaktion auf die große Artenvielfalt die Größe der besammelten Gebiete erhöhen. In einem Probengebiet von einem Hektar fehlen viele Arten, die in den reicheren Baumgesellschaften normalerweise vorhanden sind. Eine bessere Probengröße wären zehn Hektar, doch die entmutigende Aufgabe, Belegstücke von 6 000 oder mehr Bäumen zu sammeln, hat Untersuchungen in diesem Maßstab weitgehend verhindert. Statt dessen sind Probeneinheiten von einem Zehntel Hektar gebräuchlicher. Wenn die verfügbaren Proben bloß ein Viertel der Artenvielfalt der untersuchten Gesellschaft enthalten, fällt es schwer, buchstäblich vor lauter Bäumen noch den Wald zu sehen.

Ist schon über die Bäume der meisten tropischen Regionen wenig genug bekannt, so wissen wir über die anderen Pflanzenformen noch weniger. Dazu gehören Kräuter, Schlingpflanzen, Epiphyten, Parasiten sowie Sträucher und kleinwüchsige Bäume im Unterholz, die zu klein sind, um das in den meisten Baumparzellen verwendete Minimalkriterium von zehn Zentimeter Durchmesser in Brusthöhe zu erfüllen. In den meisten Tropenwäldern stellen diese Lebensformen mehr als drei Viertel der gesamten Pflanzenvielfalt. Im Rio-Palenque-Schutzgebiet in Ecuador, einem Gelände mit über 3 000 Millimeter Niederschlag im Jahr, machen Bäume lediglich 15 Prozent der Flora aus. Die vielfältigsten Gruppen am Rio Palenque sind Kräuter und Sträucher (36 Prozent der Arten) und Epiphyten (22 Prozent). Der Grund für das Vorherrschen der Kräuter und Epiphyten sind die ständig feuchten Witterungsbedingungen, aufgrund derer die Pflanzen auf exponierten Oberflächen wie etwa Stämmen und Ästen wachsen können, ohne auszutrocknen.

Bei unseren Erkundungen der Pflanzenvielfalt der Tropen sollen Bäume im Mittelpunkt stehen, auch wenn sie im allgemeinen nur einen kleinen Teil der Pflanzenfülle tropischer Wälder ausmachen. Diese Einschränkung wird uns durch das fast völlige Fehlen von Informationen über andere Pflanzenformen auferlegt.

Regionale Verbreitungsmuster

Auf der Ebene einer ganzen Region existieren nur zwei zuverlässige Datensammlungen zur Zusammensetzung tropischer Wälder, eine für das nordwestliche Borneo und die andere für das westliche Amazonien. Die erste ist die umfassendere und enthält eingehende Bodenanalysen, so daß wir sie zuerst betrachten wollen. Die Betrachtungen der beiden Regionen führen zu Schlußfolgerungen, die in einigen entscheidenden Punkten voneinander abweichen. Beide untermauern jedoch die Auffassung, daß die Artenzusammensetzung eines Waldes von erkennbaren Eigenschaften des Lebensraumes abhängt, insbesondere von Bodenchemie und Niederschlägen.

Die erste Datensammlung bezieht sich auf den malaysischen Staat Sarawak und das Sultanat von Brunei, beide im nordwestlichen Viertel der Insel Borneo gelegen. Peter Ashton von der Harvard University und mehrere Kollegen analysieren gegenwärtig Artenlisten von über 800 0,2-Hektar-Parzellen. Fast alle Gebiete wurden vor über zwanzig Jahren von den Forstministerien von Sarawak und Brunei abgegrenzt. Im Vordergrund stand nicht etwa die wissenschaftliche Grundlagenforschung, sondern das Bestreben, die Nutzholzressourcen der Region zu erfassen. Leider werden heute trotz des Aufschreis der Öffentlichkeit wegen der Abholzung der Tropen nirgends auf der Welt vergleichbare Anstrengungen zur Erforschung der Tropenwälder unternommen.

Für ihre Analysen des Artenreichtums befaßten sich Ashton und seine Mitarbeiter mit 205 Parzellen an 16 Standorten. Die Orte wurden so ausgewählt, daß sie die volle Spanne von Boden- und Klimabedingungen in der besammelten Region repräsentieren. Alle Parzellen zusammen umfassen eine Gesamtfläche von 103

Hektar mit 75 000 Bäumen, die in Brusthöhe einen Umfang von mindestens 30 Zentimetern aufweisen. Insgesamt enthalten die Parzellen die unglaubliche Anzahl von 3 200 Arten. Ashton und seine Kollegen schätzen, daß dieser Wert etwa 80 Prozent der bekannten Baumarten aus dem Tiefland des nordwestlichen Borneos entspricht.

Die einzelnen Parzellen waren zwar klein, doch gab es aufgrund ihrer großen Zahl an jedem Ort etliche Replikate (vergleichbare Flächen). Die Böden reichten von nährstoffreichen, aus Basalt (einem Ergußgestein) entstandenen Lehmen über weiße Sand-Spodosole bis zu sauren Torfmooren. Mit der statistischen Methode der „Assoziationsanalyse" verglich man die Parzellen hinsichtlich ihrer Ähnlichkeit in der Zusammensetzung der Baumarten. Replikatparzellen ähnelten sich bei der Analyse im allgemeinen sehr, ebenso relativ weit voneinander entfernte Parzellen mit gleichartigen Bodenbedingungen. Kurz gesagt, sind die Eigenschaften eines Standortes (vor allem der Bodentyp) bekannt, läßt sich das Vorhandensein oder Fehlen einer bestimmten Baumart recht gut vorhersagen.

Was sagen uns Ashtons Ergebnisse über die Artenvielfalt? Als Ashton 1 000 Baumproben von über die ganze Region verteilten Orten analysierte, fand er heraus, daß die Artenzahlen innerhalb einer Probe von 120 bis über 350 variierten. Keine der Abweichungen beim Artenreichtum war mit klimatischen Faktoren korreliert – was nicht überraschte, denn alle Standorte liegen in geringer Meereshöhe und erhalten reichlich Niederschläge. Statt dessen erwies sich die Bodenchemie als entscheidender Faktor für die Baumvielfalt in der Region.

Um den Einfluß des Bodenchemismus zu erforschen, wurde der Artenreichtum gegen die Konzentration der Makronährstoffe im Boden aufgetragen. Standorte mit mittlerem Nährstoffgehalt enthielten die meisten Arten. Böden im Segan Forest Reserve, dem Standort mit der

höchsten Artenvielfalt, wiesen mittelhohe Gehalte an Phosphor, Magnesium und Kalium auf. Auf ärmeren Böden stieg der Artenreichtum in der Regel mit steigendem Nährstoffgehalt an, wohingegen er auf reicheren Böden als denen im Segan Forest Reserve mit höherem Nährstoffgehalt abnahm. Auf nährstoffarmen Böden variierte der Artenreichtum von Standort zu Standort stärker als auf nährstoffreichen Böden, was auf eine hohe Empfindlichkeit gegenüber Nährstoffgehalten am unteren Ende der

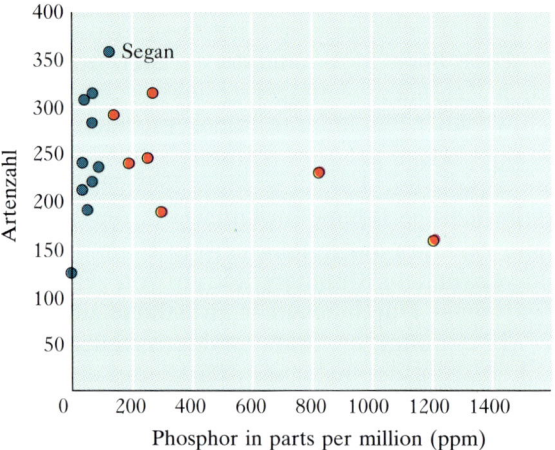

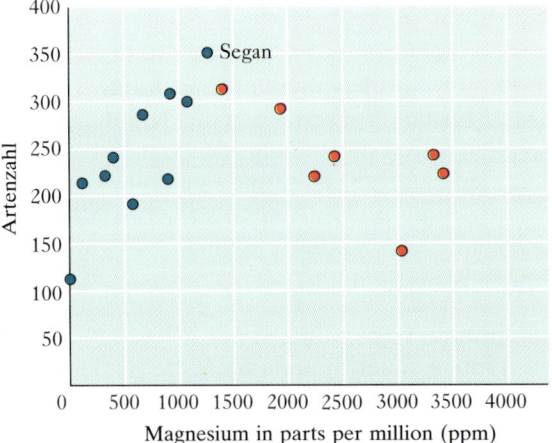

4.3 Die Artenvielfalt von Bäumen in Sarawak (Ostmalaysia) schwankt mit dem Gehalt an Phosphor und Magnesium im Boden.

Skala und auf feiner differenzierte Nischen schließen läßt.

Dies sind aussagekräftige und interessante Ergebnisse, die bei jeder Theorie zur Pflanzenvielfalt der Tropen berücksichtigt werden müssen. Ashton und seinen Kollege interpretierten ihre Ergebnise vereinfacht so: Auf armen Böden begrenzen die vorhandenen Nährstoffe das Wachstum, und nur an Nährstoffmangel angepaßte Arten können sich auf solchen Standorten vermehren. Die Konkurrenz um Licht ist folglich herabgesetzt, weil die Bäume mehr in Einrichtungen investieren, dem Boden Nährstoffe zu entziehen. Ashton räumt ein, daß auf den ärmsten Böden wahrscheinlich ein gewisser Teil der Vielfalt bei den 1000 Baumproben auf kleinräumige Unterschiede im Nährstoffgehalt innerhalb der Probenparzellen zurückzuführen ist. Im Gegensatz dazu wird das Wachstum auf Böden mit hoher Fertilität eher durch Licht als durch die Verfügbarkeit von Nährstoffen begrenzt. Arten mit hohen Wachstumsraten können in der Kronenregion eine Monopolstellung einnehmen, wodurch sie das kleineren Arten zur Verfügung stehende Licht vermindern und somit die Artenvielfalt herabsetzen. Auf Böden mittlerer Fertilität konkurrieren die Pflanzen sowohl um Nährstoffe als auch um Licht, was zu einer maximalen Diversität führt.

Diese Interpretation von Ashton und seinen Kollegen basiert auf ökologischen Faktoren, denn sie stützt sich auf Wechselwirkungen zwischen Arten, die in dem gleichen zeitlichen Rahmen ablaufen. Um ein Verbreitungsmuster zu erklären, kann man ebensogut ein evolutionäres Argument anführen. Angenommen, der Lebensraum Malaysia umfaßt ein bestimmtes Spektrum von Bodenbedingungen, dann hat die Evolution in Millionen von Jahren Arten hervorgebracht, die bestens an die verschiedenen Bedingungen innerhalb des bestehenden Variationsbereichs angepaßt sind. Wenn Standorte mit extremen Bodenverhältnissen selten sind, werden sich relativ wenige Arten entwickelt ha-

ben, die jene besiedeln. Auf gewöhnlichen Bodentypen zwischen den Extremen werden mehr Arten erfolgreich sein können. Mit den zur Verfügung stehenden Informationen ist es nicht möglich, zwischen diesen beiden alternativen Interpretationen zu unterscheiden.

Die zweite regionale Datensammlung, die wir betrachten wollen, wurde von Alwyn Gentry für das westliche Amazonien zusammengestellt. Weil sie eher die Arbeit eines einzelnen ist, liefert sie eine gänzlich andere Sichtweise. An den meisten Standorten mußte Gentry die Parzellen allein oder mit nur wenigen Helfern und ohne die Unterstützung eines Labors zur Bodenuntersuchung analysieren. Deshalb kann man seine Ergebnisse nicht nach der Art Ashtons und seiner Kollegen betrachten. Diese bedauerliche Diskrepanz ist aber keineswegs einer gleichgültigen Haltung Gentrys gegenüber der Verfahrensweise zuschreiben. Grund ist vielmehr die dürftige finanzielle Unterstützung, die Bewilligungsstellen einer solchen Arbeit gewähren – häufig reicht sie kaum aus, um den Flug zu bezahlen.

Fanden Ashton und seine Mitarbeiter übereinstimmende und voraussagbare Artenzusammensetzungen, gelang dies Gentry kaum. Alle sechs Probengebiete von 0,1 Hektar in der Iquitos-Region im oberen peruanischen Amazonien besaßen eine sehr hohe Artenvielfalt (163 bis 249 Arten). Anders als die beiden Replikatparzellen von Yanamono wiesen die Proben nur wenige gemeinsame Arten auf. Auch die ein Hektar großen Probestellen im Tambopata Nature Reserve am anderen Ende Perus mit unterschiedlichen Bodentypen wiesen in hohem Maße abweichende Artenzusammensetzungen auf, während ein Paar von Replikatparzellen etwa die Hälfte der Arten gemeinsam hatte. Gentry schloß daraus, daß die außergewöhnliche Anzahl verholzter Pflanzenarten Amazoniens hauptsächlich auf die Präsenz vieler verschiedener Lebensräume in dieser riesigen Region zurückzuführen sei. Weiterhin weist er

Tabelle 4.1: Anzahl gemeinsamer Arten in Waldproben von einem Hektar Größe bei Iquitos

	Yanamono Nummer 1	Yanamono Nummer 2	Yanamono tahuampa	Mishana Tiefland	Mishana campinarana	Mishana tahuampa
Yanamono						
Terra firme Nummer 1	212	91	20	24	12	14
Terra firme Nummer 2		230	20 – 21	19	9	8
Weißwasser-tahuampa			163	9	5	circa 19
Mishana						
nicht überschwemmtes Tiefland				249	55	17
Campinarana (weißer Sand)					196	3
Schwarzwasser-tahuampa						168

darauf hin, daß große Unterschiede in der Artenzusammensetzung, nicht jedoch im Artenreichtum, als Folge der Spezialisierung auf unterschiedliche Bodenbedingungen entstanden.

Obwohl Gentry seine Resultate als Widerspruch zu Ashton empfand, sticht mir eher ihre Ähnlichkeit ins Auge. Ashton fand heraus, daß sich die Arten auf enge Bereiche von Bodenbedingungen spezialisierten – genau wie Gentry. Hätte Gentry das statistische Auflösungsvermögen ausnutzen können, das ein Probengebiet von Hunderten von Parzellen, darunter zahlreichen Replikaten, bietet, wären er und Ashton vielleicht zu ganz ähnlichen Schlußfolgerungen gekommen.

Gentrys Forschungsergebnisse über das neotropische Florenreich enthüllen ein starkes und bis dahin nicht vermutetes Verbreitungsmuster von großer theoretischer Bedeutung. Während Ashton den Artenreichtum weder zur Niederschlagsmenge noch zum jahreszeitlichen Wechsel der Regenfälle in Beziehung setzen konnte, entdeckte Gentry eine starke und statistisch signifikante Abhängigkeit. Die Artenvielfalt in

4.4 Die Anzahl von Baumarten auf 0,1-Hektar-Parzellen in tropischen Tieflandwäldern Südamerikas aufgetragen gegen die jährliche Niederschlagsmenge. Es wurden nur Bäume gezählt, die in Brusthöhe mindestens 2,5 Zentimeter Durchmesser aufwiesen. Kleine Baumarten des Mittel- und Unterholzes steuern den Hauptanteil zur erhöhten Artenvielfalt an feuchteren Standorten bei; die Vielfalt in der Kronenregion bleibt durchweg konstant.

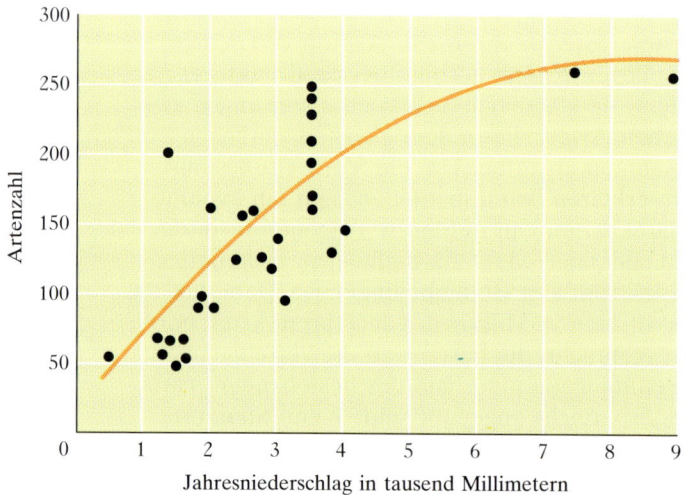

den 0,1-Hektar-Parzellen steigt an Standorten, die 500 bis ungefähr 5 000 Millimeter Regen erhalten, linear mit dem Niederschlag an, danach flacht die Kurve ab. Am oberen Ende der Skala liegt eine Parzelle bei Tutunendo in Kolumbien, die 9 000 Millimeter Regen im Jahr erhält.

Hier unterscheidet sich die Sichtweise der beiden Autoren wieder. Malaysia und Borneo haben das ausgeglichenste Klima auf der Erde, und die Regenfälle in der Region schwanken nur wenig. Alle Standorte, die Ashton erforschte, erhalten zwischen 2 800 und 4 800 Millimeter Niederschlag im Jahr, eine nur 1,7-fache Abweichung. Ashtons Orte liegen verglichen mit denen von Gentry am oberen Ende einer Skala, die insgesamt um einen Faktor von 20 variiert. Daß Ashton keine Korrelation zwischen Artenreichtum und Niederschlägen fand, bedeutet nicht, daß die asiatische Vegetation anders auf das Klima reagiert, sondern lediglich, daß die Klimaunterschiede nicht ausreichen, um eine entsprechende Abhängigkeit hervorzubringen.

Gentrys Ergebnis ist von theoretischer Bedeutung, denn es enthält zweifellos einen der Schlüssel zum Verständnis der großen Pflanzenvielfalt in den feuchten Tropen. Was es genau bedeutet, steht jedoch noch zur Diskussion. Es ist noch nicht einmal eindeutig geklärt, ob der Regen als solcher der entscheidende Faktor ist, denn in den Neuwelttropen gibt es eine starke inverse Korrelation zwischen Jahreszeitlichkeit und Regenfällen: Die Länge der jährlichen Trockenzeit wird durch die Summe der Niederschläge bestimmt. Je höher die Niederschläge, desto kürzer die Trockenzeit, eine Faustregel, die auf Klimate zutrifft, die bis zu 3 000 bis 4 000 Millimeter Gesamtniederschlag erhalten. Genau dort flacht nicht nur Gentrys Kurve ab, sondern die Klimate weisen auch keine regelmäßigen Trockenzeiten mehr auf. Es liegt also nahe, daß das Auftreten einer jährlichen Trockenzeit dem Pflanzenwachstum ernstzunehmende Grenzen setzen kann.

Der Bereich der unmittelbaren Nachbarn

Wir kommen nun zur Untersuchung von Verbreitungsmustern im Bereich einzelner Pflanzen. Die Sichtweise unterscheidet sich völlig von der vorangegangenen: Im Mittelpunkt des Interesses stehen nun eher spezifische Mechanismen als Korrelationen auf breiter Ebene.

Die einfachste Hypothese, die für jeden beliebigen Standort mit gleichmäßiger Qualität hin-

4.5 Dieser kalifornische Mammutbaum- oder Sequoia-Hain ist insofern typisch für viele Nadelwälder im Westen der vereinigten Staaten, als darin eine einzige Baumart dominiert. Die seltenen tropischen Wälder mit nur einer dominanten Art gehen gewöhnlich mit anomalen Bodenbedingungen einher.

sichtlich Klima, Bodenchemismus, Wasserhaltekapazität und so weiter aufgestellt werden kann, lautet: Unter allen vorhandenen Arten muß sich im Wettbewerb eine als die beste erweisen. Mit der Zeit sollte diese Spezies mehr und mehr des zur Verfügung stehenden Platzes an sich reißen und schließlich am Standort dominieren. (Jede Art spielt die Rolle eines extremen Spezialisten, wie in dem Beispiel mit den beiden Inseln in Kapitel 1). Andere Standorte in der Nähe können in Hangneigung, Nährstoffgehalt des Bodens oder anderen wichtigen Eigenschaften abweichen; an diesen Stellen würden andere Arten dominieren. Eine Landschaft im Gleichgewicht wäre somit ein Mosaik aus natürlichen Monokulturen, wobei jede Art einen Standort mit bestimmten Umweltparametern besiedelt. Solche monotypischen Bestände sind in der Tat für die Nadelwälder in den Gebirgen der westlichen Vereinigten Staaten charakteristisch.

Dieses einfache Modell scheint für einen Wald mit 300 Baumarten pro Hektar absurd und irrelevant zu sein. Dennoch liefert es einen brauchbaren Ausgangspunkt für weitere Überlegungen. Da es für die artenreichen tropischen Wälder zweifellos jedoch nicht gilt, dürften eine oder mehrere der ihm zugrundeliegenden Annahmen unzulässig sein. Wenn wir diese Annahmen genauer untersuchen, lassen sich eine Reihe von Hypothesen aufstellen, die wir später mit den vorhandenen Beweismitteln überprüfen wollen.

Eine fragliche Annahme ist, daß auf der gesamten Fläche einer Probeparzelle gleiche abiotische Umweltbedingungen herrschen. Kein Standort ist wirklich einheitlich. Eigenschaften des Untergrundes wie Nährstoffangebot, Bodenstruktur, Säuregrad, Durchlässigkeit und Höhe des Grundwasserspiegels können kleinräumig variieren. Damit enthielte selbst eine mit größter Sorgfalt ausgesuchte Parzelle ein Mosaik von Bedingungen, und im Abstand von nur wenigen Metern wären unterschiedliche

Arten begünstigt. Nennen wir dies die Hypothese von der kleinräumigen Heterogenität.

Möglich wäre weiterhin, daß der Lebensraum nicht räumlich, sondern zeitlich variiert. Kein Klima ist absolut gleichbleibend. Jedes winzige Fleckchen Erde, Substrat für ein keimendes Samenkorn, kann wechselnden Bedingungen von Bodenfeuchte, Luftfeuchtigkeit oder Lichteinfall ausgesetzt sein. Die Sämlinge einiger Arten siedeln sich vielleicht in der Trockenzeit an, während jene anderer in der Regenzeit Vorteile genießen. Dieselbe Vorstellung läßt sich auch auf der Basis trockener und nasser Jahre entwickeln. Dies wollen wir die Hypothese von der temporären Heterogenität nennen.

Eine andere Annahme unseres einfachen Modells war, daß an jedem beliebigen Standort infolge der Konkurrenz schließlich eine Baumart dominiert. Zwei Argumente sprechen gegen diese Annahme. Erstens müssen verschiedene Arten nicht miteinander konkurrieren. Wenn dies so wäre, müßten alle Spezies eines Bestandes gleichermaßen imstande sein, einander in der nächsten Generation zu ersetzen. Jede hätte die gleiche Chance, sich auszubreiten oder in der Verbreitung zurückzugehen, wie bei einem „Nullsummenspiel". Diese „Ungleichgewichts-Hypothese" vertritt Stephen Hubbell von der Princeton University. Ohne jeglichen Wettbewerbsvorteil müßten die Populationen aller Arten nach dem Zufallsprinzip frei fluktuieren und die Artenzusammensetzung an einem bestimmten Standort in unvorhersehbarer Weise sowohl zeitlich als auch räumlich variieren.

Zweitens könnten die Arten eines Bestands friedlich miteinander konkurrieren, aber es steht nicht genug Zeit zur Verfügung, um ein Gleichgewicht zu erreichen. Die Generationszeiten von Bäumen sind lang, häufig länger als beim Menschen, so daß Konkurrenzprozesse, die über mehrere bis viele Baumgenerationen stattfinden, schwer zu erfassen wären. Darüber hinaus könnten schwerwiegende Störungen wie

Dürreperioden, Brände und Orkane trotz ihrer Seltenheit häufig genug auftreten, um den Wettbewerbsprozeß zu unterbrechen. Gelegentliche Katastrophen hielten damit einen Bestand im Zustand ständigen Ungleichgewichts, indem sie eine dominante Art daran hindern, den Punkt zu erreichen, wo die anderen aus dem Rennen geworfen werden. Dies ist eine etwas modifizierte Formulierung der „Hypothese von einer zwischenzeitlichen Störung", die Joseph Connell von der University of California in Santa Barbara vor einigen Jahren aufstellte. Aufgrund ihrer Aussage, daß Bestände selten, wenn überhaupt, eine Zusammensetzung erreichen, die ausschließlich die Folgen von Konkurrenzbeziehungen widerspiegelt, ist sie ebenfalls eine „Ungleichgewichtshypothese". In ihrer Annahme, daß zwischen schwerwiegenden Störungen vorhersagbare Änderungen in der Artenzusammensetzung auftreten, unterscheidet sie sich aber grundlegend von Hubbells Hypothese.

Selbst in physikalisch einheitlicher Umgebung können biologische Prozesse einen abwechslungsreichen Lebensraum schaffen. Zum Beispiel können Bäume auf verschiedene Weise sterben und durch Arten mit anderen „Regenerationsstrategien" ersetzt werden. Ein Baum, der aufrecht stehend abstirbt, öffnet eine relativ kleine Lücke im Blätterdach, während einer, der umgeweht wird und vielleicht noch mehrere andere mit sich reißt, eine größere Schneise in den Wald schlägt. Im ersten Fall dürfte wahrscheinlich eine schattenverträgliche Art erfolgreich sein; im zweiten eine Art, die im offenen Sonnenlicht besonders schnell wächst.

Schließlich können verschiedene Individuen derselben Art gegenseitig ihr Wachstum, Überleben und ihren Reproduktionserfolg beeinflussen, was sich in zusätzlichen Formen räumlicher Heterogenität äußert. Beispielsweise könnte der Schatten der Mutterpflanze das Überleben der Samen einschränken, und ein Baum derselben Art könnte den Wuchs von Schößlingen in seiner Nachbarschaft unterdrücken. Wir wollen solche Wechselbeziehungen mit dem Ausdruck „Abstandsabhängigkeit" belegen, weil sich ihr Ausmaß mit der Entfernung zwischen den Individuen ändert. Abstandsabhängige Effekte verstärken sich im allgemeinen, wenn eine Art in ihrer Häufigkeit zunimmt und werden mit dem Seltenerwerden der Art schwächer. Damit kann die Abstandsabhängigkeit einen stark stabilisierenden Einfluß auf die Artengemein-

4.6 Ein hoffnungsvoller Keimling auf dem Boden des Regenwaldes entfaltet seine ersten Blätter. In diesem Stadium sind Sämlinge Pflanzenfressern wie Hirschen, Nagetieren und Schweinen schutzlos ausgeliefert, und viele überstehen noch nicht einmal das erste Jahr. Die überlebenden können dann viele Jahre in scheinbar abgestorbenem Zustand verharren und auf eine lichtbringende Lücke warten, die sich in der Kronenregion über ihnen auftut.

schaft ausüben. Nimmt die Individuenzahl einer Art zu, wird sie bei der Vermehrung größere Schwierigkeiten haben; mit abnehmender Population verschwinden diese Schwierigkeiten. Eine Population kann somit um ein Dichtegleichgewicht schwanken. Die Populationsdichten, bei denen abstandsabhängige Kräfte die nächste Generation dezimieren, können sich von einer Art zur anderen beträchtlich unterscheiden. Man wird erwarten dürfen, daß der Mechanismus der Abstandsabhängigkeit ein breites Spektrum von Häufigkeiten innerhalb einer Artengemeinschaft erzeugt.

Sollte jemandem all dies zu theoretisch klingen, der springende Punkt lautet: Keine Art kann zu häufig werden, und seltene Arten können sich in der nächsten Generation mit größerer Wahrscheinlichkeit vermehren als häufige. Wenn keine Art häufig genug werden kann, um den vorhandenen Platz zu dominieren, entspannen sich die Konkurrenzbeziehungen, und weitere Arten können sich an der Gemeinschaft beteiligen. Art und Intensität der abstandsabhängigen Kräfte in einem bestimmten Lebensraum können auf voraussagbare Weise die Artenzusammensetzung regulieren. Dies ist die Antithese zu Hubbells Ungleichgewichtshypothese; wir wollen sie entsprechend „Gleichgewichtshypothese" nennen.

Untersucht man die Annahmen, die dem einfachen, oben beschriebenen Modell zugrundeliegen, lassen sich eine Reihe von Hypothesen formulieren, welche Faktoren die Vielfalt von Baumarten in tropischen Wäldern regulieren könnten. Unsere nächste Aufgabe wird es sein, die Hypothesen mit empirischem Beweismaterial zur Organisation und Dynamik tropischer Baumgemeinschaften zu prüfen.

Verteilung von Baumpopulationen in einem Trockenwald in Costa Rica

Die vielleicht grundlegendste Frage lautet, ob Angehörige einer Art sich im Raum häufen oder einander ausweichen. Fast jeder, der einmal einen Grundkurs in Pflanzenökologie mitgemacht hat, kennt den folgenden Versuch: Man besammelt eine Waldparzelle und prüft, ob kleine Probenbereiche zwei oder mehr Exemplare einer Art häufiger oder seltener enthalten, als es nach dem Zufall zu erwarten wäre. Ein anderer Ansatz untersucht, ob die unmittelbaren Nachbarn zufällig ausgewählter Exemplare ihrerseits den umgebenden Wald statistisch repräsentieren. Wenn der Abstand von Individuen derselben Art eine Zufallsverteilung aufweist, ist das Ergebnis nicht besonders aufschlußreich. Strenge Zufallsverteilung ist jedoch eher unwahrscheinlich, denn sie stellt nur ein Resultat aus einem unbegrenzten Spektrum von Möglichkeiten dar. Sind die Einzelexemplare gleichmäßiger als nach dem Zufallsprinzip verteilt (regelmäßig oder hyperdispers, wie in einem Obstgarten), dürfte dies auf einen wirksamen Abwehrmechanismus hinweisen. Stehen die Individuen statt dessen öfter eng zusammen (gehäuft oder geklumpt), als nach einer Zufallsverteilung zu erwarten wäre, ist die Interpretation nicht eindeutig. Entweder ist das Gelände innerhalb der Parzelle uneinheitlich, und die Arten wählen bestimmte Mikrostandorte innerhalb dieses Mosaiks, oder junge Bäume neigen im Zuge der Entwicklungsgeschichte zu einer Häufung rund um besonders erfolgreiche Mutterpflanzen.

Obwohl diese simple Frage von vielen Studentenjahrgängen für zahllose Wälder in gemäßigten Breiten beantwortet worden ist, ist sie für die Tropenwälder vor noch nicht einmal einem Jahrzehnt gelöst worden, als Ökologen begannen, leistungsfähige Computer einzusetzen. Da-

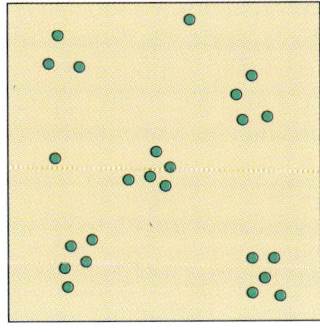

gehäuft

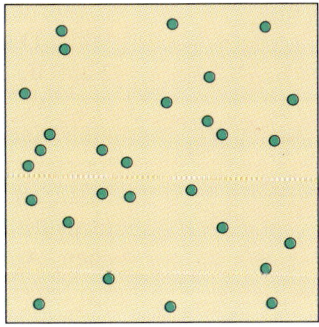

zufällig verteilt

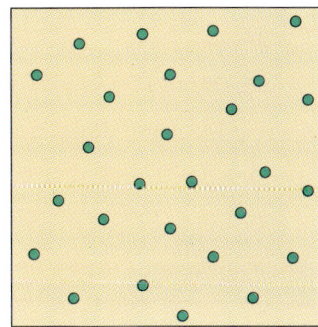

gleichmäßig verteilt (hyperdispers)

mals war die Meinung weit verbreitet, daß die Baumpopulationen tropischer Wälder hyperdispers seien, weil viele Arten so selten sind. Der Eindruck mag von Alfred Russel Wallace herrühren, der die übliche Reaktion auf den malaysischen Regenwald ausdrucksvoll in Worte faßte.

»Wenn der Reisende eine bestimmte Art entdeckt und mehr davon finden möchte, wird er häufig vergeblich nach allen Richtungen blicken. Bäume von vielfältiger Form, Größe und Farbe umgeben ihn, aber nur selten sieht er einen mehr als einmal. Wieder und wieder geht er auf einen Baum zu, der aussieht wie der gesuchte; erst bei näherem Hinschauen erkennt er seinen Irrtum. Vielleicht trifft er schließlich eine halbe Meile weiter auf ein zweites Exemplar, oder aber dies gelingt ihm nicht, bis er bei anderer Gelegenheit zufällig über eines stolpert.«

Dieser Eindruck wurde durch frühe Bestandsaufnahmen von Parzellen in Amazonien gestützt. Über die Hälfte der Arten kam in Populationsdichten von weniger als einem Exemplar pro Hektar vor. Bei solch niedrigen Dichten sind Probeparzellen von einem oder selbst mehreren Hektar für die meisten Arten nicht ausreichend, um deren räumliche Verteilung aufzuzeigen. Dafür schien ein größerer Aufwand erforderlich – in einem Maßstab, für den es bis dahin keinen Ansatz gab.

4.7 Die einzelnen Bäume eines Bestands können in gehäufter, zufälliger oder gleichmäßiger (hyperdisperser) Verteilung vorkommen.

Stephen Hubbell nahm die Herausforderung an. Er und seine Kollegen wählten einen gut erforschten Abschnitt Trockenwald in der Provinz Guanacaste in Costa Rica und erfaßten auf einer Parzelle von 420 mal 320 Metern (13,44 Hektar) jede Pflanze mit einem Stammdurchmesser von mindestens zwei Zentimetern. Sie verbuchten insgesamt 135 holzige Arten, darunter 87 Bäume, 38 Büsche und zehn Schlingpflanzen. Im Vergleich zu den meisten immergrünen Tropenwäldern ist dies eine niedrige Artenvielfalt, wenn auch viel höher als in jedem Wald in gemäßigten Breiten.

Hubbell fand heraus, daß von 61 untersuchten Arten keine einzige hyperdispers verteilt war. Seine Ergebnisse fegten ein für alle Mal jegliche noch verbliebenen Eindrücke aus weniger umfangreichen Untersuchungen vom Tisch. Alte Exemplare von 44 Arten wuchsen in signifikanter Häufung, während die restlichen 17 Arten Muster aufwiesen, die von einer Zufallsverteilung nicht zu unterscheiden waren.

Seine Ergebnisse schienen einer Hypothese von Daniel Janzen (University of Pennsylvania) zu widersprechen. Janzen hatte gemeinsam mit anderen die Beobachtung gemacht, daß Samen in der Nachbarschaft von Mutterbäumen geringe-

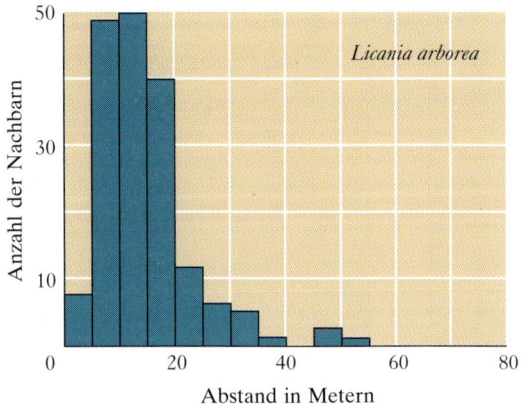

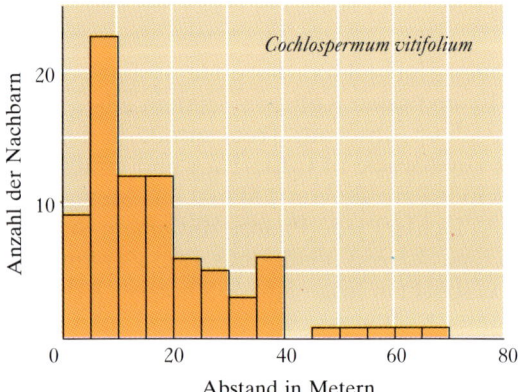

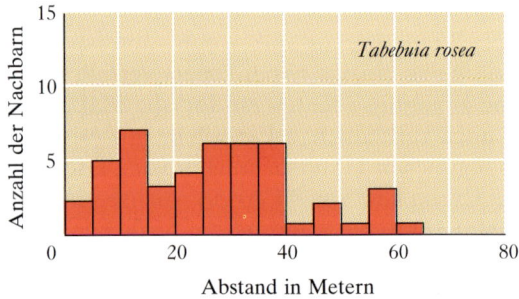

4.8 Die Verteilung der Abstände einzelner Bäume der angegebenen Art zu ihrem nächsten Nachbarn der gleichen Spezies auf einer Parzelle von 13,44 Hektar Größe in einem Trockenwald in Guanacaste (Costa Rica). Die drei Beispiele zeigen unterschiedliche Grade der häufung; von der höchsten zur niedrigsten: *Licania arborea, Cochlospermum vitifolium, Tabebuia rosea.*

re Überlebenschancen besaßen als in größerer Entfernung davon (ein abstandsabhängiger Effekt). Die Überlebensrate von Samen in der Nähe des Mutterbaumes könnte extrem niedrig sein, weil die zu Boden gefallenen reifen Samen eine große Zahl von Samenräubern anlockten. Diese reichten von kleinen bohrenden Insekten (beispielsweise Samen- und Rüsselkäfern) bis hin zu großen Wirbeltieren (Hörnchen, Agutis, Pekaris). Unter dem Mutterbaum, wo Samen häufig sind, suchen Samenräuber nach Janzens Hypothese sorgfältig, wenden aber mit zunehmendem Abstand immer weniger Mühe auf, weil die Belohnung geringer wird. Janzen behauptete, daß unter diesen Umständen die Samen mit zunehmender Entfernung vom Mutterbaum mit größerer Wahrscheinlichkeit überleben, aber dort weniger Samen pro Gebietseinheit zu Boden fielen. Bei einem nicht genauer definierten Radius um den Mutterbaum wird die Abnahme der Samenhäufigkeit mit Entfernung von der Mutterpflanze durch steigende Überlebensraten der Samen ausgeglichen, wobei eine Zone maximaler Dichte der überlebenden Samen entsteht. Nimmt man an, daß die überlebenden Samen auskeimen und Sämlinge hervorbringen, resultiert nach Janzens Modell ein Ring maximaler Keimlingsdichte um den Mutterbaum. Der Abstand einer solchen optimalen Zone des Ergänzungswuchses durch Sämlinge vom Mutterbaum ist von Art zu Art unterschiedlich und hängt davon ab, wie weit ihre Samen verstreut werden und wie sich die entsprechenden Samenräuber verhalten. Obwohl Janzen dies nicht ausdrücklich forderte, könnte die Unterdrückung des Neuwuchses in der Nähe von Altbäumen eine hyperdispers verteilte Population ergeben.

Hubbells Daten konnten kein einziges Beispiel für Hyperdispersion zeigen – in fast allen Fällen stellte er fest, daß die Jungpflanzen in der Nähe von Altpflanzen häufiger waren als weiter von ihnen entfernt. Schließen diese Ergebnisse Janzens Samenräuber-Hypothese aus?

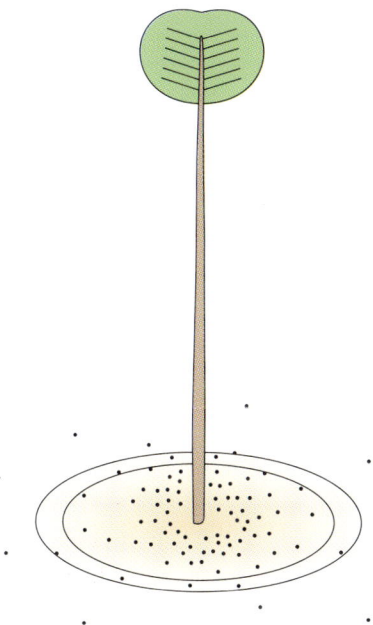

4.9 Der Ring um den Mutterbaum stellt die Zone dar, wo die Dichte der überlebenden Samen am höchsten ist. Innerhalb dieses Ringes ist die größte Ansiedlung von Keimlingen zu erwarten (rechts). Die Frucht eines tropischen Muskatnußgewächses (*Virola* spec.). Der große Samen wird von einem hellroten Arillus umgeben, der Tukane und andere Vögel, seine Hauptverbrei-

ter, anlockt (links). *Virola*-Samen gehen in der Nähe des Mutterbaumes viel häufiger an Samenfresser verloren als in größerer Entfernung.

Nicht unbedingt, denn die Hypothese stellt ausdrücklich fest, daß es für jeden Mutterbaum einen Abstand gibt, an dem Keimlinge mit größter Wahrscheinlichkeit auftreten. Es ist wichtig festzuhalten, daß dieser Mechanismus sich bei häufigen gegenüber seltenen Baumarten unterscheidet.

Ist eine Art häufig genug, müßte Janzens Mechanismus dazu führen, daß in der Nähe von Altbäumen weniger Jungbäume gedeihen, weil die Bereiche rund um die Mutterbäume, die intensiv von Samenräubern abgesucht werden, sich überschneiden und im gesamten Gebiet mit hoher Altbaumdichte weniger Samen überleben. Am anderen Ende der Häufigkeitsskala ist ein anderes Ergebnis zu erwarten. Bei einer seltenen Art wird der Radius des Ringes, in dem das Sämlingsaufkommen am wahrscheinlichsten ist, kleiner sein als der durchschnittliche Abstand zwischen unmittelbar benachbarten Bäumen. Somit sagt die Hypothese von Janzen für seltene Arten keine Hyperdispersion

voraus. Statt dessen entsteht eine gehäufte Verteilung, weil die Sämlinge näher bei der Mutterpflanze sprießen als bei anderen Mitgliedern der Population.

In der Tat entspricht dies genau dem Befund Hubbells: Je seltener eine Art ist, desto mehr neigen die Individuen zur Häufung im Raum. Mit Ausnahme von sieben seltenen „Ausreißer-Arten", die sich auf der Probeparzelle nicht vermehrten, fand er eine extrem starke und signifikante inverse Relation zwischen Häufung und Abundanz (Individuendichte). Hubbells Ergebnisse stützen somit Janzens Hypothese am unteren Ende der Häufigkeitsskala nachdrücklich.

Was geschieht am oberen Ende? Zur Beantwortung dieser Frage untersuchte Hubbell für die 30 häufigsten Arten der Parzelle die Beziehung zwischen der Zahl von Jungpflanzen pro Altbaum und der Zahl von Altbäumen pro Hektar. In allen 30 Fällen entfielen bei Flächen mit einer größeren Anzahl von Altbäumen weniger Jungpflanzen auf einen Altbaum als bei Flächen mit geringerer Zahl an Altbäumen. In 17 dieser Fälle war der Trend statistisch signifikant. Erneut wurde die aus Janzens Hypothese abgeleitete Voraussage bestätigt.

Wir können aus Hubbells Resultaten nicht unmittelbar schließen, daß Janzens Hypothese als alleinige Erklärung für die Verteilungsmuster aller Baumarten im Trockenwald Costa Ricas ausreicht. Trotzdem erfährt sie als Regulationsmechanismus von möglicher Bedeutung durch Hubbells Arbeit starke Unterstützung. Sie beinhaltet als Hauptbestandteil die Abstandsabhängigkeit, die erforderlich ist, um einen Gleichgewichtszustand zu erreichen und aufrechtzuerhalten: Verringerter Reproduktionserfolg bei einem hohen Maß an Häufigkeit und gesteigerter Erfolg bei niedrigem. Darüber hinaus kann dieser Mechanismus innerhalb eines weiten Häufigkeitsbereichs wirksam sein und ist möglicherweise für die chronisch niedrige

Bestandsdichte vieler Arten verantwortlich. Der letzte Gesichtspunkt ist besonders wichtig, denn er leitet über zur nächsten Frage im Puzzlespiel der Artenfülle der Tropen: Warum gibt es soviele seltene Arten?

Zwar sind wir noch weit davon entfernt, diese grundlegende Frage abschließend beantworten zu können, doch gibt es ermutigende Erfolge im Hinblick auf das Verständnis einiger fundamentaler, zugrundeliegender Mechanismen. Samenraub ist nicht der einzige wichtige biologische Prozess, der einer inversen Abstandsbeziehung folgt. Carol Augspurger von der University of Illinois hat auf elegante Art gezeigt, daß wirtsspezifische Pilzpathogene in der Nähe der Mutterpflanze eine hohe Mortalität unter Sämlingen verursachen können, während isolierte Sämlinge einem Befall mit höherer Wahrscheinlichkeit entgehen. Zusätzlich nehmen die Hinweise zu, daß Sämlinge, die nahe des Mutterbaumes wachsen, Pflanzenfressern stärker ausgesetzt sind als ihre isolierter stehenden Geschwister.

Im Prinzip müßten alle diese abstandsabhängigen Mechanismen die Zusammensetzung einer Artengemeinschaft letztlich stabilisieren. Abstandsabhängiger Samenfraß, pathogeninduzierte Sämlingssterblichkeit und Pflanzenfraß müssen nicht zwangsläufig zusammen auftreten oder alle auf jede Baumart einwirken. Zu fordern ist aber, daß der eine oder andere dieser Prozesse bei den meisten tropischen Baumpopulationen zum Tragen kommt, vor allem bei den häufigsten. Für jede beliebige Art dürfte wahrscheinlich ein Mechanismus die Bestandsdichte stärker begrenzen als andere, obwohl die relative Effektivität dieser Prozesse von Jahr zu Jahr unterschiedlich sein kann. In Jahren mit hoher Samenproduktion werden zum Beispiel mehr Samen dem Gefressenwerden entgehen, während in besonders feuchten Jahren die Sämlinge stärker von Pilzen befallen werden. Entscheidend ist, daß diese Mechanismen verhindern, daß eine Art zu häufig wird. Die häu-

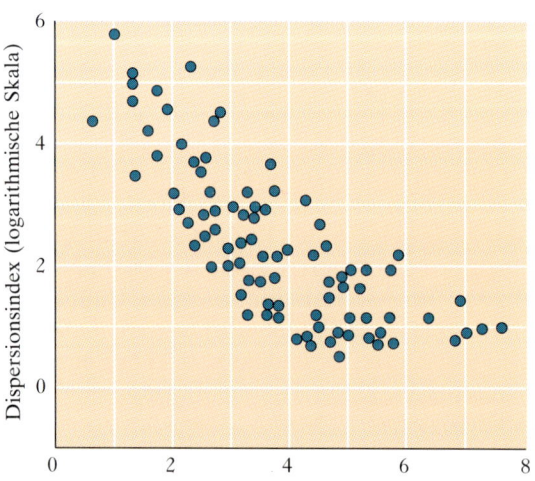

4.10 Bei Bäumen in einem Trockenwald in Costa Rica nimmt die gehäufte Verteilung mit steigender Bestandsgröße ab. Seltene Arten zeigen starke Häufung, während Bäume häufiger Arten gewöhnlich zufällig im Raum verteilt sind (Dispersionsindex von 1).

4.11 Kleine waldlebende Huftiere wie dieser Großkant-schil (*Tragulus napu*) in Sabah (Ostmalaysia) fungieren oft sowohl als Samenräuber wie auch als Samenverbreiter. Manche Samen werden zerkaut und verdaut, während andere das Tier unversehrt passieren. Häufig wird beschleunigt eine Darmpassage die Keimung, und die Keimlinge profitieren vom Wachstum in einem Kothaufen.

figste Art in einem tropischen Wald macht selten mehr als zehn bis 15 Prozent eines Bestands aus.

Die bisher vorgestellten Forschungsergebnisse scheinen darauf hinzudeuten, daß tropische Baumgesellschaften ein Gleichgewicht anstreben. Einige der oben angeführten Hypothesen harren jedoch noch ihrer Bewertung. Dazu gehören mannigfaltige Erneuerungsstrategien sowie kleinräumige und zeitliche Variabilität – alles keine einfachen Phänomene. Als nächstes wollen wir das Thema der räumlichen Variabilität betrachten.

Dynamik von Bestandslücken

Selbst die einheitlichsten Probeparzellen weisen ober- wie unterirdisch offensichtlich eine räumliche Heterogenität auf. Über dem Boden kann der Lichteinfall von Stelle zu Stelle stark variieren, je nachdem, wie lange es her ist, daß Äste oder ganze Bäume zu Boden gefallen sind und Lücken geschaffen haben, durch die direktes Sonnenlicht ins Unterholz dringen kann. Unter der Erde kann es Unterschiede in Bodentiefe, -struktur und -chemismus geben, die dem menschlichen Auge verborgen bleiben. Schon geringe Unterschiede können außerordentlich wichtig sein. Fast nicht wahrnehmbare Abweichungen der Topographie können beispielsweise auf tiefliegenden Flächen die Pflanzenzusammensetzung entscheidend verändern; gleiches gilt für die Tiefe von anstehendem Gestein unter der Oberfläche.

In bezug auf die Frage der Artenfülle sind all diese Variabilitätstypen jedoch vergleichsweise uninteressant, denn es gibt keinen Grund zur Annahme, daß sie in den Tropen größer seien. Ökobotaniker haben sie in den gemäßigten Breiten untersucht, und man weiß recht gut, daß sie auf die Zusammensetzung von Pflanzengesellschaften einwirken. Die Frage, die sich uns stellt, ist, wie selbst in den einheitlichsten Parzellen des tropischen Waldes neun von zehn benachbarten Stämmen verschiedenen Arten angehören können. Gibt es andere Formen kleinräumiger Variation, die über diese offensichtlichen hinausgehen und die für den tropischen Lebensraum von besonderer Bedeutung sein könnten? Tatsächlich hat die jüngere Forschung mehrere solcher Variationen ans Licht gebracht. Sie betreffen das, was man „Bestandslückendynamik" und „Regenerationsstrategien" nennt.

Wir stellen uns Bäume gern als dauerhafte Fixpunkte in der Landschaft vor, als Wesen mit fast ewigdauernder Lebenskraft. Die riesigen, Ehrfurcht einflößenden Bäume mancher Tropenwälder verstärken diesen Eindruck. Wer im Wald lebt, kann einen ganz anderen Eindruck gewinnen. Auf meiner Forschungsstation im Regenwald Perus vergeht kaum eine Woche, wo ich nicht von dem alarmierenden Geräusch unter Spannung berstender Wurzeln aufgerüttelt werde, das einem Angst einjagt, wenn es nahe ist. Das Knallen schwillt rasch zu einem knarrenden, ächzenden Crescendo an, das Urgefühle weckt. Eine Kakophonie aus Krachen und Knacken begleitet ein langgezogenes Rauschen, das in einem nachhallenden dumpfen Schlag gipfelt, wenn ein riesiger Stamm auf den Boden knallt und eine Welle von nachhallenden Lauten ertönt, die man noch in mehreren hundert Metern Entfernung spüren kann. In solchen Augenblicken bin ich dankbar, daß die Geräusche nicht näher sind.

Trotz der Häufigkeit solcher Ereignisse liegt die Baumsterblichkeit in diesem Wald mit 1,7 Prozent im Jahr nahe am Durchschnitt. Bei dieser Rate sterben pro Hektar jährlich etwa zehn Bäume. Manche sterben aufrechtstehend ab

und zerfallen allmählich, unterstützt durch die unermüdliche Arbeit von Termiten. Andere werden entwurzelt, meist in Orkanen oder während der Regenzeit, wenn der wassergetränkte Boden wenig Widerstand bietet. Der Rest bricht einfach entzwei, häufig unter dem Aufprall eines umstürzenden Baumriesen. Die sich daraus ergebende Zerstörung reißt Lücken in die Kronenregion, und in diesen Bestandslücken findet die intensivste Regeneration statt.

Die Lücken können klein sein, wenn zum Beispiel ein Ast aus der Kronenregion herausbricht, oder beeindruckend groß, wenn ein lianenumhüllter Baumriese bei seinem Fall ein Dutzend anderer Bäume mit sich reißt oder umstößt und damit ein Gelände von der halben Größe eines Fußballplatzes freilegt. Die meisten Lücken sind aber klein. Der verstärkte Lichteinfall regt Samen zum Keimen an und löst einen Wettlauf zwischen neuen Sämlingen und Schößlingen an, die schon an den Rändern vorhanden sind. Umfaßt die Lücke eine Fläche von weniger als zehn bis 20 Metern im Durchmesser, vergrößern die Bäume darum herum rasch ihre Zweige, um den Platz auszufüllen, und berauben dadurch frisch gekeimte Sämlinge ihrer Entwicklungschance.

Das Auftreten einer großen Bestandslücke setzt hingegen eine viel kompliziertere Reaktionsfolge in Gang. Hunderte von Sämlingen beginnen fast gleichzeitig zu wachsen. Sogenannte Pionierarten, die bis zu mehreren Metern pro Jahr an Höhe zulegen können, gewinnen fast ausschließlich das Rennen oder zumindest die erste Runde. Doch weil solche Bäume kaum lange Schatten werfen oder große Höhen erreichen, kommen schattentolerantere Arten unter ihnen hoch und nehmen schließlich ihren Platz ein. Das Auftreten einer großen Bestandslücke setzt damit einen Prozeß in Gang, der als Bestandslückendynamik bekannt ist. Eine gleichaltrige Schar von Bäumen wächst schnell heran, um den Platz auszufüllen. Die Pionierarten sterben schließlich ab und werden in einem

4.12 Der Tod eines Urwaldriesen kann für eine Menge kleinerer Bäume Leben bedeuten, weil die Sämlinge um das verfügbare Sonnenlicht in einer großen Baumfallücke konkurrieren wie hier in Peru. Die verrottenden Zweige und Äste der zu Boden gestürzten Krone setzen rare Mineralstoffe frei, schließen damit den Nährstoffkreislauf und steigern die Vitalität des Jungwuchses. Wenn Holzfäller Bäume fällen und entfernen, wird der Nährstoffkreislauf unterbrochen, und der Standort verarmt.

langsamen Prozeß, der sich über viele Jahre erstrecken kann, durch Arten der späten Sukzession ersetzt. In größerem Maßstab ist der Wald als Ganzes ein Mosaik aus solchen mikrosukzessionalen Flecken verschiedenen Alters.

Obwohl Bestandslücken auch in Wäldern der gemäßigten Breiten regelmäßig auftreten und dabei ähnliche Mikrosukzessionsfolgen in Gang setzen, sind an der tropischen Mikrosukzession mehr Arten beteiligt. Es zeichnet sich immer mehr ab, daß tropische Bäume hinsichtlich ihrer Lichtansprüche und Wachstumsraten möglicherweise feinere Abstufungen aufweisen. Nach der Bildung einer Bestandslücke können mehrere Arten den Platz besiedeln. Schließlich je-

doch sorgt eine langlebige, dominante Art in der Kronenregion wieder für Stabilität. Ein weiterer Faktor bei der Vielfalt tropischer Mikrosukzessionen ist, daß in Tropenwäldern die Kronen von mehr Einzelbäumen einen bestimmten Punkt auf dem Boden abdecken können. An der Mikrosukzession sind daher mehrere Arten gleichzeitig beteiligt. Sie alle nehmen im Endzustand Plätze in unterschiedlichen Höhen ein. Wenn man sich der Rolle, die jede Art in der dreidimensionalen Struktur spielt, nicht in hohem Maße bewußt ist, scheint das Vorhandensein von so vielen Arten unerklärlich.

Als ob dies alles nicht genug wäre, hat man innerhalb der letzten etwa zehn Jahre eine Reihe zusätzlicher Mechanismen entdeckt, die unser Verständnis erweitert haben, inwieweit die Bestandslückendynamik zur Artenvielfalt beiträgt. So können große Fallücken eine Phase „gehemmter Sukzession" durchmachen, wenn der normale Baumneuwuchs durch explosionsartig wachsende, konkurrierende Vegetation unterdrückt wird. Stürzt ein großer Baum zu Boden, kann er ganze Girlanden von Lianen mit sich reißen. Für den Baum besiegelt dieses Trauma normalerweise sein Schicksal, für die Lianen, die sich nun über die Masse zerbrochener Äste ausbreiten und an die lichtreichen Ränder der Bestandslücke vordringen können, ist es ein Glücksfall. Eine neuentstandene Lichtung kann innerhalb weniger Wochen zu einem undurchdringlichen Dickicht aus Kletterpflanzen werden, welches das Wachstum von Bäumen erstickt. Die einzigen Bäume, die mit gewisser Wahrscheinlichkeit überleben, sind Arten, die sich in regelmäßigen Abständen von anhaftenden Schlingpflanzen befreien, indem sie ihre Rinde oder die unteren Zweige abwerfen. In meiner Ecke Amazoniens dringt auf ähnliche

4.13 Eine Bambusrute (*Chusquea* spec.) im Nebelwald von Monteverde in Costa Rica. Bambus wächst normalerweise in Baumfallücken, wo er manchmal undurchdringliche Dickichte bildet. Bis der Bambus blüht und stirbt, kann er die Baumregeneration viele Jahre lang unterdrücken.

Weise Bambus ganz massiv in Lücken ein, die durch gefallene Bäume entstanden sind.

Ein aufflackerndes Interesse für Bestandslückendynamik hat gezeigt, daß sich Öffnungen trotz gleicher Größe voneinander unterscheiden. Bestandslücken enthalten regelmäßig interne Heterogenitäten, die beim Neuwuchs jeweils einzelne Arten unterschiedlich stark fördern. Beispielsweise erhält eine Bestandslücke, die in Nord-Süd-Richtung ausgerichtet ist, weniger Licht als eine mit Ost-West-Orientierung. Nach welcher Richtung ein Baum umstürzt, kann somit die Zusammensetzung der ihn ersetzenden Arten beeinflussen. In ähnlicher Weise begünstigen die teilweise beschatteten Lückenränder eine andere Gruppe von Arten als das Zentrum mit seiner vollen Sonneneinstrahlung. Die meisten sonnenliebenden (heliophilen) Arten können nur in der Mitte großer Bestandslücken zu ihrer vollen Entfaltung gelangen. Weil aber große Lücken vergleichsweise selten sind, überrascht es nicht, daß diese extrem Heliophilen in den meisten Tropenwäldern entsprechend selten vorkommen.

Der Tod eines großen Baumes schafft in der entstehenden Lücke verschiedene Bereiche, wie Aldo Brandani und seine Kollegen Gary Hartshorn und Gordon Orians von der University of Washington elegant demonstriert haben. Bei ihrer Arbeit auf der Biologischen Forschungsstation La Selva (Costa Rica) untersuchten sie die Regenerationsmuster in drei Zonen: Erstens den Bereich rund um den durch die umgestürzten Wurzelmassen aufgewühlten Erdboden, zweitens den schmalen Bereich parallel zum gefallenen Stamm, und drittens die Zone im Gewirr der Äste und Zweige der ehemaligen Krone. Ihre sorgfältigen Untersuchungen an 51 Bestandslücken ergaben, daß in den drei Zonen unterschiedliche Gruppen von Arten aufkamen und die Wurzelzonen weniger Arten beherbergten als die Stamm- oder Kronenregionen. Auch in den gemäßigten Breiten neigen die Baumarten zur Regeneration in bestimmten Zonen, wenn umstürzende Bäume eine Bestandslücke reißen. Wegen der größeren Zahl konkurrierender Arten sind die Auswirkungen dieses Effekts in den Tropen aber wahrscheinlich viel stärker.

Regenerationsstrategien

Forstleute unterscheiden seit langem grundsätzlich zwischen Baumarten, die sich zumindest bis ins Schößlingsstadium im Schatten eines Blätterdaches verjüngen, und solchen, die während ihres frühen Wachstums unbedingt volle Sonneneinstrahlung benötigen. Sowohl Forstleute in gemäßigten als auch in tropischen Gegenden kennen diesen Unterschied, und beide glaubten, daß man die meisten Baumarten klar der einen oder anderen Kategorie zuordnen kann.

Dieses althergebrachte Wissen wurde kürzlich von Stephen Hubbell über den Haufen geworfen. Nach Abschluß seiner Forschungen auf der 13 Hektar großen Trockenwaldparzelle in Costa Rica nahm er die beispiellose Herausforderung an, 50 Hektar ursprünglichen Tropenwaldes auf der Insel Barro Colorado (BCI) in Panama zu kartieren. Dieses ungeheure Unterfangen brachte die Tropenbiologie erstmals in der Geschichte in den Rang einer Millionen-Dollar-Förderung, und die Ergebnisse haben die Investition reich belohnt. Jede Pflanze mit einem Sproßdurchmesser von mindestens einem Zentimeter auf einer Parzelle von 500 mal 1000 Metern wurde mit einem numerierten Etikett versehen, in die Karte eingetragen und vermessen. An dieser Arbeit waren über 150 Studenten, Freiwillige und Lohnarbeiter über drei Jahre lang beschäftigt. Während ich dieses Buch schreibe, dauert das Projekt noch an. Erneuerung, Wachstum und Sterben von nahezu einer Viertelmillion Pflanzen in über 350 Arten werden verfolgt. Die schwierige und anspruchs-

volle Aufgabe, die Pflanzenbestimmung zu leiten, übernahm Robin Foster vom Smithsonian Tropical Research Institute, jener Organisation, die BCI verwaltet.

Die 50-Hektar-Parzelle von Hubbell und Foster dürfte wohl auch den letzten Zweifler von der Notwendigkeit überzeugt haben, Untersuchungen über die Artenvielfalt der Tropen im großen Maßstab durchzuführen. Wie wir bereits gesehen haben, gab Ashtons gewichtige Datensammlung zur Artenzusammensetzung der Wälder Ostmalaysias als erste (und bisher einzige) Aufschluß über stetige Artengemeinschaften eines großen Gebiets. Die BCI-Parzelle hat nun zum ersten Mal die statistische Datenbasis geliefert, die zur Untersuchung der Reproduktions- und Ansiedlungsbiologie einzelner Baumarten in tropischen Wäldern nötig ist. Trotz der über 300 Arten auf der Parzelle ist jede Spezies durchschnittlich mit fast 800 Exemplaren vertreten. Ungeachtet der Größe einer durchschnittlichen Probe sind in der Gesamtsumme von 238 000 Pflanzen immer noch 25 Arten mit nur einem einzigen Exemplar vertreten, das der Mindestanforderung von einem Zentimeter Durchmesser genügt.

Um die Lichtbedingungen herauszufinden, unter denen sich die verschiedenen Arten ansiedeln, verwendeten Hubbell und seine Kollegen ein indirektes Maß für das Eindringen von Licht in den Wald. Zunächst schätzten sie die Höhe der Kronenregion über den Kreuzungspunkten von Gitterlinien mit Abständen von fünf Metern innerhalb der Parzelle – insgesamt 20 000 Punkte. Jeder Unterparzelle von fünf mal fünf Metern ordneten sie einen einzigen Wert zu, den Durchschnitt aus den Messungen der vier Eckpunkte. Da jeder einzelne Baum auf einem der 20 000 Gitterquadrate eingetragen war, konnte die durchschnittliche Höhe der Kronenregion über sämtlichen Jungbäumen für die Populationen aller Arten festgelegt werden.

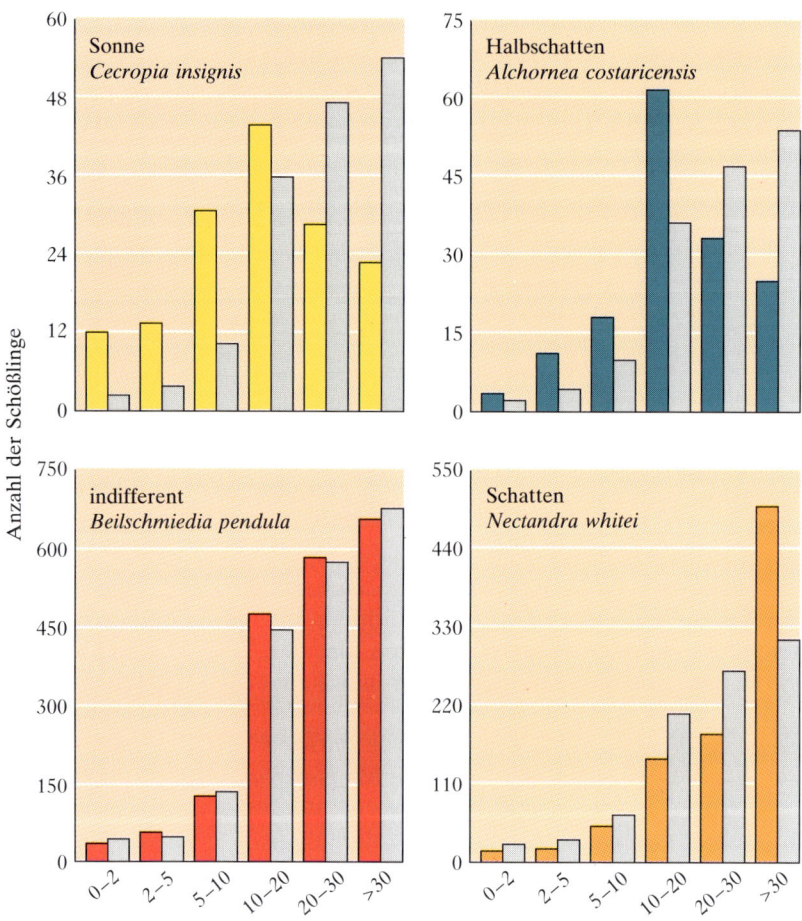

4.14 Vertreter der vier „Regenerationsgilden" in der Baumgesellschaft der Insel Barro Colorado. Die farbigen Säulen stellen die Verteilung der Kronenhöhen über 20 000 Gitterpunkten auf einer Parzelle von 50 Hektar dar. Niedrige Kronen (links) findet man nur in kürzlich entstandenen Baumfallücken, während hohe Kronenregionen (rechts) in weiten Bereichen des Waldes mit hohen Bäumen auftreten. Die grauen Säulen geben die Verteilung der Keimlinge in Abhängigkeit von der Höhe der Kronenregion wieder. Man kann vier Verbreitungstypen unterscheiden: Sonne, Halbschatten, indifferente Verteilung und Schatten.

Die für die Höhe der Kronenregion errechneten Werte reichten von weniger als einem Meter bei frischen Öffnungen durch umgestürzte Bäume bis gut über 30 Meter unter den Kronen großer Bäume. Die Jugendstadien von Arten, die sich nur bei vollem Sonnenlicht regenerieren, fand man in erster Linie in Gitterquadraten mit niedrigen Kronen, während die Jungbäume einiger anderer Arten grundsätzlich im Schatten eines hohen Blätterdaches anzutreffen waren. Die Spezies, die diese Verteilungsmuster aufweisen, entsprechen hinsichtlich der Regeneration der Forstleuten seit langem bekannten „Sonnen-" und „Schattengilde". Mit dem hohen Auflösungsvermögen durch die riesigen Probengrößen konnten Hubbell und Foster zwei zusätzliche Regenerationsgilden unterscheiden, die Forstleuten bis dato nicht bekannt waren. Überraschenderweise stellte sich heraus, daß die Mehrheit der Baumarten auf BCI (171 von 239) zu diesen beiden neuen Gilden gehörte. Die am häufigsten vertretene Gilde bestand aus Bäumen, deren Schößlinge relativ zur Höhe der Kronenregion an zufälligen Stellen wuchsen. Solche Arten ordnete man einer „indifferenten" Gilde zu. Schließlich schrieb man die Arten, deren Schößlinge grundsätzlich unter Kronen von mittlerer Höhe auftraten, der „partiell besonnten" Gilde zu. Diese Ergebnisse zeigen, daß die traditionellen „Sonnen-" und „Schattengilden" ziemlich enge Spezialisierungen darstellen. Im Gegensatz dazu kann man die Arten, welche die „indifferente" Regenerationsgilde ausmachen, als Generalisten betrachten.

Die Vorstellung, daß die Regenerationsbiologie von Bäumen in tropischen Wäldern komplexer ist als in gemäßigten Breiten, ist höchst interessant. Wenn sie zutrifft, könnte sie helfen, die Artenvielfalt der Tropenwälder zu erklären. Bis jetzt ist noch kein Wald in gemäßigten Breiten mit solch aussagekräftiger Methodik untersucht worden, daher wäre es voreilig zu schließen, daß tropische Wälder zusätzliche „Regenerationsgilden" aufwiesen. Obwohl dies wahrscheinlich ist, bedarf es zu einer definitiven Antwort genauso umfangreicher Untersuchungen in einem Wald der gemäßigten Breiten.

Wir haben gesehen, daß räumliche Heterogenität vielerlei Formen annehmen kann. Die Verjüngungsmuster wechseln zwischen großen und kleinen Bestandslücken, zwischen Zentren und Rändern von Lichtungen, Wurzel-, Stamm- und Kronenbereich umgefallener Bäume, zwischen Lücken und schattigen Stellen im Waldesinnern und zwischen Standorten in der Nähe beziehungsweise weiter entfernt von einem Altexemplar derselben Art. Zusammen haben diese Formen räumlicher Variabilität mit Sicherheit einen starken Einfluß darauf, wie die Artenzusammensetzung eines Waldes sich von einer Baumgeneration zur nächsten ändert.

Der Zeitfaktor

So wie sich Sonnenlicht, Feuchtigkeit und andere Faktoren, die für die Entwicklung von Keimlingen wichtig sind, über kurze Entfernungen ändern können, so können dieselben Faktoren im Lauf der Zeit variieren. In vielen Gegenden ist ein regelmäßiger Wechsel zwischen feuchten und trockenen Perioden ein typisches Merkmal des Klimas im Jahresverlauf. Ungewöhnliche Ereignisse, die weniger häufig auftreten, wie Brände und Überschwemmungen, können ebenfalls eine bedeutende Rolle bei der Regeneration bestimmter Arten spielen. Wir können daher erwarten, daß eine Fülle zeitlicher Muster zur Artenvielfalt beitragen, indem sie die Verjüngung jeweils anderer Gruppen von Arten begünstigen.

Es ist denkbar, daß Samen darauf programmiert sind, zu einer bestimmten Jahreszeit auszukeimen. Damit nutzen sie die Lücken, die zu jeder Jahreszeit auftreten können, zu ihrem Vorteil. Arten mit kleinen Samen müssen zum Beispiel unter feuchten Bedingungen keimen, damit ihre Keimlinge nicht vertrocknen – normalerweise ist dies die Regenzeit. Eine großsamige Art kann jedoch auch in der Trockenzeit erfolgreich keimen, indem sie auf die im Samen enthaltenen, größeren Wasser- und Energiereserven zurückgreift. Ein Sämling, der sich bereits vor dem Einsetzen der Regenzeit etabliert hat, hätte einen Vorsprung und wäre gegenüber später keimenden Arten wettbewerbsmäßig im Vorteil. Diese Möglichkeit wurde von Nancy Garwood als Studentin an der University of Chicago auf der Insel Barro Colorado untersucht.

Ihre Ergebnisse haben die Frage endgültig geklärt. Obwohl auf BCI fast das ganze Jahr über Samen auf den Waldboden fallen, wird die Keimung während der Trockenzeit beinahe vollständig verhindert. Große Mengen von Samen verbleiben ruhend in der Laubstreu, bis die ersten Regenfälle den Boden durchnäßt haben. Sowohl lange ruhende als auch frisch abgefallene Samen sprießen dann gleichzeitig in einer wahrhaften Keimorgie. Wenn überhaupt, ziehen nur wenige Arten Nutzen aus dem Wechsel der Jahreszeiten. Kurzfristige zeitliche Heterogenität trägt somit nicht sichtlich zur Vielfalt tropischer Bäume auf BCI bei.

Es stellt sich die Frage, ob seltene Ereignisse wie Brände, Dürrezeiten, Überschwemmungen, Erdbeben und Orkane über längere Zeiträume eine Rolle für die Dynamik tropischer Wälder spielen. Die Antwort lautet sicherlich ja, wie eine Zahl gut dokumentierter Beispiele gezeigt haben. Tropische Bäume haben aber keine Jahresringe, die man zur Datierung verwenden könnte, so daß Forscher nicht bei gleichaltrigen Gruppen von Bäumen nach aussagekräftigen Hinweisen suchen können. Selbst wenn das Datum eines Brandes oder Hurricans anhand von Zeitungsberichten sicher festgestellt werden kann, ist fast unmöglich zu beweisen, daß dieses Ereignis die Bestandsverjüngung explosionsartig gefördert hat. Im Gegensatz dazu kann in Wäldern der gemäßigten Zone das Schicksal jedes Bestands abgeleitet werden, indem man exemplarisch Bohrkerne von Bäumen entnimmt und die Ringe auszählt.

Im Sommer des Jahres 1991 hatte ich Gelegenheit, einen 800 Jahre alten Douglastannenwald im Kaskadengebirge im Bundesstaat Oregon zu besuchen. Viele Tannen stehen dort seit dem Aufkommen des Waldes, während keine älter und nur wenige beträchtlich jünger waren. Douglastannen können sich im Schatten von Altbäumen nicht entwickeln, und die Verjüngung durch Samen erfolgt nur nach großen „bestandsgründenden Ereignissen" – in der Regel Waldbränden. Dementsprechend war dieser Bestand nach nahezu einem Jahrtausend immer noch in Sukzession begriffen. In den unteren und mittleren Höhenzonen begannen sich Hemlocktannen, eine langsamwachsende, schattentolerante Art, anzusiedeln, die vielleicht in

ein paar hundert Jahren, wenn die ehrwürdigen Tannen schließlich sterben und umstürzen, am Standort dominieren werden. Es ist beeindruckend, sich zu vergegenwärtigen, daß eine 800 Jahre zurückliegende Katastrophe zur Vielfalt dieses Waldes beigetragen hat, indem sie die Ansiedlung von Douglastannen zuließ.

In welchem Ausmaß tragen die seltenen bestandsgründenden Ereignisse zur Vielfalt tropischer Wälder bei? Diese Frage kann in den meisten Fällen nicht beantwortet werden. Immerhin lassen mehr und mehr Untersuchungsergebnisse vermuten, daß tropische Wälder stärker von seltenen Katastrophen beeinflußt werden als man bisher glaubte.

Viele Autoren hatten zum Beispiel behauptet, immergrüne Tropenwälder seien unempfindlich gegen Feuer. Das Vertrauen in diesen Glauben wurde jedoch durch das klimatische Ereignis des ungewöhnlich starken El Niño im Jahre 1983 erschüttert. Damals fielen in der normalerweise niederschlagslosen Küstenwüste Perus zwei Meter Regen, und die üblicherweise regenreiche Insel Borneo wurde von einem Waldbrand nie dagewesenen Ausmaßes verwüstet. Feuer, die von Brandrodungsfeldbau betreibenden Bauern auf der Insel gelegt wurden, griffen auf den ungerodeten Wald über, besonders dort, wo nach selektivem Einschlag Holzabfall zurückgelassen worden war. Die Brände breiteten sich aus und vereinigten sich, bis ein großer Teil des östlichen Borneos schwelte. Über 300 000 Quadratkilometer wurden in Mitleidenschaft gezogen oder zerstört, bevor erneute Regenfälle die Brände schließlich löschten. Es ist noch zu früh zu sagen, welche bleibenden Spuren diese Episode in der Vegetation hinterlassen wird, aber mit Sicherheit werden sie deutlich sichtbar sein, denn in vielen Gegenden starben außerordentlich viele Bäume der Kronenregion ab.

Derselbe El Niño von 1983 sucht nicht nur Borneo, sondern auch Panama mit Dürre heim.

Man hätte die biologischen Auswirkungen dieses Ereignisses vielleicht gar nicht bemerkt, wäre nicht das wachsame Team von Wissenschaftlern gewesen, das die 50-Hektar-Parzelle auf BCI beobachtete. Ein 1985 erschienener Bericht über die Parzelle offenbarte einen sprunghaften Anstieg der Baumsterblichkeit. Die Bäume im Unterholz überlebten eher als die der Kronenregion. Die größten Bäume waren am stärksten betroffen. Überraschende 15,5 Prozent der Bäume mit über 64 Zentimeter Durchmesser in Brusthöhe starben. Dieses Ereignis war von großer Tragweite. Es wurden nicht nur 15 Prozent der Kronenregion durch eine einzige Katastrophe baumlos, die höchste Mortalität trat zudem bei Arten auf, die zu den häufigsten in den feuchteren Wäldern des karibischen Einzugsgebiets von Panama gehören. Häufige Arten der Trockenwälder an der Pazifikküste waren wenig oder überhaupt nicht betroffen. Die Auswirkungen einer einzigen katastrophalen Störung dürften damit wohl ein Jahrhundert oder länger anhalten.

Man hat erst kürzlich entdeckt, daß fast überall, wo man in Amazonien eine Grube aushebt, feine Kohlelinien im Bodenprofil zu finden sind – ein eindeutiger Beweis für Brände in der Vergangenheit. Die radiochemische Datierung zeigt, daß die Kohleablagerungen in der Zeit wahrscheinlicher menschlicher Besiedlung gebildet wurden. Offenbar wurde früher oder später in weiten Teilen des Beckens Brandrodungsfeldbau betrieben. Ob einige der Brände natürlichen Ursprungs waren, läßt sich nicht feststellen.

Andere seltene Vorkommnisse können die Zusammensetzung eines Waldes abrupt ändern. Wälder auf den Antillen, den Salomon-Inseln und andernorts werden immer wieder von Hurricans verwüstet. Im bergigen Gelände von Panama können bei Erdbeben massive Erdrutsche auftreten. Jahrhunderthochwasser kann die Vegetation in Flußtälern vernichten. Der Ursprung der gleichaltrigen Ohia-Wälder auf Hawaii kann bis zu Vulkanausbrüchen zurückverfolgt werden, denn diese Art gehört zu den ersten, die Lava besiedelt.

Eine zurückliegende Störung kann sich als Schlüssel erweisen, um einige merkwürdig einheitliche Tropenwälder zu erklären. Große Gebiete in der Darien-Region Ostpanamas werden beispielsweise vom „Cipo-Baum" (*Cavanillesia*) dominiert, die seltsam einförmigen Wälder Zentralafrikas von der Gattung *Gilbertiodendron*. Diese Wälder bestehen aus fast monotypischen Beständen einer beherrschenden Art, umgeben von Wäldern mit normal hoher

4.15 Ein Bestand von Ohia-Bäumen (*Metrosideros polymorpha*) im Volcano National Park auf Hawaii.

111

Artenvielfalt. Durch ihre offenkundigen Anomalien stellen solche Wälder eines der vielen Rätsel der Tropenökologie dar.

Die Geschwindigkeit, mit der sich Gebiete von massiven Störungen erholen, kann unerwartet niedrig sein, wie die Wälder rund um Tikal (Guatemala) und an anderen Stellen im Tiefland Zentralamerikas in drastischer Weise zeigen, welche die Maya-Bevölkerung vor 1200 Jahren aufgaben. Die biologische Vielfalt solcher Wälder ist selbst im Vergleich zu anderen Wäldern derselben Region anomal niedrig, und von vielen häufigen Arten ist bekannt, daß sie

von den Maya kultiviert oder genutzt wurden. Selbst nach einem Jahrtausend scheint sich die Pflanzenvielfalt in diesen einstmals besiedelten Gebieten nicht wieder völlig erholt zu haben. Dies sollte jenen zu denken geben, die zur Rechtfertigung ihrer eigenen Zerstörungsabsichten leichtfertig behaupten, daß ein einmal gefällter „Dschungel" fast über Nacht wiedersteht.

Diese Geschichten von Dürre, Waldbränden, Hurricans und Erdrutschen sind kaum mehr als Anekdoten und tragen augenblicklich nicht besonders zu einem wissenschaftlichen Überblick

4.16 Manche Tropenwälder werden von nur einer oder wenigen Baumarten dominiert und enthalten kaum mehr pflanzliche Vielfalt als manche Wälder in gemäßigten Breiten. Die meisten Tropenwälder mit niedriger Artenvielfalt findet man dort, wo ungewöhnliche Bodenbedingungen vorliegen, wie in diesem Sumpf in Costa Rica.

über die Dynamik von Tropenwäldern bei. Aber solche seltenen Ereignisse sind nun einmal Realität, daher befassen sich die Wissenschaftler eifrig mit ihnen, und mehrere der genannten Einzelereignisse sind heute Gegenstand von Langzeitstudien. Möglicherweise führen solche Untersuchungen zu einem besseren Verständnis der Rolle, die zeitliche Variabilität bei der Erhaltung der Artenvielfalt tropischer Wälder spielt.

Die Hypothese von einer zwischenzeitlichen Störung

Diese Ansichten über seltene Katastrophen führen zu der sogenannten Hypothese von einer zwischenzeitlichen Störung (*intermediate disturbance hypothesis*), aufgestellt von Joseph Connell von der University of California in Santa Barbara. Während seiner Studien über das Überleben und die Etablierung von Keimlingen im Regenwald von Queensland (Nordostaustralien) machte Connell die Beobachtung, daß viele Arten ihre Existenz offenbar zurückliegenden Störungen verdanken. Unter den während Connells Untersuchung herrschenden Bedingungen pflanzten sich diese Arten nicht fort, und ihre Populationen vergreisten allmählich. Ohne erneute starke Störung verschwinden sie möglicherweise aus dem Bestand.

Connells Hypothese klingt auf den ersten Blick verlockend. Ohne Störung nimmt interspezifische Konkurrenz ihren Lauf, und mit der Zeit werden in jedem Bestand eine oder mehrere Arten dominieren. Beim anderen Extrem sorgen wiederholte, einschneidende Störungen für die Selektion weniger schnellwachsender, sich frühzeitig fortpflanzender Arten. Langsamer wachsende Arten verschwinden, weil die näch-

4.17 Eine ursprüngliche Savanne aus Sumpfkiefern und Zusammengedrücktem Rispengras in Georgia (USA). Die Artenzusammensetzung und der offene Charakter dieser Pflanzengesellschaft kommen durch häufige Buschbrände zustande. Dieser Savannentyp dürfte vor der Besiedlung durch die Europäer im Südosten der Vereinigten Staaten eine Fläche zwischen 15 und 25 Millionen Hektar bedeckt haben, ist aber durch Holzeinschlag und die Unterdrückung von Feuern auf ein paar verstreute Reste zusammengeschmolzen.

ste Störung ihre Populationen auslöscht, noch ehe sie sich fortpflanzen können. Genau dies geschieht auch auf Anbauflächen. Was wir „Unkraut" nennen, sind Pflanzen, deren Lebenszyklus mit dem Erntezyklus übereinstimmt.

Obwohl Connells Hypothese auf ein breites Spektrum natürlicher Systeme anwendbar ist, wollte sie ursprünglich erklären, wie Wälder ihre Vielfalt bewahren. Wenn sie, wie im obigen Abschnitt, auf Extreme angwandt wird, ist sie beinahe eine Binsenweisheit. Irgendeine zwischenzeitliche und variable Störungsrate wird zwangsläufig die größte Vielfalt hervorrufen, weil die Bedingungen zu unterschiedlichen Zeiten jeweils Arten begünstigen, deren Lebenszyklen eine Vielfalt von Anpassungen aufweisen. Eine mit metronomartiger Regelmäßigkeit auftretende Störung hätte nicht den gleichen Effekt, weil sie zur Selektion von Arten führen würde, deren Lebenszyklen wie die von Ackerunkräutern mit der Periodik der Störung synchronisiert sind.

Obwohl die Hypothese von einer zwischenzeitlichen Störung durch Connells Studie des Regenwaldes von Queensland angeregt wurde, war es bisher nicht möglich, sie anhand von Daten aus Tropenwäldern zu überprüfen. Der kritische Punkt an Connells Mechanismus ist nicht die absolute Störungsfrequenz, sondern wie stark Intensität und Häufigkeit von Störungen schwanken. Für den Forscher stellt dies eine ernste Herausforderung dar, denn er muß eine große Zahl seltener Ereignisse dokumentieren, um ein genaues Bild des Störungsmusters zu erhalten. Die Schwierigkeit, Langzeitdaten zu erheben, hat bewirkt, daß Connells Hypothese in erster Linie eine reizvolle abstrakte Überlegung geblieben ist.

Noch einmal Abstandsabhängigkeit

Bei seinen Untersuchungen des Trockenwaldes in Costa Rica entdeckte Hubbell, daß mit steigender Zahl von Altbäumen pro Hektar die Zahl der Jungbäume pro Altexemplar abnahm, zumindest bei der Mehrzahl der 30 häufigsten

Arten. Als Hubbell diese Berechnung mit Daten von der 50-Hektar-Parzelle im immergrünen Wald auf BCI wiederholte, fand er weitaus schwächere Anzeichen dafür, daß eine hohe Dichte von Altbäumen mit einer niedrigeren Zahl von Jungpflanzen pro Altexemplar einhergeht. Lediglich die häufigste Baumart der Kronenregion, *Trichilia tuberculata*, zeigte diese negative Korrelation in hohem und signifikantem Maße. Die Belege schienen dafür zu sprechen, daß Altbäume das Nachwachsen juveniler Exemplare nur geringfügig und selten beeinflussen – offensichtlich nicht ausreichend, um die Größe von Altbeständen zu begrenzen. Bei der Bewertung der Ergebnisse bekräftigte Hubbell nochmals seine frühere Schlußfolgerung, daß die Artenzusammensetzung tropischer Wälder von Ungleichgewichtsprozessen gesteuert wird. Die Beweise für das Schwanken der Artendichten um einen Gleichgewichtszustand waren nicht stark und eindeutig genug, um überzeugen zu können.

Nach Veröffentlichung dieser Resultate und fünf Jahre nach Abschluß der ersten Kartierung führten Hubbell und Foster eine Revision der gesamten, 50 Hektar großen Parzelle auf BCI durch. Zu ihren ersten Ergebnissen gehörte, daß Wachstum und Überleben von Schößlingen deutlich reduziert waren, wenn der nächste Nachbar ein Altexemplar derselben Art war. Bei elf häufigen Arten reduzierte sich das Überleben während der ersten drei Jahre um 5,8 Prozent, bei der Gruppe „seltener" Arten um 9,6 Prozent. Die Schößlinge wuchsen mit einer 17 beziehungsweise 22 Prozent langsameren Geschwindigkeit. Einen solchen Leistungsabfall fanden sie nicht nur bei kleinen Schößlingen, sondern auch bei größeren Jungbäumen. Der revidierte analytische Ansatz – die Untersuchung der Wechselbeziehungen zwischen benachbarten Individuen statt der Suche nach Korrelationen innerhalb ganzer Unterparzellen – zeigt den räumlichen Maßstab, in dem negative Wechselwirkungen auftreten. Er erklärt auch, warum man vorher, als die Probeeinheiten Unterparzellen von einem Hektar gewesen waren, nur so schwache Korrelationen erhalten hatte.

Diese neuen Ergebnisse von Hubbell und Foster beweisen nun eindeutig in einem breiten Spektrum von Arten, daß abstandsabhängige Kräfte die Häufigkeit der nächsten Generation vermindern können. Es muß jedoch noch nachgewiesen werden, daß die beobachteten Effekte stark genug sind, die Verdrängung seltener Arten durch häufige im Lauf der Zeit zu verhindern. Dieses wichtige Puzzleteilchen fehlt nach wie vor.

Die Arbeit von Hubbell und Foster hat unser Wissen um die Regulationsprozesse, denen die Artenvielfalt der Bäume in tropischen Wäldern unterliegen, deutlich erweitert. Bevor sich erste Ergebnisse von den Parzellen in Costa Rica und Panama abzuzeichnen begannen, war das ganze Thema ein Rätsel gewesen. Jetzt sehen wir endlich Licht am Ende des Tunnels, der uns zu einem tieferen Verständnis leiten könnte.

Vielfalt bei Bäumen: Wo stehen wir heute?

Dieses Kapitel ging der Frage nach, warum im Tropenwald so viele Baumarten vorkommen. Bei der Suche nach Antworten haben wir mehrere Hypothesen von Freilandwissenschaftlern untersucht. Um zu einer abschließenden Synthese zu gelangen, wollen wir noch einmal einen kurzen Blick auf alle diese Hypothesen werfen und schauen, was uns das Beweismaterial darüber gezeigt hat.

Baumfallücken verschiedener Größe und Ausrichtung nach den Himmelsrichtungen können von unterschiedlichen Baumarten besiedelt werden. Obwohl nicht feststeht, daß Bestandslücken in tropischen Wäldern dem Jungwuchs vielfältigere Möglichkeiten bieten als solche in gemäßigten Breiten, läßt das besonders große Ausmaß mancher tropischer Bestandslücken dies vermuten. In den Wurzel-, Stamm- und Kronenzonen umgestürzter Bäume lassen sich verschiedene Arten finden, was darauf hindeutet, daß die Mikrosukzession in den Tropen möglicherweise komplexer ist. Zur Bestätigung sind jedoch Vergleichsdaten aus der gemäßigten Zone vonnöten. Wahrscheinlich enthalten tropische Baumgesellschaften zudem Arten, die sich geschickt in Bereichen mit gehemmter Sukzession fortpflanzen, wo Schlingpflanzen oder Bambus andere Arten unterdrückt haben. Bäume, die an die Besiedlung schlingpflanzenüberzogener Lichtungen oder bambusbestandener Flecken angepaßt sind, könnten eine exklusive tropische „Gilde" bilden. Es ist jedoch fraglich, ob eine solche Gilde mehr als bloß eine Handvoll Arten zur Gesamtvielfalt eines Waldes beisteuern kann. Im allgemeinen scheinen tropische Wälder ein etwas vielfältigeres Mosaik von Verjüngungsbedingungen zu bieten als Wälder in gemäßigten Breiten, aber der mögliche Unterschied reicht bei weitem nicht aus, um die „zusätzliche" Artenvielfalt der Tropenwälder zu erklären.

Was die zeitliche Heterogenität anbelangt, schloß die Arbeit von Nancy Garwood die Möglichkeit aus, daß Arten die Konkurrenz um ihre Ansiedlung durch gestaffelte Samenkeimung während der Regen- und der Trockenzeit reduzieren können. Möglich, wenngleich ungeprüft bleibt jedoch, daß die Samenkeimung in immerfeuchten Wäldern ohne Jahreszeiten über das Jahr hinweg gestaffelt ist. Wahrscheinlich kann über größere Zeiträume hinweg eine Störung durch Feuer oder Dürre die notwendigen Bedingungen für die Ansiedlung einiger Arten schaffen, aber auch dieses Phänomen erfordert weitere Forschung. Vermutlich ist Feuer einer der Hauptkontrollfaktoren bei der Ökologie der Wälder in gemäßigten Breiten; die begrenzten Belege lassen allerdings vermuten, daß die immergrünen Tropenwälder nur selten ohne menschliches Zutun brennen. Erdrutsche in den Tropen sind wahrscheinlich von größerer Bedeutung, da sich die Böden während der Regenzeit mit Wasser vollsaugen. Gelegentlich können in gemäßigten Regionen und im tropischen Hurricangürtel heftige Wirbelstürme auftreten. Andere Teile der feuchten Tropen sind vergleichsweise ruhig. Schneestürme, ein für die mittleren Breitengrade typisches Phänomen, können in Wäldern der gemäßigten Breiten verheerende Schäden anrichten. Diese Hypothese ist schwer zu beurteilen; hier gibt es keinen klaren Sieger.

Nach Hubbells Ungleichgewichtshypothese hinsichtlich der Konkurrenz setzen sich tropische Wälder aus gleich starken Arten zusammen, die sich im Ungleichgewicht befinden. Wenn die Bestände von Arten zufälligen Schwankungen unterliegen, dann dürften zwei Parzellen nicht dieselben Spezies in derselben Häufigkeit aufweisen. Dagegen sprechen jedoch die Ergebnisse Ashtons an Baumgesellschaften in Ostmalaysia. Auf der Ebene unmittelbarer Nachbarn widersprechen Hubbells Ergebnisse seiner eigenen Hypothese, denn er fand heraus, daß Jungbäume in enger Nachbarschaft zu Altexemplaren nicht gut gedeihen oder überleben. Da ihre Vorhersagen nicht zutreffen, erscheint diese Hypothese weniger attraktiv als andere. Darüber hinaus gibt es keinen zwingenden Grund, warum fehlende Dichte- beziehungsweise Abstandsabhängigkeit unbedingt zu vielfältigeren Baumgesellschaften in den Tropen führen muß. Hubbells Vorschlag verliert rasch ihren Reiz, da er und Foster bessere Belege für das weitverbreitete Wirken abstandsabhängiger Effekte bei Beständen tropischer Bäume haben.

Connells Hypothese von einer zwischenzeitlichen Störung erlaubt einen tiefen Einblick in den Fortbestand der Artenvielfalt sowohl in Wäldern der gemäßigten Breiten als auch der Tropen. Der Größenbereich von Lücken durch umgestürzte Bäume ist in den Tropen größer, doch dürften Störungen katastrophalen Ausmaßes möglicherweise weniger häufig auftreten als in gemäßigten Regionen. Ob die gegensätzlichen Auswirkungen dieser Trends sich gegenseitig ausgleichen, weiß man nicht.

Zusätzlich zu der räumlichen und zeitlichen Variation durch die Launen von umstürzenden Bäumen und dem Wetter haben wir eine Anzahl biologischer Mechanismen untersucht, welche die Vielfalt fördern. Hubbell und Foster fanden heraus, daß Schößlinge auf BCI bevorzugt unter bestimmten Lichtbedingungen vorkommen. Sie unterschieden „Gilden", deren Jugendstadien in voller Sonne, Halbschatten oder Schatten gedeihen oder sich den Lichtverhältnissen der Umgebung gegenüber indifferent

4.18 Ein Aguti (*Dasyprocta aguti*) sucht in Französisch-Guayana nach Samen. Diese großen Nagetiere sind im ganzen tropischen Amerika außerordentlich wichtige Samenräuber und Samenverbreiter, da sie die Angewohnheit haben, überzählige Samen zu verstecken und zu vergraben. Einmal in der Erde, sind die Samen vor anderen Samenräubern sicher und haben bessere Überlebenschancen, weil das Aguti häufig vergißt, sie wieder herauszuholen.

zeigen. Es ist zwar noch nicht bewiesen, aber gut möglich, daß tropische Wälder eine größere Zahl solcher Regenerationsgilden aufweisen als Wälder in gemäßigten Breiten, indem sie einen größeren Bereich von Mikrostandorten bieten, in dem eine Ansiedlung stattfinden kann.

Nicht zuletzt besteht die Möglichkeit, daß starke abstandsabhängige Kräfte in Form von Samenräubern, Pilzpathogenen oder Pflanzenfressern die Individuendichte tropischer Baumpopulationen begrenzen, dadurch die Konkurrenz vermindern und die Koexistenz vieler Arten zulassen. Diese Effekte sind in den Tropen wahrscheinlich stärker und häufiger, weil Tropenwälder mehr Samenräuber, Pilzpathogene und wirtsspezifische Pflanzenfresser beherbergen als Wälder gemäßigter Breiten. Starke negative Abstandseffekte an sich müssen jedoch nicht notwendigerweise *per se* zu einer vorhersagbaren Gemeinschaftsstruktur führen, wie Ashton sie in Ostmalaysia fand. Wichtige Fragen bleiben noch zu beantworten, bevor an ein volles Verständnis der Vielfalt tropischer Bäume zu denken ist.

Mit unseren Argumenten sind wir nun wieder am Anfang angelangt. Das letzte Kapitel schlossen wir damit, daß Tropenwälder zum Teil deshalb mehr Vogelarten beheimaten, weil die große Pflanzenvielfalt einen reicher gedeckten Tisch von Nahrungsressourcen bietet als die Wälder der gemäßigten Breiten. In diesem Kapitel haben wir nun die Schlußfolgerung gezogen, daß die größere Vielfalt bei Tieren in den Tropen aufgrund der Tätigkeit von Samenräubern, Pathogenen und Pflanzenfressern die Diversität bei den Pflanzen steigern kann. Obwohl die Argumente scheinbar zu einem Zirkelschluß führen, sind sie zulässig, weil die mit-

einander in Wechselbeziehungen stehenden Pflanzen- und Tierarten letztlich das Ergebnis von Evolutionsprozessen sind (die in Kapitel 6 erörtert werden sollen). Wenn neue Arten erst einmal entstanden sind, unterliegen sie fortwährenden Anpassungen. Viele entwickeln komplizierte wechselseitige Abhängigkeiten mit anderen Organismen im gleichen Lebensraum. Somit ist es unmöglich, die tierische Vielfalt unabhängig von der pflanzlichen zu betrachten oder umgekehrt. Diese beiden Hauptkomponenten biologischer Vielfalt sind unlösbar sowohl mit der Evolution als auch mit der Ökologie verknüpft.

Es sollte nun klar sein, daß das Thema biologische Vielfalt ungeheuer komplex ist. Der Forscher muß Prozesse in Betracht zu ziehen, die in riesigen, unterschiedlichen Größenordnungen von Zeit und Raum wirken. Selbst jetzt befinden wir uns bei unserer Suche nach Antworten auf die Frage, warum es in den Tropen mehr Arten gibt, erst auf halbem Wege. In diesem Kapitel befaßten wir uns mit der sogenannten „horizontalen Komponente" der Pflanzenvielfalt. Das heißt, wir haben betrachtet, wie sich die Vielfalt mit der Größe der Untersuchungsparzellen erhöht und wie unmittelbare Nachbarn einander beeinflussen. Unsere Argumente haben jedoch weitgehend die Tatsache außer acht gelassen, daß fast jede Pflanze in einem tropischen Wald über oder unter anderen Pflanzen wächst. Demzufolge gibt es außer der horizontalen auch eine vertikale Komponente der Diversität. Diese vertikale Komponente wird das Thema des folgenden Kapitels sein. Darüber hinaus wollen wir uns der evolutionären Dimension zuwenden, vom Standpunkt der Kausalität sicherlich die Grundlage aller biologischen Vielfalt.

5

Sonnenlicht und Schichtung

5.1 Lichtstrahlen, die durch Lücken in der Kronenregion ins Waldesinnere fallen, liefern die Energie für die Photosynthese der darunterliegenden Kronen und der Unterholzbäume.

Tag

Tag und Nacht

Bäume

Riesenhörnchen

Maronen-
langur

Weißhandgibbon

Orang-Utan

Bäume und Boden

Marder

Malaienbär

Zwerg-
hörn-
chen

Binturong

Langschwanz-
makak

Spitzhörnchen

Boden

Erdhörnchen

Muntjak

Sumatranashorn

Kurzschwanz-
manguste

malaysisches Wiesel

Asiatischer Elefant

Weißzahnspitzmaus

Tana

Bartschwein

Kleinkantschil

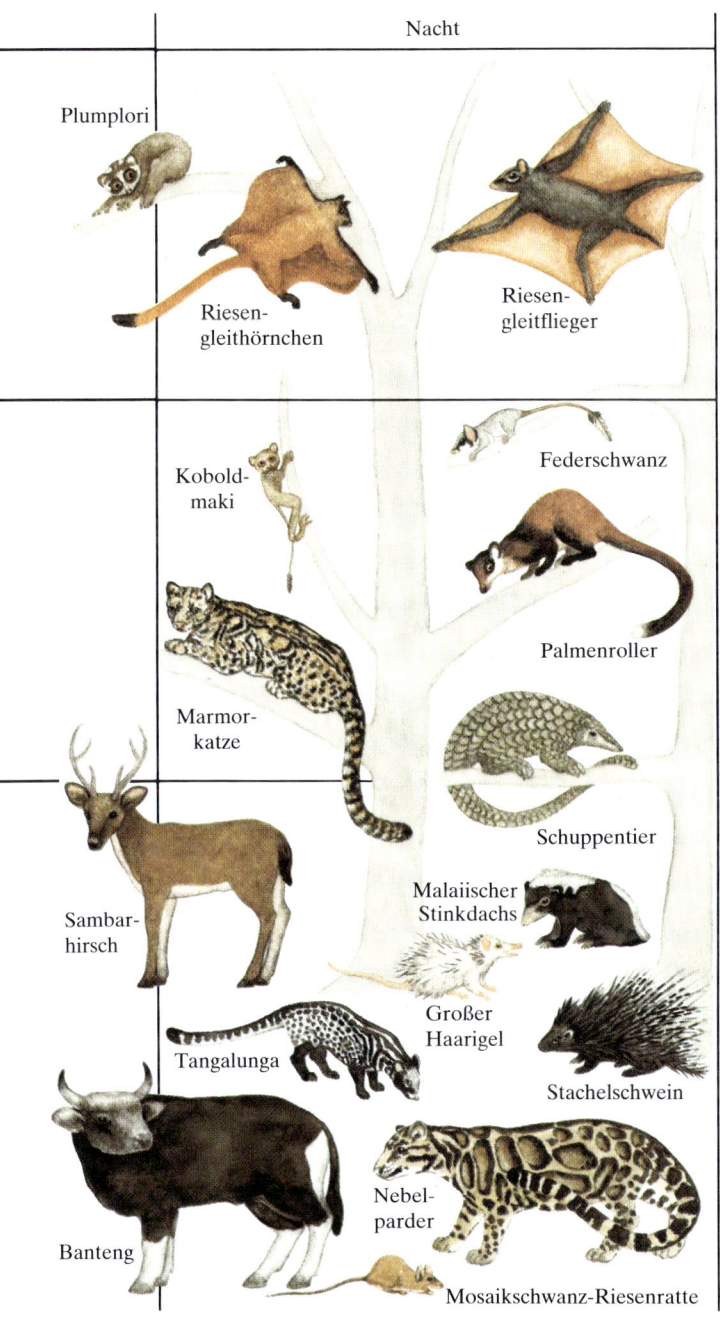

Nacht

Plumplori

Riesengleithörnchen

Riesengleitflieger

Koboldmaki

Federschwanz

Palmenroller

Marmorkatze

Schuppentier

Sambarhirsch

Malaiischer Stinkdachs

Großer Haarigel

Tangalunga

Stachelschwein

Banteng

Nebelparder

Mosaikschwanz-Riesenratte

5.2 Säugetiere eines Waldes in Sabah (Borneo). Etwa die Hälfte sind baumbewohnende Arten, die übrigen leben am Boden. Tagaktive Arten sind links abgebildet, nachtaktive rechts.

Wir erdgebundenen Menschen konzentrieren uns auf die Horizontale. Wenn wir durch einen Wald gehen, schauen wir nach vorne oder auf den Boden, um sicher aufzutreten, nur selten jedoch nach oben. Daher können wir unsere dreidimensionale Umwelt überhaupt nicht richtig würdigen. Viele Tropenwälder erreichen Höhen von 40 oder 50, in Südostasien sogar 60 oder 70 Metern. Da wir in dieser Welt von Bäumen auf die unteren zwei Meter beschränkt sind, sind uns nur etwa fünf Volumenprozent des Lebensraumes unmittelbar zugänglich, und das sind die fünf unproduktiven Prozent. Ein bodenlebendes Säugetier in diesem Lebensraum ist in der gleichen Situation wie eine Krabbe am Meeresgrund: Alles Wichtige kommt von oben – nicht nur Sonne und Regen, sondern auch mehr als drei Viertel der Nahrung – die Lebensgrundlage der recht stattlichen Gemeinschaft terrestrischer Vögel und Säugetiere. Viele dieser Tiere leben von Pflanzenteilen, die auf den Boden fallen, bevor sie von baumbewohnenden Arten gefressen werden; der Rest besteht hauptsächlich aus Fleischfressern.

Vieles von dem, was für die geregelten Abläufe im Wald wichtig ist, spielt sich in den Baumkronen ab, den oberen, 20 bis 50 Meter oder mehr über dem Boden gelegenen Laubschichten. Die Photosyntheseaktivität des Waldes konzentriert sich auf diesen Bereich, wo die Produktion von Früchten, Blättern, Samen und Nektar weit höher ist als in den unteren Etagen der Vegetation. Als Reaktion auf die hohe Produktivität der Kronenregion hat sich, wie bereits in Kapitel 4 erwähnt, eine stattliche Anzahl teilweise bis gänzlich baumbewohnender Säugetiere entwickelt. Allein in den Tropen der Neuen Welt gibt es blattfressende Faultiere und Brüllaffen, Zweige und Knospen fressende Greifstachler, Ameisenbären mit Greifschwanz, von Nektar lebende Beutelratten und Wickelbären, eine große, Bambus fressende Ratte, Af-

5.3 Ein Grüner Leguan (*Iguana iguana*) sonnt sich auf den Ästen eines *Cecropia*-Baumes im tropischen Südamerika (links). Die wechselwarmen Leguane beschleunigen die Verdauung von Laub durch Aufwärmen in der

Sonne. Ein Greifstachler (*Condou mexicanum*) frißt Blätter in einem Baumwipfel Costa Ricas. Trotz ihrer weiten Verbreitung sind Greifstachler scheu, nachtaktiv und schwierig zu beobachten.

fen, die Früchte, Blätter, Samen oder Insekten verzehren, sowie das saftleckende Zwergseidenäffchen, den Vertreter der Saftsauger unter den Primaten. Baumbewohnende vierbeinige Säugetiere konsumieren gemeinsam mit Vögeln und Fledermäusen nahezu jedes denkbare Produkt der Kronenregion mit Ausnahme des Holzes selbst. Dennoch sind die meisten dieser Tiere mit Ausnahme der großen, tagaktiven und leicht zu beobachtenden Primaten bisher kaum erforscht. Die Kronenregion und ihre Tiere sind gegen menschliche Neugier in hohem Maße durch dazwischenliegende Laubschichten und schwierigen Zugang abgeschirmt. Der Mensch der Neuzeit hat den Mond betreten, aber er hat bis jetzt noch kein geeignetes Mittel ersonnen, das Walddach zu erforschen.

Die Organisation in vertikaler Dimension

Die horizontale Ausdehnung des Waldbodens ist ein Flickwerk aus jüngeren und älteren Baumfallücken. Es ist nicht verwunderlich, daß dies den Eindruck gnadenloser Unordnung hervorruft. In seiner vertikalen Dimension ist der Wald jedoch ordentlicher organisiert. Baumriesen mit breiten Kronen überragen die allgemeine Kronenregion; oft erreichen sie Höhen von über 50 Metern. Solche Giganten bilden selten ein ununterbrochenes Kronendach aus. Häufiger sind sie weit verstreut und durch breite Lücken getrennt, durch die das Sonnenlicht in die tieferen Laubschichten vordringt. Das dichteste Blattwerk liegt gewöhnlich unterhalb der Baumriesen, oft in der Höhe zwischen 20 und 30 Metern. Auf dieser Stufe existieren viele Baumarten nebeneinander, und die meisten besitzen beträchtlich schmalere Kronen als die Baumriesen. Unterhalb dieser zweiten Etage nehmen andere, kleinere Pflanzen ihren Platz in der vertikalen Abfolge ein: Zwergbäume, Büsche und schließlich krautige Pflanzen. Kleine Pflanzen treten eher in Bodennähe auf, und ihre Kronen werden mit zunehmender Höhe breiter.

Für diese Tendenz gibt es eine einfache Erklärung. Wird eine Pflanze höher, muß sie in zunehmendem Maße in Wurzeln, Äste und Stamm investieren, die alle lebendes, atmendes Gewebe enthalten (vergleiche Kapitel 2). Um die steigenden Respirationskosten des immer größeren Überbaus aufbringen zu können, muß eine Pflanze die Blattmasse vergrößern, die ihr zum Einfangen des Sonnenlichtes dient. Die meisten Pflanzen vergrößern deswegen ihren Kronenumfang. Wachsende Pflanzen sind jedoch bestimmten physikalischen Zwängen unterworfen, die ihren möglichen Formen Grenzen setzen.

Thomas McMahon von der Harvard University hat gezeigt, daß die Größe von Bäumen einer bestimmten allometrischen Regel entspricht. Entsprechend den bekannten Zug- und Scherbelastungen des Holzes müssen die Stämme von Bäumen jeder beliebigen Höhe einen Mindestdurchmesser aufweisen, ansonsten würden sie unter ihrem eigenen Gewicht zusammenbrechen. Jede der vielen daraufhin untersuchten Arten entspricht der Vorhersage innerhalb bestimmter Grenzen. Der Durchmesser selbst der schlanksten Individuen übertrifft stets das für die Tragfähigkeit des Stammes nötige Minimum. Der Extraumfang dient den Bäumen vermutlich als eine Art Versicherung, so daß sie nicht gleich beim ersten Windstoß brechen.

Die Ordnung, die in der vertikalen Ebene des Waldes in Erscheinung tritt, ist eine Folge dieser Konstruktionszwänge. Dem steht die Tendenz der Pflanzen gegenüber, sich die Ressourcen effektiv einzuteilen. Durch die natürlichen Wachstumsprozesse sind Bäume physiologisch dazu gezwungen, lebenslang an Höhe und Um-

fang zuzunehmen. Die Wachstumsraten schwanken jedoch im Laufe des Lebens beträchtlich. Junge Bäume tragen ein hohes Risiko, von anderen beschattet zu werden. Daher fließen alle zur Verfügung stehenden Ressourcen in das Höhenwachstum – im Rahmen der obengenannten mechanischen Zwänge. Das Bedürfnis nach Minimierung des Risikos, von einem Nachbarn übergipfelt zu werden, erklärt – in adaptivem Sinn – warum die meisten Bäume erst nach mindestens einigen Jahren blühen und fruchten.

Hat ein Baum einmal eine Höhe erreicht, die eine ausreichende Lichtmenge garantiert, kann er neue Prioritäten setzen und der Bildung von Früchten und Samen gegenüber dem fortgesetzten Wachstum Priorität einräumen. Von da an nehmen Höhe und Umfang mit verringerter und manchmal kaum wahrnehmbarer Geschwindigkeit zu. Bäume vergeuden keine Ressourcen, indem sie größer werden als nötig. Ein seltenes Exemplar von monumentalem Umfang ist daher wahrscheinlich uralt. Weil Wälder aus Altbäumen ihre Energie in die Reproduktion statt in die Produktion von Holz stecken, sind Altbestände für Forstleute ein Greuel. Der abfällige Ausdruck „überreif", mit dem die Holzindustrie solche Wälder belegt, ist eine zynische Fehlbezeichnung, denn er beschreibt keine Tatsache, sondern dient nur der Werbewirksamkeit.

Je höher der Baum ist, desto größer muß im allgemeinen die Krone sein, um die Kosten für die Erhaltung von Stamm, Ästen und Wurzelsystem aufbringen zu können. Bäume von niedriger Statur im Unterholz können keine großen Kronen ausbilden, denn im Schatten ist die Wachstumsrate von Natur aus sehr gering. Wartet ein solcher Baum mit der Reproduktion so lange, bis er eine mächtige Krone aufgebaut hat, kann er von einem umstürzenden Stamm zerschmettert werden, bevor er Samen gebildet hat. Darüber hinaus gedeihen im Unterholz zahllose kleine Bäume und Schößlinge, so daß nicht genügend Raum für die Ausbreitung zur Verfügung steht. Angesichts dieser Zwänge nehmen Baumkronen auffallend gleichmäßig mit der Höhe zu.

Kronenregion und Unterholz stellen demgemäß sehr unterschiedliche Lebensräume dar. In einer Höhe von 40 Metern sind in der Kronenregion des Waldes, den ich untersuche, etwa 60 Prozent des Raumes von Baumkronen ausgefüllt. Die durchschnittliche Krone in dieser Höhe hat einen Durchmesser von 25 Metern und beschattet eine Fläche von nahezu 500 Quadratmetern. Nur zwölf solcher Kronen treten auf einem Hektar auf. Im Unterholz, zwei Meter über dem Erdboden, ist die Situation völlig anders. Eine durchschnittliche Krone bedeckt dort eine Fläche von nur zwei Quadratmetern, und sie ist nur eine von über 1000 auf einem Hektar. Zwischen diesen beiden Ebenen nehmen die Bäume in Zahl und Kronengröße eine Mittelstellung ein.

Diese strukturellen Unterschiede haben nicht allein biologische Konsequenzen. Eine Folge der riesigen Kronen und der hohen Artenvielfalt der Wipfelregion ist, daß ein beliebiger Baum zig oder ein paar hundert Meter von seinem nächsten Nachbarn derselben Art entfernt stehen kann. Aus der Perspektive eines kronenbewohnenden Tieres, sei es nun ein pollensammelndes, fruchtfressendes oder phyllophages (blattfressendes) Insekt, ist die Kronenregion ein extrem ungleichmäßiger Lebensraum. Vielleicht besetzen kronenbewohnende Singvögel deshalb häufig vier- bis fünfmal größere Reviere als ihre Gegenstücke im Unterholz. Um den ungleichmäßigen Lebensraum erfolgreich nutzen zu können, müssen sie große Entfernungen zurücklegen.

Die viel kleineren Kronen der Altpflanzen im Unterholz und die häufig reduzierte Artenvielfalt dieser Schicht haben eine Reihe anderer Auswirkungen. Die Kronen im Blätterdach des Waldes stehen normalerweise einzeln und sind durch Lücken von wenigen bis mehreren Metern voneinander getrennt. Diese Lücken dienen wahrscheinlich dazu, die gegenseitige Beschattung gering zu halten, können aber auch Schäden durch die sägende Wirkung von Nachbarkronen bei Orkanen verhindern. Im diffusen Licht und in der stehenden Luft des Unterholzes greifen die Zweige benachbarter Bäumchen

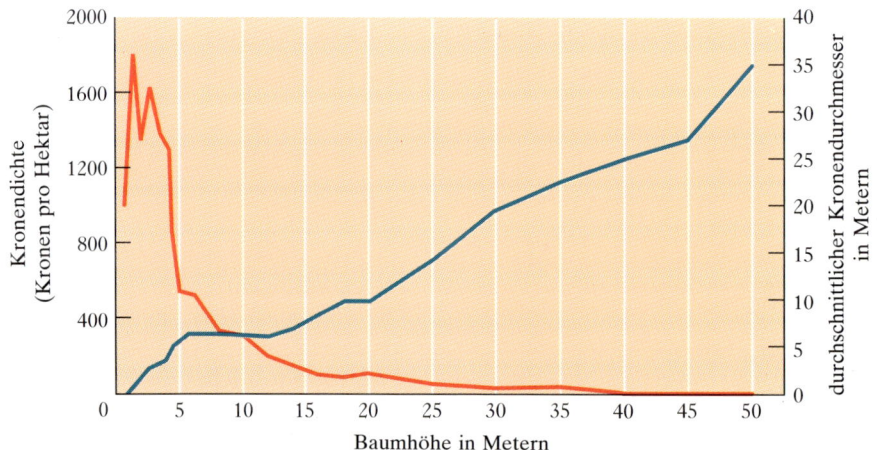

5.4 Mit zunehmender Höhe fällt in einem peruanischen Wald der Überschwemmungsebene auf, daß die Dichte der Kronen zu-, ihr durchschnittlicher Durchmesser jedoch abnimmt. Die größten Überständer breiten ihre Äste über einen zehntel Hektar aus und bergen in ihrem Schatten hundert kleinere Bäume.

5.5 Mit der Kraft ihrer langen, starken Hinterbeine können diese Sifaka (*Propithecus verreauxi*) und verwandte Primaten Madagaskars durch Hüpfen und Kllammern von Stamm zu Stamm gelangen. In anderen Regionen der Tropen bewegen sich die Primaten durch Springen, Hangeln oder Gehen auf Schlingpflanzen und Ästen durch den Wald. Einige der größten Arten wie Paviane, Gorillas und Orang-Utans bevorzugen für größere Distanzen den Boden.

gewöhnlich ineinander, so daß das Laub fast nicht unterbrochen ist. Kletternde Tiere können daher leicht von einer Pflanze auf die nächste überwechseln, ohne daß sie auf- und absteigen oder spektakuläre Sprünge machen müssen. Pflanzen einer Art stehen hier viel dichter beisammen als in der Kronenregion, aber die Individuen sind klein, so daß die jedem zur Verfügung stehenden Ressourcen begrenzt sind. Weil die leicht gebauten Pflanzen nicht viel Gewicht aushalten können, sind die Vögel und Säugetiere, die diese Zone des Waldes bewohnen, ausnahmslos klein. In den mitt-

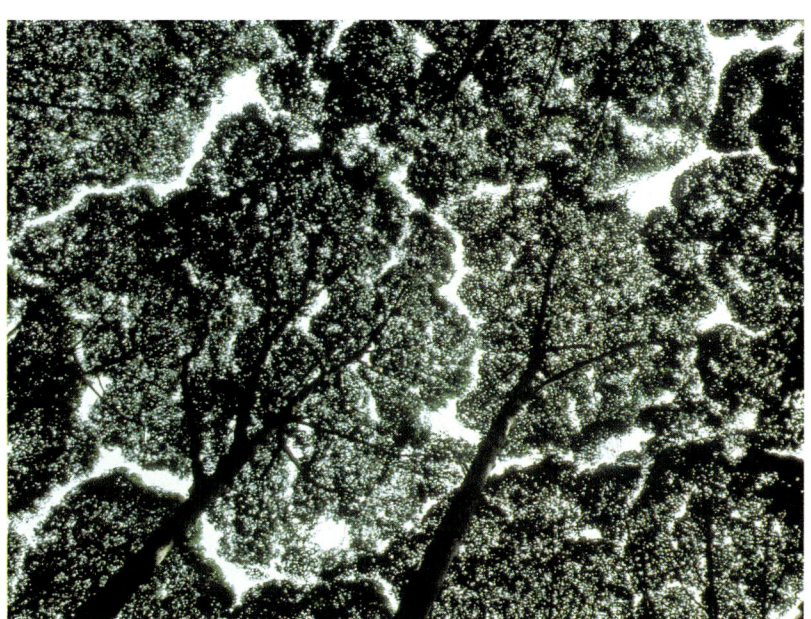

5.6 Die Kronen von Kepong-Bäumen (*Dryobalanops aromatica*) in diesem malaysischen Dipterocarpaceenwald folgen einer Art „Vermeidungsstrategie". Die Zweige benachbarter Bäume greifen nicht ineinander, sondern lassen Lücken, durch die Sonnenlicht ins Waldesinnere dringen kann.

leren und oberen Etagen des Waldes sind die Äste stark und können dem Gewicht größerer Tiere standhalten. Doch selbst in der oberen Kronenregion, wo die Äste am stärksten sind, findet man kaum Tiere, die mehr als zwölf Kilogramm wiegen. Der 80 Kilogramm schwere Orang-Utan ist daher eine extreme Ausnahmeerscheinung. Eigentlich dürfte es ihn gar nicht geben, irgendwie kommt er jedoch zurecht.

Zusätzlich zu diesen strukturellen Abweichungen zwischen Kronenregion und Unterholz gibt es deutliche mikroklimatische Unterschiede, die für Pflanzen und Tiere von Bedeutung sind. Die oberste Kronenregion ist der vollen Sonneneinstrahlung und dem ungehinderten Luftzutritt ausgesetzt. Dort ist es heiß, relativ trocken und am Tage häufig windig. Der Wärmeverlust in klaren ruhigen Nächten aufgrund der Abstrahlung nach oben kann die Temperaturen in der Wipfelregion drastisch senken. Im Gegensatz dazu ist der bodennahe Lebensraum ständig feucht, schwach beleuchtet und praktisch windstill. Die täglichen Schwankungen der Umgebungstemperatur sind in dieser Zone deutlich geringer als in der Kronenregion.

Wegen ihrer erheblichen Unterschiede sowohl im Mikroklima als auch der Struktur werden Kronenregion und Unterholz von vielen waldbewohnenden Tieren als unterschiedliche Lebensräume genutzt. Zahlreiche Säugetiere, Vögel, Reptilien und Arthropoden verbringen ihr ganzes Leben in einer bestimmten Höhenzone und überlassen dadurch anderen Arten die übrigen Schichten. Damit ergeben sich eine Reihe von Fragen. Besiedeln die Tiere größere vertikale Zonen im Unterholz oder in der Kronenregion? Leben auf der einen Ebene mehr Arten als auf der anderen? Hängen die Freßgewohnheiten der Kostgänger von den Höhenzonen ab, die sie im Wald einnehmen?

Die einzige Arbeit, die diese Fragen genau untersuchte, befaßte sich mit Vögeln an einem Standort in den Ausläufern der peruanischen Anden. Das 700 Meter hoch gelegene Untersuchungsgelände beherbergte weniger Arten als das Amazonastiefland – insgesamt etwa 156. Bei mehreren Aufenthalten sammelte ich Daten über die Höhe der Nahrungszonen von 134 Arten. Die übrigen 22 Arten waren Greifvögel, Geier, nachtaktive Vögel und solche, die ihre Beute im Luftraum jagen, also Arten, auf welche diese Methode nicht anwendbar war. Die Nahrungszone jeder Art war definiert als Mittelwert plus oder minus einer Standardabweichung, ein Bereich, der etwa zwei Drittel der Beobachtungen abdeckt. Dieses Vorgehen erlaubte mir, die Arten zu zählen, deren Nahrungszonen sich in irgendeiner Höhe des Waldes überlappen.

Die Ergebnisse zeigten eindeutig, daß die Artendichte in den unteren und mittleren Abschnitten der Kronenregion höher ist – tatsächlich beinahe doppelt so hoch – als in Höhen unterhalb von fünf Metern im Unterholz. Um dieses Resultat zu verstehen, müssen wir zunächst einige der beteiligten Faktoren betrachten.

Die Höhe der Nahrungszone einer jeden Art ist letztlich durch die Höhe des Waldes begrenzt. Arten, die in Bodennähe oder in den obersten Baumwipfeln leben, haben weniger Spielraum zum Wechseln ihrer Nahrungsgründe als jene im Mittelbereich. Außerdem weisen Arten, welche die mittleren Etagen des Waldes besetzen, verglichen mit denen in Bodennähe breite Nahrungszonen auf. Manche der bodenlebenden Vögel nutzen außergewöhnlich enge Bereiche von nur wenigen Meter Höhe.

Wie stark eine Art ihre Aktivitäten bei der Nahrungssuche in vertikaler Erstreckung konzentriert, kann an der Höhe der Nahrungszone abgelesen werden: je enger die Zone, desto intensiver die Aktivität. So kann auf jedem Niveau die Intensität der Nahrungssuche für alle Arten zusammen abgeschätzt werden: Man teilt

126

Artenzahl

5.7 Die Anzahl der Vogelarten (links), die ihre Nahrung hauptsächlich in den rechts angegebenen Höhenbereichen finden. Das Bild ist im Amazonaswald in Peru aufgenommen.

die Zahl der Arten, deren Nahrungszonen sich auf einer bestimmten Ebene überschneiden, durch die durchschnittliche Höhe ihrer Nahrungszonen. Das Ergebnis dieser Berechnung war, daß die Nahrungsaktivität aller Arten zusammen in allen Höhenbereichen fast gleich ist. Offenbar nutzen Vögel kein Niveau intensiver als andere – trotz der großen Schwankungsbreite der Artenzahlen in den verschiedenen Stufen.

Für die abweichenden Artenzahlen in jeder Stufe muß es andere Gründe geben. Es ist noch nicht klar, welche das sind, obwohl es für die relative Artenarmut im Unterholz eine Reihe möglicher Erklärungen gibt. Keine Art, die in Höhen unterhalb von zehn Metern nach Nahrung sucht, wiegt mehr als 100 Gramm. Die Pflanzen in dieser Zone können nicht mehr

Gewicht tragen, aber vielleicht noch wichtiger ist, daß die stark reduzierte Photosyntheseleistung des schattigen Unterholzes möglicherweise nicht ausreicht, um den Stoffwechselbedarf eines großen Konsumenten zu decken. In der Tat fehlen in dieser Zone mehrere wichtige Gilden, darunter Mastfresser, Stammabsucher und die Supergilde der Allesfresser. Die Mitglieder dieser Gilden leben statt dessen gehäuft im Kronenraum. Die Vögel des Unterholzes sind im allgemeinen Nahrungsspezialisten, die sich von Früchten, Nektar oder Insekten ernähren, aber nicht von einer Kombination dieser Nahrungsquellen.

Fast alle allesfressenden Vögel des Waldes besiedeln die Kronenregion. Warum? Nach einer begründeten Vermutung stellt Omnivorie eine Antwort der Evolution auf den extremen Ab-

127

wechslungsreichtum des Lebensraumes Kronenregion dar. Die Kronen der Wipfelregion sind groß und stehen, wie oben bereits geschildert, weit auseinander; ein Wechsel zwischen ihnen erfordert einen beträchtlichen Energieaufwand. Stellen wir uns nun einmal einen spezialisierten Konsumenten vor, der nur Früchte, Nektar oder Insekten frißt. All diese Ressourcen werden in der Kronenregion produziert, aber von bestimmten Baumarten nur zu bestimmten Zeiten des Jahres. Wahrscheinlich sind dort sogar die Insekten fleckenhaft verteilt, denn sie kommen am häufigsten in Kronen vor, die gerade neues Laub bilden. Die Kronenregion ist somit ein Lebensraum, in dem entweder Überfluß oder Mangel herrscht. Ein Vogel, der ausschließlich Früchte frißt, müßte zum Beispiel recht große Entfernungen zwischen den wenigen jeweils fruchtenden Einzelbäumen im Flug zurücklegen. Im Gegensatz dazu fände ein weniger wählerischer Generalist wesentlich mehr Bäume mit einem entsprechenden Nahrungsangebot, und diese stünden näher beisammen. In einer solchen Situation siegt also der Generalist.

Warum genießen Generalisten im Unterholz nicht ähnliche Vorteile? Die einzelnen Pflanzen sind dort deutlich kleiner, und die meisten Arten sind durch viel mehr Individuen pro Hektar vertreten als in der Kronenregion. Vielleicht bringen aufgrund des schwachen Lichtes viele Arten nur wenige Früchte und Blüten gleichzeitig, wenn auch über einen längeren Zeitraum, hervor. Früchte oder Nektar sind damit an einer bestimmten Stelle mit größerer Sicherheit vorhanden. Bei langsamer, stetiger Produktion von Nahrungsressourcen und einer großen Wahrscheinlichkeit, diese aufzufinden, wachsen die Populationen der Konsumenten an, bis ihr gemeinsamer Bedarf nahezu das Produktionsniveau erreicht. Unter diesen Umständen erzielen nur die effektivsten „Ernter" ausreichende Erträge, um die zusätzlichen Kosten für die Reproduktion tragen zu können. Hier zahlt sich Spezialisierung aus, denn ein Hans-Dampf-in-allen-Gassen kann nichts wirklich ausrichten.

Da wir nun gesehen haben, wie die vertikale Organisation der Vogelgesellschaft eines Waldes in Amazonien in Beziehung zu verschiede-

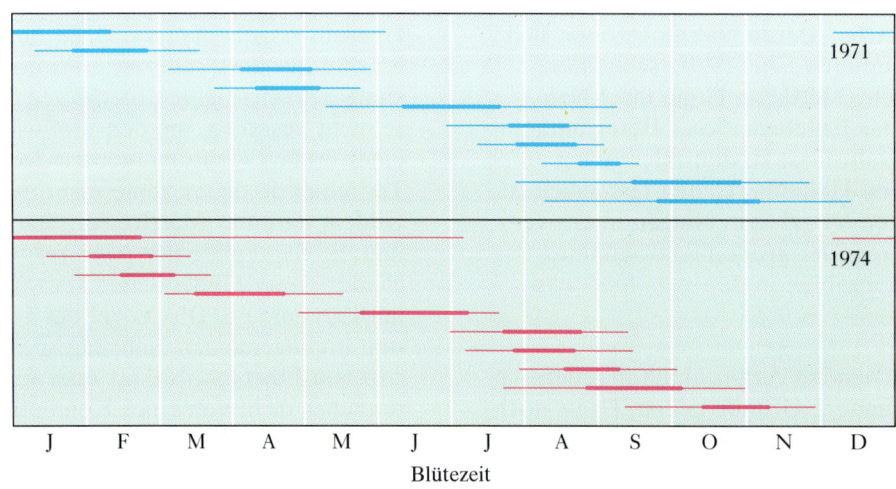

5.8 Die Blütezeiten von *Heliconia*-Arten in einem Regenwald Costa Ricas sind gestaffelt und gewährleisten damit ein stetiges Nektarangebot. Es wurde vermutet, daß sich die Blühperioden dieser Bananenverwandten auseinanderentwickelt haben, um damit die Konkurrenz um die Dienste der Kolibris als Bestäuber zu vermindern. Man beachte die ähnliche Blühfolge in beiden Jahren.

5.9 Ein Einsiedler-Kolibri (*Phaethornis superciliosus*) wird beim Nektarsaugen an einer *Heliconia*-Blüte auf seiner Stirn mit Pollen beladen. Leuchtendrote Deckblätter (Brakteen) machen die gelben Blüten auffällig.

nen Merkmalen der Pflanzengesellschaft gesetzt werden kann, wollen wir uns nun den Pflanzen selbst zuwenden und betrachten, wie sie verschiedene Stockwerke bilden. Vermutlich trägt die Schichtung der Pflanzengesellschaft (Stratifikation) umgekehrt zur vertikalen Organisation der Tiergesellschaft bei, doch sind die spezifischen Mechanismen noch nicht klar formuliert.

Vertikale Schichtung: Realität oder Wunschvorstellung?

Ohne Zweifel weisen tropische Wälder eine vertikale Organisation auf, aber wie und in welchem Maße sie aufgebaut ist, ist eine heiß dis-

kutierte Frage. Daß die Bäume der Kronenregion größer sind als die des Unterholzes, wird niemand leugnen, aber abgesehen von dieser sehr vorläufigen Verallgemeinerung herrscht wenig Übereinstimmung. Einige Autoren sehen strenge Ordnung, andere nur Chaos. Besteht die Wahrheit einfach in dem, was das Auge des jeweiligen Betrachters sieht?

Der namhafteste Verfechter der Ordnung ist Paul W. Richards. Zu Beginn seiner Laufbahn untersuchte er mehrere Jahre lang Wälder im damaligen Britisch-Guayana, in Nigeria und Malaysia. Seine Forschungsarbeit mündete 1952 in der Veröffentlichung eines richtungsweisenden Buches über tropische Wälder, das bis zum heutigen Tag ein wertvolles Nachschlagewerk ist. Richards entwickelte die These, daß die Tropenwälder auf der ganzen Welt vertikal geschichtet sind. Nach seiner Überzeugung bestehen die Schichten aus spezifischen Gruppen

129

von Pflanzenarten, die jeweils an die Bedingungen einer bestimmten Höhe angepaßt sind. Insgesamt unterschied er fünf Schichten, die er mit A, B, C, D und E bezeichnete, beginnend mit den herausragenden Einzelbäumen (Überständern) bis hinunter zu den niedrigen krautigen Pflanzen auf dem Waldboden. Die Schichten sollten in dem Sinne unabhängig voneinander sein, als man sie gewöhnlich alle an zufällig ausgewählten Stellen antreffen sollte, außer natürlich dort, wo erst kürzlich Bäume umgestürzt waren. Man stelle sich vor, ein Riese könnte

Nadeln von oben durch den Wald stechen. Nach Richards Forderung würden die Nadeln im Schnitt durch die Kronen von fünf Pflanzen gehen, bevor sie auf den Boden träfen.

Die Reaktionen auf Richards These waren gemischt. Manche Autoren, insbesondere die Verfasser von Lehrbüchern, reagierten positiv. Hier gab es ein wunderbares heuristisches Schema, das einen Schwerpunkt für Vorlesungen über den Regenwald lieferte. Da die meisten Autoren biologischer Lehrbücher noch nie

5.10 Das Profil eines gemischten Dipterocarpaceenwaldes im Tiefland von Brunei (Borneo) deutet auf das Vorhandensein unterschiedlicher Schichten hin. Dipterocarpaceen überragen viele kleinere Bäume im Unterholz des Waldes. „Fliegende" Frösche, Echsen, Lemuren und Hörnchen haben segelartige Strukturen entwikkelt, um im südostasiatischen Wald von einer hohen Krone zur nächsten zu gleiten.

einen Regenwald zu Gesicht bekommen haben, war ihre Meinung nicht besonders kritisch. Die Reaktionen von Tropenbiologen waren meist zurückhaltend oder ablehnend. Manche schauten, konnten aber nichts feststellen. Es war unklar, wie die Vorstellung bewiesen oder was genau gemessen werden sollte. Darüber hinaus hielt die ungeheure Herausforderung, Regenwaldbäume zu bestimmen, die Ökologen von der Durchführung einer gezielten Untersuchung dieses Themas ab.

Nach langen Jahren der Kritik seitens seiner Kollegen und ohne positive Unterstützung von irgendeiner Seite gab Richards schließlich zögernd zu, daß die Schichten »möglicherweise nicht objektiv der Realität entsprechen«. Obwohl die Frage bis heute nicht geklärt ist, sind kürzlich starke Beweise dafür aufgetaucht, daß manche Wälder in gemäßigten Breiten genauso geschichtet sind, wie Richards es sich vorgestellt hatte. Was seinem Vorschlag fehlte, war ein klarer Mechanismus, der die Schichtung erklären könnte und einer strengen quantitativen Untersuchung zugänglich wäre. Solch ein Mechanismus steht nunmehr zur Verfügung.

Das Sonnenfleck-Modell

Wälder in gemäßigten Breiten sind viel einfacher aufgebaut als tropische, und gerade die einfachste Fälle liefern Wissenschaftlern oft Antworten auf kompliziertere Fragen. Südlich ungefähr des 42. Breitengrades treten im Osten der Vereinigten Staaten (Mittel-Wisconsin, Nord-Neuengland) eine Reihe an Schatten angepaßter, holziger Pflanzenarten im mittleren Stockwerk laubabwerfender Wälder auf. Einige davon, wie blühender Hartriegel und Judasbaum, sind auffällig und allgemein bekannt, während andere, wie Hopfen-Hainbuche und Falscher Benzolstrauch, unscheinbarer sind.

Vor einigen Jahren bemerkte ich, daß diese Arten in einem bestimmten Wald eine definierte Höhe erreichen und dann ihr Längenwachstum einstellen. Im Gegensatz zu Arten der Kronenregion, die nach oben streben, bis sie den offenen Himmel erreichen oder sterben, sind Hartriegel und die anderen Mitglieder dieser „Gilde" der mittleren Etage daran angepaßt, ihr ganzes Leben im Schatten des Waldesinneren zu verbringen. Exemplare mit großem Umfang sind im Durchschnitt nicht höher als schlanke Individuen, die erst einen Bruchteil des Alters erreicht haben. Klettert man auf ei-

5.11 Blühende Hartriegelsträucher in einem Eichen-Hickory-Wald im mittleren New Jersey läuten den Beginn des Frühlings ein. Die Hartriegelblüten liegen in einer schmalen Zone ein gutes Stück unterhalb der Kronenregion. Ansammlungen des Maiapfels (*Podophyllum peltatum*) bilden in dem dreischichtigen Aufbau die Krautschicht.

nen Baum und sieht in einen ruhigen, blattlosen Frühlingswald mit blühendem Hartriegel hinein, fällt auf, daß die Blüten alle in einer einzigen, schmalen Schicht etwa sieben bis zehn Meter über dem Boden liegen, weit unter den niedrigsten Ästen der Kronenregion.

Diese Beobachtungen lassen vermuten, daß es eine optimale Höhe für einen Baum des mittleren Stockwerks geben könnte. Hartriegel und andere, in ähnlicher Weise angepaßte Arten könnten auf ein Signal in ihrer Umwelt reagieren, das den Grad dieses Optimums anzeigt. Die Anzeichen für solch ein Optimum verstärkten sich deutlich, als ich entdeckte, daß in Wäldern mit zwei Arten des mittleren Stockwerks beide dieselbe Endhöhe erreichen. Beide Spezies antworten offensichtlich auf dasselbe Signal in der Umwelt, doch es gab keinen Anhaltspunkt dafür, welcher Art dieses Signal sein könnte.

Eine außerordentlich profane Beobachtung lieferte des Rätsels Lösung. Blühender Hartriegel wird häufig als Zierpflanze in Höfen und Gärten gepflanzt. Dort sind Hartriegel kleiner und gedrungener und blühen und fruchten reicher als ihre Gegenstücke im Wald. Das in Gärten reichlich vorhandene Sonnenlicht scheint nicht nur die Reproduktionsleistung zu steigern, sondern auch Gestalt und Höhe der Pflanzen deutlich zu beeinflussen. Möglicherweise hemmt der Lichtmangel ihrer natürlichen Umgebung das Wachstum der Hartriegel.

Ich wollte nun gerne wissen, wie diese Art und andere Gildenmitglieder des mittleren Stockwerks das Sonnenlicht auf ihrem günstigen Standort weit unterhalb der Kronen viel größerer Bäume empfangen. Frühere Arbeiten hatten gezeigt, daß etwa 30 Prozent des auf den Boden gelangenden Lichtes in östlichen, laubabwerfenden Wäldern in Form von „Sonnenflecken" ankam – als Bündel direkter Lichtstrahlen, die durch Löcher in der darüberliegenden Vegetation drangen. Könnte man viel-

leicht berechnen, inwieweit Sonnenflecken zu dem Licht beitragen, das in unterschiedlichen Höhen unterhalb der Kronenregion auftrifft?

Es stellte sich heraus, daß die Berechnung tatsächlich ganz einfach ist, wenn man annimmt, daß die Kronenregion eine regelmäßige Gruppe dichtgepackter Kronen darstellt. Aus der Perspektive eines Betrachters auf dem Boden gleicht die Kronenregion einer mit Löchern übersäten Platte, durch die das direkte Sonnenlicht eindringt. Die Platte ist jedoch nicht flach; ihre Dicke entspricht der Höhe der Kronen. Wenn man sich ein Waldprofil ansieht, beispielsweise entlang eines Ackerrandes, fällt auf, daß die Kronen nicht zylindrisch, sondern gipfelförmig sind – mit dem höchsten Punkt in der Mitte. Die Lücken zwischen den Kronen sind deshalb im Querschnitt trichterförmig. Weil die Lücken oben breiter sind als unten, dringt das Sonnenlicht in unterschiedlichem Winkel in den Wald ein.

Steht die Sonne tief am Himmel, gelangen überhaupt keine direkten Lichtstrahlen in das Waldesinnere. Ab einem bestimmten Sonnenstand fällt direktes Licht durch die trichterförmigen Lücken in den Wald, und westlich davon bildet sich ein Sonnenfleck. Mit der wandernden Sonne bewegt sich der Sonnenfleck nach Osten, wobei er über Mittag langsamer und nachmittags schneller wird. Währenddessen zeichnet er eine Spur auf den Waldboden. Mit jedem Tag vor der Sommersonnenwende verlagert sich der Verlauf der Spur leicht nach Süden; nach der Sonnenwende zieht die Spur wieder gen Norden. Im Verlauf einer Wachstumsperiode wird der Boden somit mehr oder weniger gleichmäßig belichtet, obwohl an jedem Tag Schattenstreifen zwischen den Spuren benachbarter Sonnenflecken liegen. Die langfristig gesehen gleichmäßige Verteilung dieser Spuren erklärt vermutlich, warum Wälder in gemäßigten Breiten häufig trotz der extrem unregelmäßigen Verteilung von Sonnenflecken immer eine fast geschlossene Krautschicht aufweisen.

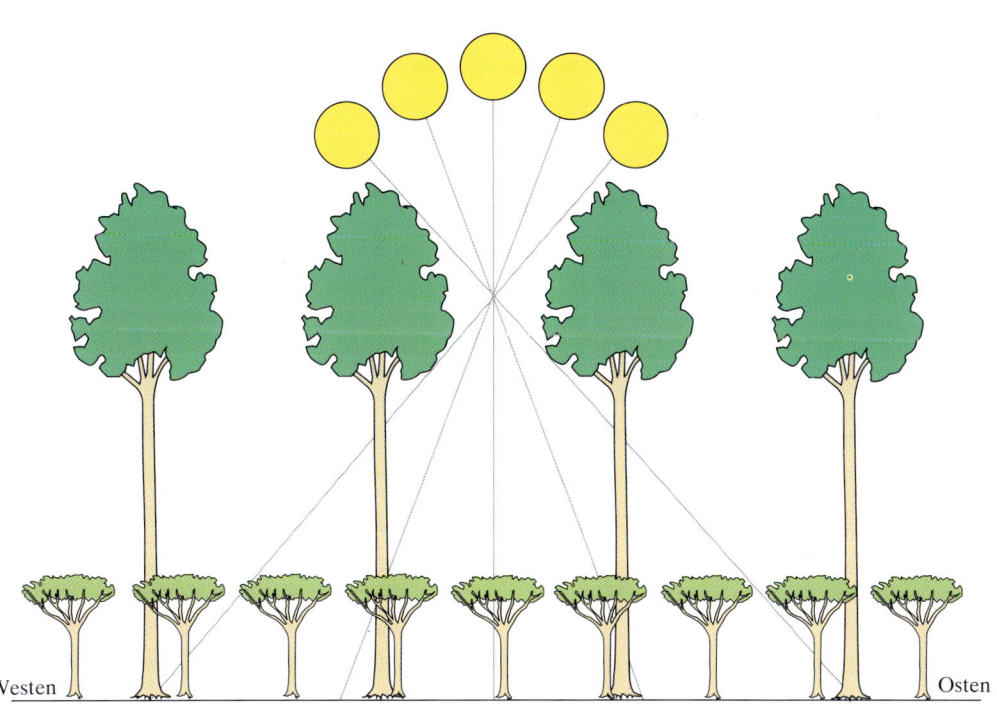

5.12 Ein Sonnenfleck zeichnet auf dem Boden eines Laubwaldes der gemäßigten Breiten bei der Wanderung der Sonne eine Spur von Westen nach Osten. Die Kronenformen und die Breite der Lücken dazwischen bestimmen den Winkel, unter dem das direkte Sonnenlicht in das Waldesinnere vordringen kann.

Diese grobe Beschreibung des Verhaltens von Sonnenflecken liefert einen vereinfachten Überblick über das Lichtfeld auf dem Niveau des Waldbodens. Um das besondere Verhalten von Hartriegel und anderer Arten des mittleren Stockwerks zu verstehen, müssen wir nun der Frage nachgehen, wie sich das Lichtfeld unter einer Kronenschicht mit der Höhe ändert.

Das Licht, das durch eine einzelne Lücke ins Waldesinnere gelangt, überstreicht auf dem Weg nach unten ein Dreieck (der Einfachheit halber nehmen wir an, daß es keine dazwischenliegenden Laubschichten gibt). Die Spitze des Dreiecks liegt in der Lücke, seine Basis auf dem Boden. Ein Punkt im engen Abschnitt des Dreiecks kann mehrere Stunden lang Licht empfangen. Weiter unten, wo das Licht einen immer breiter werdenden Streifen überdeckt,

nimmt die Belichtungsdauer an jedem Punkt proportional ab. Die Lichtdreiecke von benachbarten Lücken werden je nach Länge der Basis der Dreiecke unterhalb der Kronenregion einen Punkt erreichen, wo das westliche Ende des einen sich mit dem östlichen Ende des benachbarten Dreiecks zu überschneiden beginnt. Punkte in der Überlappungszone empfangen zweimal täglich eine relativ kurze Phase der Belichtung, einmal morgens und einmal nachmittags. Noch weiter unterhalb der Kronenregion überlappen sich die Lichtdreiecke immer mehr, so daß jeder Punkt Licht durch immer mehr Lücken erhält. Mit ein wenig Arithmetik läßt sich die gesamte Lichtmenge aus Sonnenflecken berechnen, die jeder Punkt auf einer Horizontale in jeder beliebigen Höhe unterhalb der Kronenregion empfängt. Interessanterweise weichen die Lichtmengen von Punkt zu Punkt entlang von Linien direkt unter der Kronenregion stark voneinander ab: Wo sich die Lichtdreiecke benachbarter Lücken zu überlappen beginnen, fallen die Unterschiede fast auf Null ab. Von hier bis zum Boden ist das Lichtfeld im Wald räumlich einheitlich, variiert allerdings weiterhin zeitlich.

Was ist unter diesen Umständen die optimale Höhe für eine Pflanze, die ständig im Unterholz bleiben muß? Meine Antwort auf diese Frage war, daß ein Baum mindestens bis zur Obergrenze des räumlich einheitlichen Lichtfeldes wachsen muß, um zu vermeiden, von Konkurrenten überragt zu werden. Wächst er deutlich über diesen Punkt hinaus, ergeben sich zwei Nachteile. Erstens wird das Lichtfeld auf seiner Krone zunehmend heterogen, und möglicherweise gibt es Äste, die nicht genug Licht empfangen, um auf ihre Kosten zu kommen.

Zweitens muß die Pflanze mehr in Bau und Erhaltung des zusätzlichen Stamm- und Wurzelsystems investieren, um die höhere Krone zu stützen und versorgen. Diese Kosten müssen aus Ressourcen gedeckt werden, die andernfalls in die Reproduktion gesteckt würden. Die beste Strategie ist also, nicht höher zu wachsen als nötig. Zu diesem Zweck sollte eine Pflanze ihr Höhenwachstum an dem Punkt einstellen, wo sie anfängt, Ungleichmäßigkeiten in der von verschiedenen Kronenabschnitten empfangenen Lichtmenge zu bemerken. Dementsprechend sagte ich voraus, daß Bäume im mittleren Stockwerk bis zur Obergrenze des räumlich einheitlichen Lichtfeldes wachsen, und nicht weiter.

Es blieb nun noch, die Voraussage an einem Wald in der Realität zu testen. Nach langem Suchen machte ich ausgereifte Bestände in Ma-

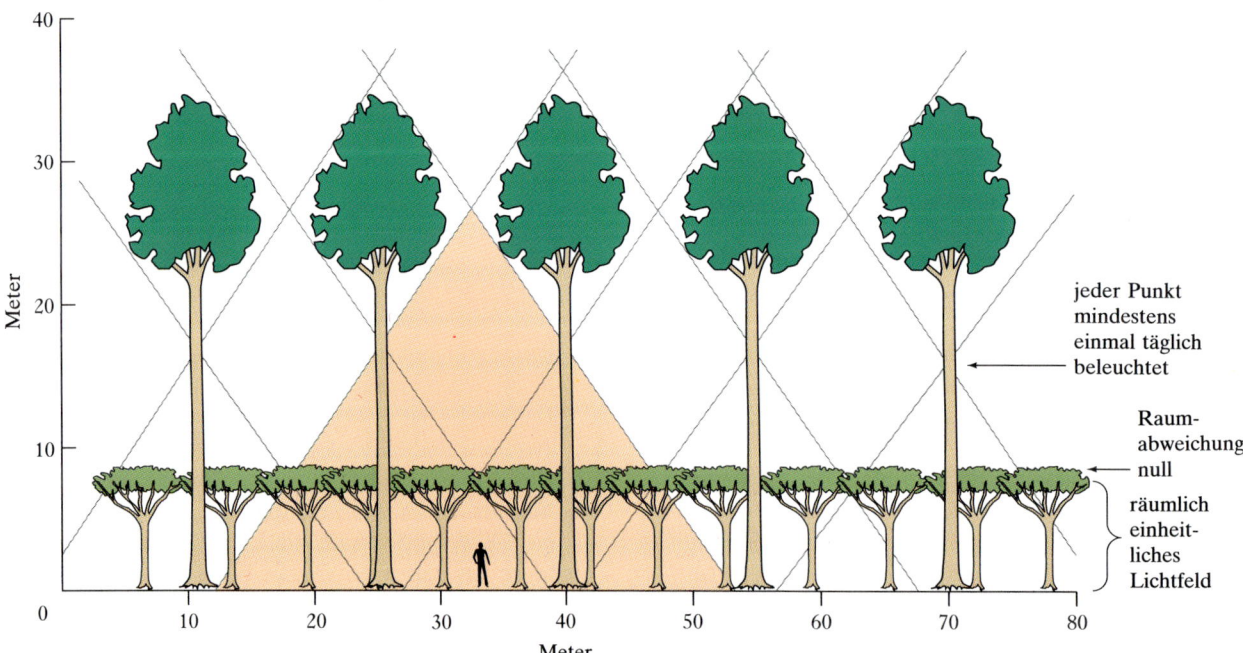

jeder Punkt mindestens einmal täglich beleuchtet

Raumabweichung null

räumlich einheitliches Lichtfeld

5.13 Das Licht, das im Laufe eines Tages durch eine Lücke in der Kronenschicht fällt, erzeugt im Waldesinneren einen größer werdenden Lichtkegel. Wo sich die Kegel überschneiden, entsteht im Unterholz ein in der Horizontalen gleichmäßiges Lichtfeld. Hartriegel und andere Bäume der mittleren Etage wachsen nicht über dieses Niveau hinaus. Dementsprechend sind ihre Kronen einer einheitlichen Belichtung ausgesetzt.

ryland, Virginia, North Carolina und South Carolina ausfindig, die sich nicht mehr in Sukzession befanden. Die durchschnittliche Höhe von Hartriegel und Hopfen-Hainbuche im mittleren Stockwerk dieser Wälder fiel eng mit der vorausgesagten Obergrenze des räumlich einheitlichen Lichtfeldes zusammen. Die Bestätigung der Voraussagen gab der Vorstellung einen kräftigen Auftrieb, daß die vertikale Schichtung von Wäldern ein echtes Naturphänomen ist, das eine Anpassung an die Lichtbedingungen unter der Kronenregion darstellt. Aber welche Bedeutung – wenn es überhaupt eine gibt – haben diese Beobachtungen an Wäldern in gemäßigten Breiten für das viel kompliziertere Schichtungsgebilde in Tropenwäldern?

Noch einmal Richards: Entsprechen tropische Wälder dem Modell für gemäßigte Breiten?

Man könnte meinen, das Sonnenfleckenmodell auf Tropenwälder zu übertragen, sei eine unkomplizierte Angelegenheit. Notwendig wären nur eine Anwendung derselben Messungen und Verfahren, mit denen das Modell in Wäldern der gemäßigten Breiten überprüft wurde. Tropische Wälder unterscheiden sich jedoch von Wäldern der gemäßigten Zonen in einigen entscheidenden Punkten, welche die Situation beträchtlich komplizieren. Das Sonnenfleckenmodell geht von einer gleichmäßigen oberen Kronenregion mit engen, mehr oder weniger regelmäßig verteilten Lücken aus. Im Gegensatz dazu ist die Kronenregion der meisten Tropenwälder aber bekanntermaßen uneinheitlich. Kronen der A-Schicht sind gewöhnlich weit und unregelmäßig verstreut, und die großen Zwischenräume sind viel breiter als die Lücken

in Wäldern der gemäßigten Breiten. Mit Hilfe eines Entfernungsmessers, einer starken Nakkenmuskulatur und etwas Geduld kann man die Kronengrößen der obersten Baumschicht vom Boden aus bestimmen. Nicht so leicht ist der Winkel zu messen, mit dem das Licht in das Waldesinnere eindringt. Wegen der ungleichen Höhe der Bäume in der Kronenregion sowie der breiten und unregelmäßigen Kronenzwischenräume überstreichen Lücken für den Beobachter einen größeren Winkel als solche im Wald der gemäßigten Breiten. Zudem gibt es keinen deutlichen Grenzwinkel, unter dem kein direktes Licht einfällt. Darüber hinaus schieben sich mehrere Kronenschichten zwischen den Betrachter auf dem Boden und die obere Kronenregion; die Behinderung durch diese Schichten erschwert sehr, die Winkelverteilung des Lichtes zu messen, das den Kronen, welche die zweithöchste Baumetage bilden (Richards B-Schicht), zur Verfügung steht. Diese technischen Schwierigkeiten sind bis zum jetzigen Zeitpunkt nicht bewältigt.

Einige Hinweise darauf, wie der Schichtungsmechanismus in Tropenwäldern arbeiten könnte, liefert jedoch ein eher intuitiver Ansatz. Die Baumkronen, aus denen sich die oberste Schicht vieler tropischer Wälder zusammensetzt, haben ein ganz bestimmtes, „tropisches" Aussehen. Solch einen Baum gibt es nicht in New Jersey, aber man kann nicht genau sagen, warum nicht. Die Bäume der oberen Kronenregion haben nämlich eine andere Gestalt. Gewöhnlich sind sie anderthalbmal so groß wie Bäume in den gemäßigten Breiten und haben breite, flache Kronen. Sie gleichen, mit anderen Worten, eher Pilzen. Genauer gesagt, hat die Krone einer 35 Meter hohen Eiche in Virginia etwa einen Durchmesser von zwölf und eine Höhe von elf Metern, und sie macht das obere Drittel der Baumhöhe aus. Im Gegensatz dazu weist die Krone eines 55 Meter hohen peruanischen *Dypteryx*-Baumes eine Spannweite von 30 Metern auf und ist damit doppelt so breit wie die Eichenkrone. Die *Dypteryx*-Krone ist

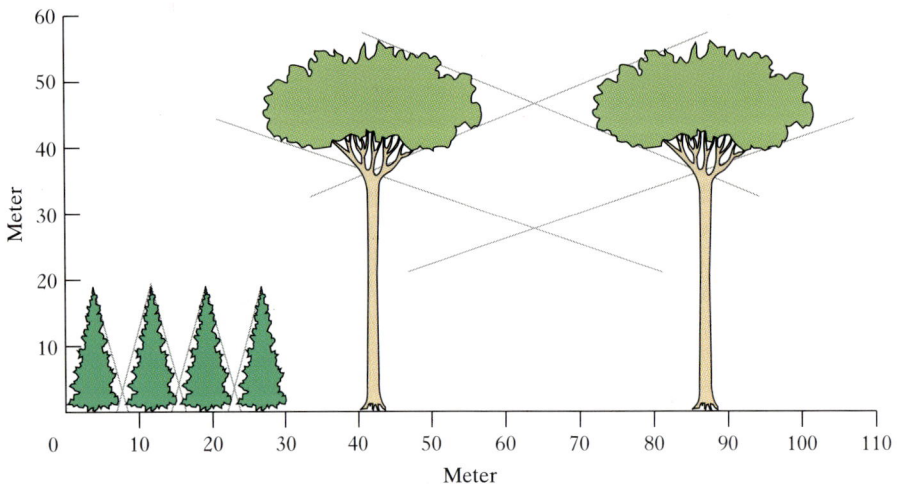

5.14 Dank der flachen Kronen tropischer Überständer dringt die Sonne mit einer viel breiteren Winkelspanne in das Waldesinnere ein als zwischen Nadelbäumen nördlicher Breiten; deshalb können unter der Kronenregion tropischer Wälder zusätzliche Baumschichten wachsen.

jedoch mit 15 Metern nur wenig höher als die der Eiche. Wenn man Eiche und *Dypteryx* nach Fairbanks in Alaska versetzen könnte, würden beide komisch aussehen, wie sie die kümmerlichen, schlanken Fichten auf diesem Breitengrad überragen.

Es kann kaum Zweifel daran geben, daß Baumkronen durch den Winkel der Sonneneinstrahlung während der Wachstumsperiode geformt werden. In den Tropen steht die Sonne jeden Tag im Jahr hoch am Himmel. Bäume, die ihr Laub über einen flachen oder leicht gewölbten Umkreis ausbreiten, haben die beste Form, um Licht direkt von oben zu empfangen. Auf der Breite Pennsylvanias (40. Breitengrad) erreicht die Sonne zur Sommersonnenwende eine maximale Höhe von 73,5 Grad. Dementsprechend sind die Baumkronen mitlerer Breiten höher und darauf ausgerichtet, Licht einzufangen, das in flacherem Winkel einfällt. Weiter nördlich kreist die Sonne um den Horizont; so steigt sie bei Fairbanks, nahe am Polarkreis, nie über 47 Grad. Um in flachem Winkel einfallendes Licht zu absorbieren, muß ein Baum

eine hohe, steil ansteigende Krone aufbauen – daher der pittoreske Weihnachtsbaumlook der nördlichen Nadelbäume.

Die schmalen, konischen Kronen und die niedrige Statur des Nadelwaldes schließen die Bildung einer zweiten Schicht holziger Pflanzen aus. Die tiefliegenden Kronen fangen das in flachem Winkel einfallende Sonnenlicht auf, nur sehr wenig dringt durch und bildet Sonnenflecken auf dem Waldboden. Hohe Kronen, enge Lücken und eine kurze Wachstumsperiode schränken allesamt das unterhalb der Kronenregion verfügbare Licht ein. Wo es Lücken im Blätterdach gibt, können Sträucher wachsen, aber unter den Fichten und Tannen ist der Wald dunkel und fast frei von anderen Pflanzen.

Weiter südwärts in den gemäßigten mittleren Breiten werden die Bäume größer, und ihre Kronen nehmen kompaktere Formen an. Die Wachstumsperiode ist länger, und die Sonne steigt höher am Himmel; damit nimmt auch die jährliche Energiezufuhr zu. Bündel direkten Sonnenlichtes fallen durch Lücken in der Kronenregion und liefern damit, wie bereits erwähnt, ausreichend Licht zur Erhaltung einer Mittelschicht aus kleinen Bäumen. Bewegt man sich noch weiter auf den Äquator zu, füllt sich der Raum unterhalb der Kronenregion immer stärker mit zusätzlichen Pflanzenschichten.

Ob ausgereifte Tropenwälder wirklich fünf Pflanzenschichten enthalten, wie Richards ursprünglich gefordert hatte, ist immer noch eine offene Frage. Sicherlich entspricht die Mittelschicht aus Hartriegel und Hopfen-Hainbuche »objektiv der Realität« in der vereinfachten Struktur eines Waldes in Virginia. Diese Realität verliert aber in den Tropen an Klarheit, wo es bis zu drei Zwischenschichten statt einer geben kann. Der schon verwirrende Sachverhalt wird durch die Tatsache noch komplizierter, daß jeder Baum, der eine Position in einer der oberen Schichten einnehmen will, notgedrungen durch alle niedrigeren Schichten hindurchwachsen muß. Der Eindruck eines unlösbaren Chaos muß zwangsläufig entstehen, wenn ein Forscher nicht in der Lage ist, die Arten auf Anhieb zu erkennen, und wenn keine Informationen über die Endhöhe einer Art zur Verfügung stehen, was für fast alle Tropenwälder zutrifft. Richards Kritiker haben ihn nicht widerlegt, sie haben einfach protestiert, daß seinem Beweismaterial die nötige Exaktheit fehlte, um seine These zu erhärten. Dieser Kritikpunkt ist in der Tat berechtigt.

Meine eigenen Untersuchungen zu dieser Frage sind noch nicht in dem Stadium, Richards These schlüssig zu bestätigen oder zu widerlegen. Immerhin unterstützen Belege, die ich in Zusammenarbeit mit Robin Foster, Kenneth Petren und Jeffrey Matthews fand, deutlich einige Punkte in Richards Argumentation: daß die meisten Punkte auf dem Boden von etwa fünf übereinanderliegenden Kronen überragt werden und daß die Kronenformen sich systematisch mit ihrer vertikalen Position ändern. Es fehlt allerdings noch ein eindeutiger Beweis, daß die übereinanderliegenden Kronen in ein-

zelne Schichten gegliedert sind. Ein Teil der Belege läßt jedoch vermuten, daß dies tatsächlich der Fall sein könnte.

Ein Teil dieser Hinweise stammt aus unseren Untersuchungen von Standorten im peruanischen Amazonien. Alle Bäume mit mehr als zehn Zentimeter Durchmesser in Brusthöhe wurden erfaßt und bis zur Art bestimmt. Mit Hilfe eines Entfernungsmessers maßen wir die Höhen der höchsten und tiefsten Punkte aller Kronen und schätzten ihren Durchmesser durch Abgehen ihrer Projektionen auf dem Boden. Diese Informationen können mittels Computer auf vielfältige Weise verarbeitet werden. Wenn die Bäume in einzelnen Stockwerken geschichtet sind, müßte die von den Kronen eingenommene Fläche in verschiedenen Höhen über dem Boden Gipfel und Täler aufweisen. Tatsächlich deuten die Ergebnisse auf eine Reihe von Peaks hin, aber sie sind für eine statistisch belegte Aussage nicht ausgeprägt genug.

Dennoch wäre es voreilig, die Schichtungshypothese zu verwerfen, weil das Zahlenmaterial zwei Arten von statistischem Rauschen enthält, das möglicherweise jeglichen Beweis für eine Schichtung verwischt. Erstens müssen Schößlinge auf ihrem Weg zu höhergelegenen Positionen im Bestand durch die Räume zwischen den Schichten hindurchwachsen. Zweitens stellen die Ergebnisse Durchschnittswerte für einen ganzen Hektar dar, und in Wirklichkeit ist kein Hektar eines tropischen Waldes räumlich einheitlich. Wie in Kapitel 4 angeführt, rufen umgestürzte Bäume in jedem ausgereiften Wald ein Flickenmuster hervor. Da stets irgendwelche mikrosukzessionalen Flecken auf einen Hektar noch nicht ihr strukturelles Gleichgewicht erlangt haben, trägt ihre Berücksichtigung im Zahlenmaterial zu der Vorstellung von Chaos bei. Die Analysen müssen weiter verfeinert werden, um diese Quellen statistischen Rauschens auszumerzen.

Während unser Frontalangriff auf das Schichtungsproblem noch läuft, haben wir einen anderen Ansatz verfolgt, der eine einfache Frage beantwortet. Wir fragten lediglich, wieviele Kronen über der Krone eines jeden Baumes

auf den Untersuchungsparzellen übereinandergelagert sind. Die Feststellung überraschte uns nicht, daß die Anzahl der Kronen mit der abnehmenden Baumgröße ansteigen. Ein durchschnittlicher 20-Meter-Baum wurde von 1,2 Kronen überragt, wohingegen ein typischer Sieben-Meter-Baum im Schatten von 2,0 größeren Kronen dahinvegetierte. Aus den Untersuchungen kleinerer Unterparzellen schlossen wir, daß eine hypothetische, durch den Wald gestochene Nadel unterhalb des Sieben-Meter-Baumes auf mindestens zwei zusätzliche Kronen treffen würde. Zufällig ausgewählte Punkte auf dem Boden dieses Waldes werden somit im Schnitt von etwa fünf darüberliegenden Kronen überragt, wie Richards behauptet hatte. Unsere Schlußfolgerung betrifft jedoch nicht das Problem der Schichtung, denn es gibt in den Resultaten keinen Hinweis auf eine regelmäßige Verteilung der Kronen in vertikaler Ebene.

Richards These sagt auch, daß die Kronenform sich in der Regel systematisch mit der vertikalen Position ändert. Herausragende Bäume der A-Schicht sollen Kronen besitzen, die breiter als hoch sind, während die der B-Schicht gleich darunter höher als breit sein sollen. Um Richards Forderungen zu prüfen, berechneten wir für jede der häufigeren Baumarten unserer Parzellen einen Faktor für die durchschnittliche Gestalt. Tatsächlich waren die Kronen der herausragenden Bäume, wie Richards behauptet hatte, beinahe doppelt so breit wie hoch, während die Kronen von 15 bis 25 Meter hohen, ausgereiften Baumarten, die nie herausragen werden, im allgemeinen eher so hoch wie breit waren. Arten, die eine Größe von weniger als 15 Metern erreichen, zeigten dann wieder die Tendenz zu Kronen, die breiter als hoch sind.

Wieder schienen unsere Ergebnisse Richards Ansichten zu bestätigen. Die systematische Änderung der Kronenform ist ein schlagender Beweis dafür, daß Bäume grundsätzlich an bestimmte Höhen im Wald angepaßt sind. Obwohl diese Resultate keinen Beleg für eine

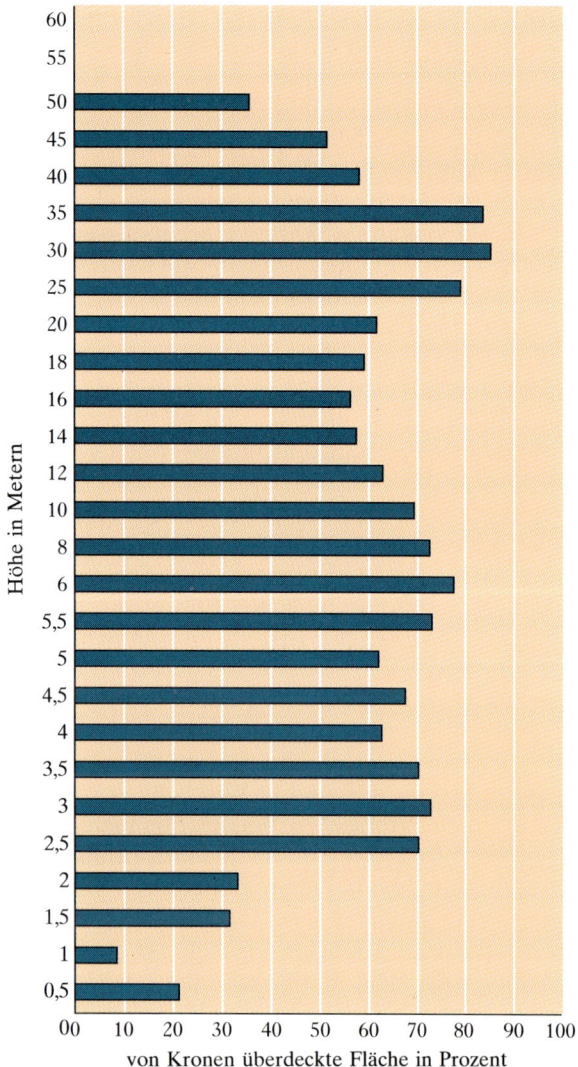

5.15 Schwach ausgeprägte Spitzenwerte für die von Kronen bedeckte Fläche in unterschiedlichen Höhen geben einen Hinweis auf möglicherweise vorhandene organisierte Schichten in einem reifen Überschwemmungswald Perus.

Schichtung darstellen, sind sie mit der Vorstellung vereinbar. Wir könnten erwarten, daß alle Bäume, die eine bestimmte Höhe erreichen, ungeachtet ihrer Artzugehörigkeit den gleichen Lichtbedingungen ausgesetzt sind. Wenn dies zuträfe, gäbe es eine Krone mit einer bestimmten Optimalgestalt, die dem Laub die maximale Lichtaufnahme gestattet. In dem Prozeß der sogenannten „konvergenten Evolution" würde die natürliche Auslese dann die Kronen nicht miteinander verwandter Arten so formen, daß sie sich der Optimalform nähern. Jede Art wäre dann an eine bestimmte Höhenzone des Waldes angepaßt. Eine Häufungstendenz dieser Zonen würde zur Schichtung führen; wären die Optimumzonen der verschiedenen Arten allerdings in unterschiedlichen Höhen gestaffelt, gäbe es keine Schichtung. Die Frage ist bisher noch nicht geklärt.

Falls sich die Kronenformen tatsächlich systematisch in Abhängigkeit von ihrer vertikalen Position im Wald wandeln, würde das bedeuten, daß sich das Lichtfeld in voraussagbarer Weise vom Oberrand der Kronenregion nach unten ändert. Bäume der A-Schicht, die über die allgemeine Kronenregion hinausragen, sind dem Sonnenlicht voll ausgesetzt, und ihre Kronen können sich seitlich frei ausbreiten. Solche Bäume haben, wie bereits erklärt, üblicherweise breite, flache Kronen. Die Ausdehnung mancher Überständer kann wirklich gigantisch sein. *Ceiba pentandra* ist ein erstklassiges Beispiel dafür: Die größten Exemplare mit Spannweiten von über 40 Metern würden nahezu einen halben Fußballplatz abdecken. Man wundert sich, wie ein Baum solch eine schwere Krone tragen kann, ohne bedenklich kopflastig zu werden.

5.16 In den Nebel der Dämmerung gehüllt, breitet ein riesiger Kapokbaum (*Ceiba pentandra*) seine gewaltigen Äste über Dutzende von kleineren Bäumen in diesem peruanischen Überschwemmungswald.

Der Raum unter einem solchen Giganten kann mit einem Dutzend oder mehr B-Schicht-Bäumen ausgefüllt sein. Hier sind sie von einer Dauerbelichtung direkt von oben abgeschnitten. Direktes Licht strahlt nur stundenweise ein, wenn die Sonne tief am Horizont steht. Um solches mit flachem Winkel einfallendes Licht effektiv absorbieren zu können, brauchen unter Überständen wachsende Bäume relativ hohe und schmale Kronen. In dieser Hinsicht ähneln sie den Nadelbäumen der nördlichen Wälder, die ebenfalls die Aufnahme flach einfallenden Lichtes optimieren müssen.

Unter der zweiten Baumlage, in der C-Schicht Richards, ändern sich die Lichtbedingungen noch weiter. Hier sind die Belichtungsverhältnisse noch komplizierter. Unterhalb der Lücken zwischen den Überständen der A-Schicht fällt das Licht gewöhnlich im steilen Winkel zwischen den Kronen der B-Schicht-Arten hindurch. Dieses Licht wird sowohl durch die Baumkronen der A-Schicht als auch die der B-Schicht gefiltert. Demzufolge wird es in viele kleine Strahlen gebrochen, die wahrscheinlich mit ganz unterschiedlichen Winkeln einfallen.

Aufgrund dieser einfachen Tatsachen ist leicht einzusehen, daß die Lichtverhältnisse in einem tropischen Wald variabler und komplizierter werden, wenn das Licht durch mehrere Schichten fällt. Die Vielfalt der Lichtbedingungen wird im mittleren Bereich am höchsten sein, wo ein Baum von offener Sonne bis zu tiefem Schatten den unterschiedlichsten Beleuchtungen ausgesetzt sein kann. Die variable Zahl darüberliegender Kronen und die häufig vorkommenden, kleinen bis großen Bestandslücken, die durch umgefallene Bäume und abgebrochene Äste entstanden sind, schaffen ein extrem unregelmäßiges Mosaik von Bedingungen. Deshalb überrascht es wohl nicht, daß die Baumvielfalt im mittleren Bereich des Waldes größer ist als in den oberen und unteren Schichten. Ob jedoch eine idealisierte Schich-

tung existiert oder nicht, ist eine Frage, die immer noch der Klärung bedarf. Doch steht fest, daß die vertikale Dimension tropischer Wälder einem komplexen Gradienten von Lichtverhältnissen ausgesetzt ist, und daß – wie Richards behauptet hatte – die Arten daran angepaßt sind, bestimmte Positionen innerhalb dieses Gradienten einzunehmen.

Baumvielfalt in tropischen Feucht- und Trockenwäldern

Es dürfte nicht überraschen, daß die biologische Vielfalt eines Waldes, wo bis zu fünf Arten ihre Kronen über einem einzigen Fleckchen Erde entfalten können, größer ist. Die vielen übereinandergeschichteten Kronen stellen jedoch einen weiteren Mechanismus dar, der zur hohen Artenvielfalt der Pflanzen in tropischen immergrünen Wäldern beiträgt. Das geschichtete Vorkommen von Pflanzen kann man als vertikale Dimension der pflanzlichen Vielfalt von der horizontalen Komponente unterscheiden, die im vorangegangenen Kapitel erörtert wurde. Die vertikale Dimension läßt diese hochgradige Artenvielfalt nur dort zu, wo Klima- und Bodenbedingungen den Bäumen einen stattlichen Wuchs erlauben. Nach dem Sonnenfleckenmodell kann sich eine zweite Baumschicht nur in einem bestimmten Abstand zur Kronenregion ausbilden, eine Regel, die wohl auch auf eine dritte und alle weiteren Schichten anwendbar ist. Nur in sehr hohen Wäldern steht genug Platz im Inneren zur Verfügung, um fünf Schichten unterbringen zu können.

Bei der Erklärung, warum die Artenvielfalt tropischer Trockenwälder normalerweise so viel geringer ist als die immergrüner Wälder, können wir auf dieses Prinzip zurückgreifen. Sie sind in der Regel von niedriger Wuchsform, ihnen fehlen die riesigen Überständer. Die Kronenregion vieler Trockenwälder ist nur 15 bis 20 Meter hoch, und Bäume von über 30 Meter Höhe sind selten. Konsequenterweise würde man erwarten, daß Trockenwälder weniger übereinanderliegende Baumschichten aufweisen als Regenwälder. Merkwürdigerweise hat noch niemand nachgesehen, ob dies zutrifft.

5.17 Ein gestreiftes Hörnchen (*Sciurus variegatoides*) in einem Trockenwald Costa Ricas öffnet eine Tamarindenfrucht. In den Tropenwäldern der Erde leben viele Hörnchenarten. Sie konkurrieren mit Papageien um Samen als Hauptgrundlage ihrer Nahrung.

Einige indirekte Hinweise durch Alwyn Gentrys Untersuchungen scheinen jedoch für diese Möglichkeit zu sprechen. Gentry erfaßte die Zahl von Baumarten (mit mehr als zehn Zentimeter Durchmesser in Brusthöhe) auf 0,1-Hektar-Parzellen an zahlreichen Standorten in Zentral- und Südamerika. Als er diese Zahl gegen

die jeweiligen jährlichen Niederschläge auftrug, entdeckte er, daß die Baumvielfalt auf den Parzellen deutlich und linear mit Niederschlagsmengen von 500 bis etwa 5000 Millimetern anstieg, oberhalb von 5000 Millimetern jedoch nicht weiter zunahm.

Überraschenderweise war die Artenvielfalt in der Kronenschicht von Trockenwäldern nicht geringer als in der von Regenwäldern. Gentry fand allerdings heraus, daß mit steigenden Niederschlagsmengen nahezu der gesamte Zuwachs der Baumartenvielfalt auf die „Subkronenregion" beschränkt war. Die Höhe der Kronenschichten nimmt ebenfalls weitgehend parallel mit den Niederschlägen zu, obwohl auch hier noch niemand daran gedacht hat, diesen Trend zu dokumentieren. Zunehmend höhere Kronenbäume würden immer mehr „Subkronenregion"-Bäumen gestatten, einen Platz in den inneren Schichten einzunehmen. Während ein Trockenwald nur ein oder zwei Schichten von Bäumen mit mehr als zehn Zentimeter Durchmesser enthalten dürfte, treten im Regenwald drei oder vier solcher Etagen auf. Ein großer, wenn nicht sogar der Hauptteil an der zusätzlichen Vielfalt der Regenwälder ist daher möglicherweise auf die dichtere Packung von Arten in vertikaler Dimension zurückzuführen.

Vertikale Organisation und Artenvielfalt

Da wir nun den Beitrag der vertikalen Schichtung zur Vielfalt tropischer Bäume besser verstehen, können wir zur Hauptfrage zurückkehren, die die in diesem und dem vorangegangenen Kapitel aufgeworfen wurde: Warum enthalten Tropenwälder soviel mehr Baumarten als Wälder in gemäßigten Breiten? Vielleicht ist es jetzt möglich, ein paar definitive Antworten zu geben.

Die pflanzliche Vielfalt ist in Wäldern der gemäßigten und tropischen Breiten völlig unterschiedlich verteilt. Auf dem Breitengrad von Philadelphia kann ein Wald mehrere Dutzend krautiger Arten in der Bodenschicht enthalten, vielleicht ein Dutzend bis zwanzig Baumarten in der Kronenregion, ein bis zwei Dutzend Schlingpflanzen und Sträucher sowie ein bis drei Baumarten in der „Gilde" der mittleren Schicht. Die Vielfalt ist in der oberen und unteren Schicht lokalisiert; in der Mitte treten nur sehr wenige Arten auf. Die Hartriegel sind beinahe die einzigen in ihrer Gilde.

Im Tropenwald ist es genau umgekehrt. Dort gibt es zwar stets eine krautige Bodenschicht, aber sie ist gewöhnlich artenärmer als die in Wäldern gemäßigter Breiten. Andererseits ist die Kronenregion weitaus artenreicher als ihr Gegenstück in gemäßigten Breiten. Enthielten Tropenwälder nur diese beiden Schichten, wären sie nicht wesentlich vielfältiger als Wälder in gemäßigten Breiten, weil die große Zahl dort vorkommender krautiger Pflanzen durch die Fülle der Baumarten in der tropischen Kronenregion ausgeglichen würde. In der Mittelschicht liegt der gewaltige Unterschied zwischen den beiden Waldtypen. Die meisten der 300 Baumarten, die Gentry an seinem Standort in Yanomono fand, gedeihen unterhalb der Kronenregion. Trägt die Mittelschicht eines Waldes in gemäßigten Breiten nur unwesentlich zur Gesamtvielfalt der Lebensgemeinschaft bei, so steuern die mittleren Schichten eines tropischen Regenwaldes vielleicht die Hälfte bis drei Viertel der zusätzlichen Arten bei (Schlingpflanzen und Epiphyten ausgenommen). Von allen betrachteten Mechanismen leistet die gesteigerte vertikale Aufteilung des Lichtfeldes den eindeutig größten Beitrag zum Verständnis des gemäßigt-tropischen Gradienten der Baumvielfalt.

Mehrere Faktoren tragen zum Unterschied der Artenvielfalt bei. Tropenwälder sind höher als Wälder in gemäßigten Breiten und bieten deshalb mehr Platz für innere Schichten. In den Tropen, wo die Sonne nahezu senkrecht über den Himmel zieht, steht mehr Licht für die Photosynthese zur Verfügung und gibt es keinen Energieausfall während des Winters. Die

5.18 Ein unerschrockener Forscher hängt in einem Wald in Costa Rica von einem hohen Ast herab und schaut auf die Kronen der mittleren Baumschicht hinunter.

gesamte Lichtmenge, die ein Wald der gemäßigten Breiten während einer Wachstumsperiode erhält, ist nur etwa halb so groß wie die am Äquator. Weiterhin trägt zur Vielfalt bei, daß Pflanzen im Unterholz tropischer Wälder bei geringeren Lichtmengen wachsen und sich vermehren können, weil sie in ihrem Lebensraum ohne Jahreszeiten keine Energie für die Bildung neuen Laubes im Frühjahr speichern müssen. Alle diese Unterschiede begünstigen die Entwicklung zusätzlicher, vertikal aufeinanderfolgender Schichten in Regenwäldern.

Im Gegensatz zu dem einheitlichen Lichtfeld, das man unter der Kronenregion von Wäldern der gemäßigten Breiten findet, ist das durch die oberste Schicht eines tropischen Waldes fallende Licht räumlich heterogen; daher können auf jeder Stufe Arten mit unterschiedlichen Anpassungen an die Lichtaufnahme nebeneinander existieren. Die extreme Variabilität der Lichtbedingungen unterhalb der Kronenregion trägt wahrscheinlich zur hohen Artenvielfalt der

mittleren Schicht bei. Die „Nische" des mittleren Stockwerks ist folglich größer als die eines Waldes in gemäßigten Breiten. Hier haben wir eine Analogie zu der breiteren Größenverteilung von Beuteinsekten, die in einigen tropischen Gilden insektenfressender Vögel das Zusammenleben von mehr Arten ermöglichen.

Im letzten Kapitel haben wir die Belege dafür zusammengefaßt, daß eine Anzahl zusätzlicher Mechanismen möglicherweise ebenfalls zur Vielfalt tropischer Baumarten beiträgt: stärkere negative Abstandseffekte, komplexere Mikrosukzession, größere Heterogenität der Bestandslücken, eine größere „Regenerationsgilde", vielfältigere Samenfresser und -verteiler, und schließlich die Möglichkeit, daß Arten in den Gilden dichter gepackt sind. Letzteres rührt möglicherweise von einem eher zur positiven Seite hin verschobenen Gleichgewicht zwischen Artenneubildung und Artensterben in den Tropen her. Diese letztere Möglichkeit wollen wir im nächsten Kapitel betrachten.

6

Die Evolution der Artenvielfalt

6.1 In den Baumkronen eines Waldes in Costa Rica sucht dieser Tamandua (*Tamandua mexicana*) nach Ameisen- und Termitennestern. Er gehört zu den Edentaten (Zahnarmen), einer Säugetiergruppe, die eine lange Isolation auf dem Inselkontinent Südamerika hinter sich hat.

Die Suche nach den Ursachen der tropischen Vielfalt hat uns offenbar im Kreis herum geführt. Als wir uns fragten, wieso tropische Wälder so viel mehr frucht- und nektarfressende Vögel beherbergen können als Wälder in gemäßigten Breiten, schien es vernünftig, die Vielfalt der Vögel der Fülle fruchtender und blühender Pflanzen sowie dem Klima zuzuschreiben, das es den Pflanzen das ganze Jahr über gestattet, Früchte und Nektar zu bilden. Nur ein hochgradig vielfältiger Wald kann die Ressourcenfülle hervorbringen, die für den Lebensunterhalt einer Vielzahl nebeneinander existierender Fruchtfresser nötig ist. Als wir später versuchten, einige Faktoren zu betrachten, die zu dieser extrem hohen Pflanzendiversität beitragen, kamen wir zu dem Schluß, daß Vielfalt und Komplexität teilweise auf die Wechselbeziehungen zwischen Pflanzen und Tieren zurückzuführen sind – insbesondere denen zwischen Pflanzen und den zahllosen Fruchtverbreitern, Samenfressern und Herbivoren (Pflanzenfressern), welche die meisten Tropenwälder bewohnen. So viele Baumarten können in enger Nachbarschaft zueinander gedeihen, weil die Tätigkeit von Tieren und Pilzpathogenen jede Spezies daran hindert, allzu sehr zu dominieren. Wenn diese Interpretation stimmt, ist ein Teil der Pflanzenvielfalt möglicherweise direkt der Artenfülle der Waldtiere zuzuschreiben. Doch wie kann die Vielfalt der Tiere zur Pflanzenvielfalt beitragen, wenn letztere bereits vorhanden sein muß, um erstere zu ermöglichen?

Um diese Rätsel zu lösen, müssen wir zunächst einmal fragen, wie es überhaupt zur Existenz all dieser Tier- und Pflanzenarten kam. Dieselbe Frage ist schon einmal aufgetaucht, als wir entdeckt haben, daß die tropischen Vogelgilden viel mehr Arten enthielten als die entsprechenden Gilden in gemäßigten Breiten. Die „zusätzlichen" Gildenmitglieder schrieben wir der dichteren Packung der Spezies in diesen Gilden

zu, einer wahrscheinlichen Folge intensiverer Artenbildung im Laufe der Zeit. Die unzähligen Arten, die heute die Tropenwelt bewohnen, entwickelten sich in der Vergangenheit, daher erscheint die Annahme logisch, dort nach dem Schlüssel zur Gegenwart zu suchen. Um zu verstehen, wie sich in manchen Teilen der Erde größere Artenzahlen bilden konnten als in anderen, müssen wir näher auf die sogenannte evolutionäre Dynamik eingehen.

Evolutionäre Dynamik

Unter evolutionärer Dynamik verstehe ich die Tatsache, daß Arten neu entstehen und wieder aussterben, und daß sich diese beiden Prozesse über Millionen von Jahren etwa die Waage halten. Es gibt mit anderen Worten keine allgemeine Tendenz einer ansteigenden Vielfalt in geologischen Zeiträumen. Statt dessen lassen die fossilen Zeugnisse vermuten, daß die Vielfalt der Säugetiere, Dinosaurier, marinen Wirbellosen oder fast jeder anderen Organismengruppe periodisch durch massives Artensterben vernichtet wird. Gleichgültig, ob diese Faunenschnitte nun durch Meteoriteneinschläge verursacht wurden, wie manche jüngeren Befunde vermuten lassen, oder nicht, sie haben jedenfalls immer wieder die Geschichte des Lebens auf unserer Erde unterbrochen.

Die biologische Vielfalt hat sich nach jedem dieser verheerenden Einbrüche wieder erholt, denn die überlebenden Organismen haben in einem Prozeß, der als adaptive Radiation bekannt ist, neue Gattungen, Familien und sogar Ordnungen hervorgebracht. Nach solchen Massensterben entstanden zahllose Gelegenheiten zur Entwicklung neuer Spezies, weil die krass verminderte Artenvielfalt den Wettbewerb entschärfte und einige Ressourcen neu dem evolu-

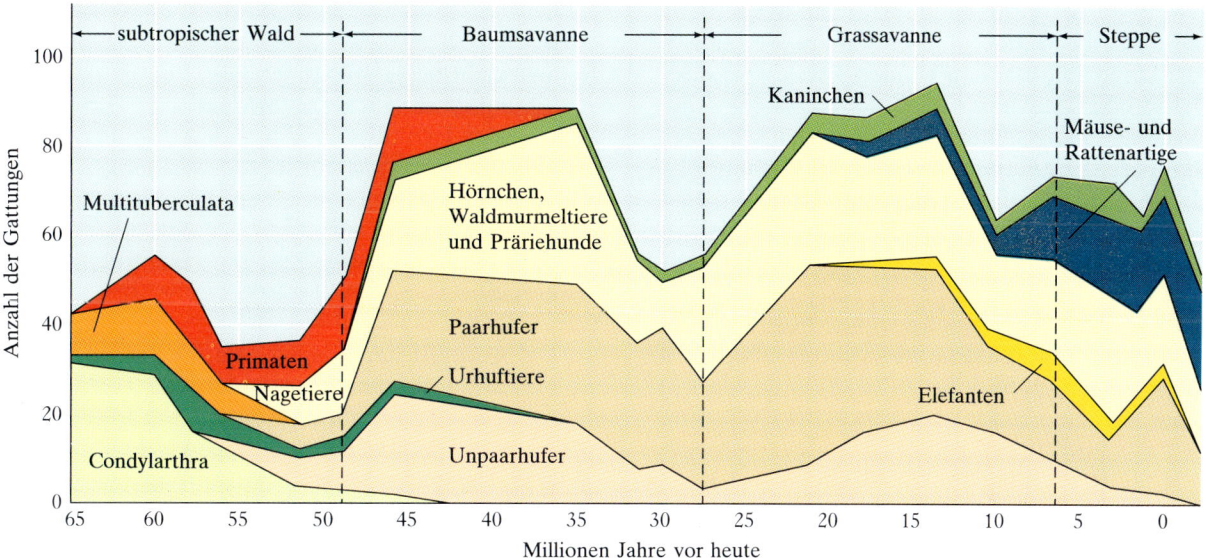

6.2 Die Anzahl der Gattungen pflanzenfressender Säugetiere Nordamerikas während der letzten 65 Millionen Jahre. Die Aufzeichnung läßt mehrere Faunenschnitte erkennen. Nach diesen Krisen erholte sich die Arten- vielfalt rasch. Die Anzahl der Gattungen nimmt weder systematisch zu noch ab, obwohl bestimmte Gruppen (Multituberculata, Condylartha) durch neue ersetzt wurden.

tionären Opportunismus überließ (man stelle sich beispielsweise das Aussterben von Raub- tieren, nicht jedoch deren Beute vor). Nach Ablauf unterschiedlicher Zeiträume – bei Gruppen mit ausgeprägter Artneubildung ge- wöhnlich fünf bis zehn Millionen Jahren – nimmt die Zahl taxonomischer Einheiten übli- cherweise wieder zu, bis sie annähernd dasselbe Niveau wie vor der Krise aufweist. Danach bleibt die Zahl von Arten, Gattungen und Fa- milien Millionen Jahre lang mehr oder weniger stabil – bis zum nächsten Massensterben. Die Radiationen führen häufig zum Ersatz taxono- mischer Hauptgruppen durch neuentstandene funktionale Gegenstücke. Beispiele sind der Ersatz der Urhuftiere (Condylarthra) aus dem Eozän durch die modernen Huftiere mit ihren spezialisierteren Füßen und Gebissen, sowie die Verdrängung der als Multituberculaten bekann- ten Säugetiere, die ein kleines Gehirn und rela- tiv unspezialisierte Zähne hatten, durch die Na- getiere mit größerem Gehirn und Nagezähnen.

Das Studium der evolutionären Dynamik, wie es sich anhand der fossilen Zeugnisse darstellt, führt zu einigen wichtigen Schlußfolgerungen. Es gibt Perioden, in denen die Neubildung von Arten das Aussterben übertrifft, (meist kurze) Zeiträume mit überwiegendem Arten- sterben und schließlich Perioden, in denen sich beide etwa im Gleichgewicht befinden. Auffälli- gerweise treten Gleichgewichtsperioden in Phasen hoher, nicht niedriger biologischer Viel- falt auf. Offenbar scheint es Rückkopplungs- mechanismen zu geben, welche die Artenviel- falt begrenzen. Die einfachste Rückkopplung ist demographischer Art. Je mehr Arten um ei- nen vorhandenen Ressourcenvorrat konkurrie- ren müssen, seien es nun Früchte, Beute oder Sonnenenergie, desto niedriger ist die durch- schnittliche Bestandsdichte jeder Art. Wenn immer wieder neue Spezies entstehen, werden andere irgendwann so selten werden, bis sie schließlich aussterben – ein Gleichgewicht stellt sich ein.

147

Während der gesamten Geschichte des Lebens besaßen die warmen Gegenden am Äquator, die keine Jahreszeiten kennen - sei es auf dem Land oder im Meer – eine höhere biologische Vielfalt als die kühleren, stärker von Jahreszeiten geprägten Lebensräume in nördlicheren Breiten. Eine hohe Artenvielfalt ist somit, unabhängig von der geologischen Epoche, der augenblicklichen Verteilung driftender Landmassen oder Schwankungen der Temperatur oder der Niederschläge, kennzeichnend für den Tropengürtel. Jede umfassende Theorie über die Artenvielfalt muß diese unbestrittenen Merkmale der Fossilgeschichte berücksichtigen. Ehe wir uns noch intensiver mit der Frage befassen, wie die Evolutionsprozesse zu den Verbreitungsmustern der Artenvielfalt beitragen, müssen wir zunächst einige Grundmerkmale des Speziationsprozesses betrachten – jenes Evolutionsmechanismus, durch den neue Arten entstehen.

Der Ausdruck Speziation faßt zwei grundsätzlich unterschiedliche Prozesse zusammen: Die Veränderung zusammenhängender Abstammungslinien in der Zeit und ihre Aufspaltung. Trotz des Titels *Über die Entstehung der Arten* betrachtete Darwin in seinem revolutionären Werk nur den ersten dieser Prozesse; der zweite blieb bis fast hundert Jahre nach der Veröffentlichung ein Rätsel.

Offensichtlich kann die alleinige Veränderung von Abstammungslinien über die Zeit die Artenvielfalt nicht erhöhen. Statt dessen bringen die Spezies, je nach den Umständen langsamer oder rascher, nachfolgende, neue Arten, die man als Chronospezies bezeichnet, hervor. Die Stammformen hören dann auf zu existieren. Die Gesamtartenzahl bleibt konstant oder nimmt mit jedem Artensterben ab.

Nur der zweite Speziationstyp, die Aufspaltung von Abstammungslinien, erzeugt Vielfalt. Bei diesem Prozeß kann eine Stammart eine oder eine ganze Reihe von „Tochterarten" hervor-

bringen, muß aber deshalb nicht unbedingt erlöschen. Konsequenterweise kann die Gesamtartenzahl beständig zunehmen. Die Erforschung dieses Prozesses ist eines der Hauptthemen der Evolutionsbiologie. Viele gelehrte Bücher befassen sich mit diesem vielseitigen und komplexen Gebiet. In einem Werk wie dem unseren müssen wir es notwendigerweise kurz abhandeln und heben nur die Hauptpunkte heraus.

Die wesentlichen Fragen sind, wie, wie schnell und unter welchen Umständen sich Tochterlinien bilden und in ihren biologischen Eigenschaften von der Elternlinie abweichen. Wenn eine Tochterart neben der Elternart aufkommt, nennt man diesen Vorgang „sympatrische Speziation". Entstehen Tochterarten an geographisch getrennten Orten, so daß die von der Elternpopulation abweichenden Eigenschaften in genetischer Hinsicht isoliert sind, wird dies als „allopatrische Speziation" bezeichnet.

Sympatrische Artbildung kann in mindestens zwei Formen auftreten. Gelegentlich entstehen neue Pflanzenarten, wenn Individuen derselben Art zur Selbstbestäubung (Verschmelzung von Geschlechtszellen desselben Individuums) befähigt sind und damit ihre eigene genetische Ausstattung verdoppeln. Hybridisierung bestehender Arten, das heißt Verschmelzen von Zellen verschiedener Spezies, kann ebenfalls zu sympatrischer Speziation führen – ein Prozeß, den man bei Pflanzen für ungewöhnlich und bei Tieren für selten hält. Andererseits hatten Biologen große Schwierigkeiten sich vorzustellen, wie sich Tochterlinien ohne Selbstbestäubung oder Hybridisierung abspalten können, solange die jeweiligen Populationen sich miteinander zu kreuzen vermögen. Selbst niedrige Kreuzungsraten vermischen die beiden Genpools wieder, ein Vorgang, der mit genetischer Divergenz unvereinbar wäre. Im allgemeinen scheint sympatrische Speziation nur als gelegentliche Ausnahme von der Regel der weitverbreiteten allopatrischen Speziation aufzutreten, besonders bei

Gruppen wie Vögeln oder Regenwaldbäumen, die ausgeklügelte Mechanismen zur wirksamen Verhinderung von Hybridisierungen besitzen.

6.3 Als einer der beiden Partner in einem hochspezifischen Mutualismus (Wechselbeziehung zwischen zwei Arten, die für beide förderlich ist) besucht diese Biene (*Eulaema* spec.) eine Orchidee im Regenwald Perus. Der Pollen wird präzise auf den Körper der Biene aufgebracht. Damit ist gewährleistet, daß nur Blüten derselben Art bestäubt werden. Männliche *Eulaema*-Bienen werden von dieser Orchidee durch aromatische Duftstoffe aus großer Entfernung angezogen. Die Bienen sammeln ihrerseits diese Lockstoffe und verwenden sie später bei der Balz, um Weibchen anzulocken. Die Lockstoffe und die Plazierung des Pollens auf der Biene setzen die Wahrscheinlichkeit einer Hybridisierung herab.

Das allopatrische Speziationsmodell

Beim allopatrischen Speziationsmodell machen Populationen divergente Entwicklungen sowohl in ihrer genetischen Ausstattung als auch in Form und Struktur durch, während sie voneinander isoliert sind. Die sich aufspaltenden Populationen sind normalerweise räumlich und durch sogenannte Verbreitungsbarrieren voneinander getrennt. In der einfachsten Form besteht die allopatrische Artbildung aus zwei Schritten. Erstens muß irgendein Ereignis die geographische Isolation zweier oder mehrerer Teile einer ursprünglich benachbarten und sich untereinander fortpflanzenden Population herbeiführen. Ist die geographische Isolation eingetreten, müssen zweitens entweder eine der Tochterpopulationen oder beide neue Merkmale entwickeln. Diese beiden Schritte mögen zur Steigerung der Gesamtartenzahl in einer sich aufspaltenden Gruppe genügen, sie reichen aber nicht aus, um die Vielfalt auf lokalem Niveau zu erhöhen. Dies erfordert einen dritten Schritt, das Auftreten von Sympatrie: Eine der Tochterarten oder beide müssen ihre geographische Verbreitung so weit ausdehnen, daß sie miteinander in Kontakt treten. Wenn die beiden Arten sich nun in ihrem Fortpflanzungsverhalten so weit voneinander unterscheiden, daß es nicht zur Kreuzung kommt, und sie auch ökologisch weit genug voneinander abweichen, können sie denselben Lebensraum besiedeln. Nur wenn alle diese Bedingungen erfüllt sind, können zwei Tochterarten vollständig nebeneinander existieren und ihre genetische Integrität behaupten.

Diese verkürzte Erklärung läßt viele Fragen offen. Eine der wichtigsten ist, wie eine geographische Isolation reversibel sein kann, so daß Populationen zuerst in einzelne Fraktionen zersplittert und später wieder vereint werden. Eine weitere unbeantwortete Frage ist, wie lange

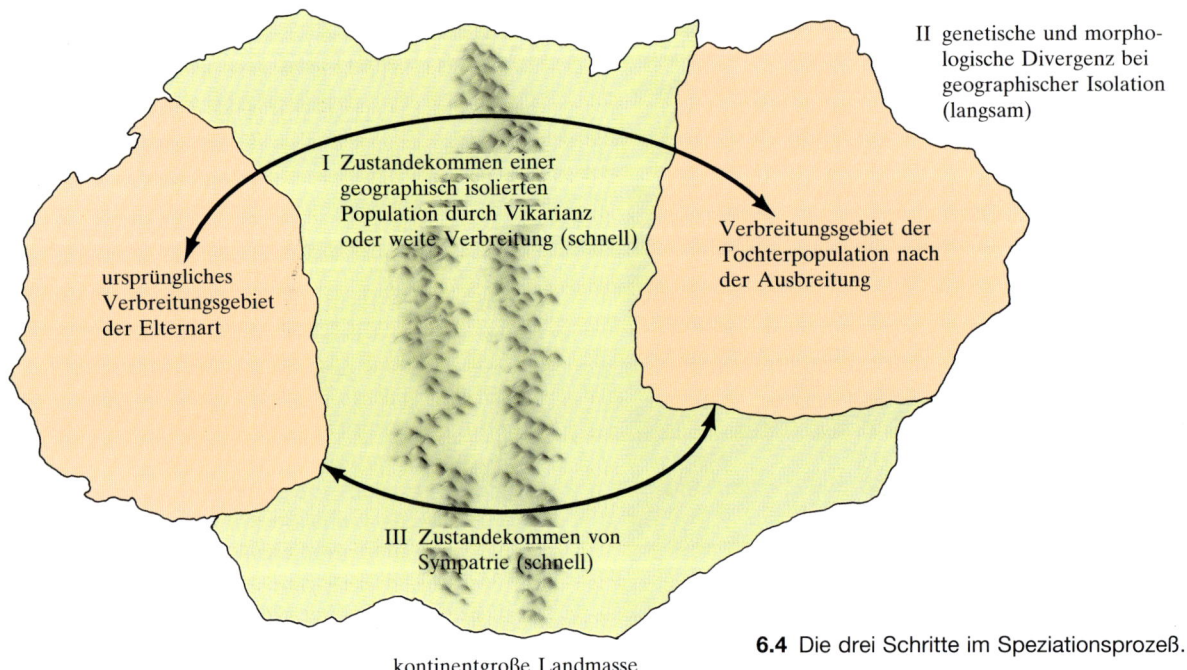

II genetische und morphologische Divergenz bei geographischer Isolation (langsam)

I Zustandekommen einer geographisch isolierten Population durch Vikarianz oder weite Verbreitung (schnell)

Verbreitungsgebiet der Tochterpopulation nach der Ausbreitung

ursprüngliches Verbreitungsgebiet der Elternart

III Zustandekommen von Sympatrie (schnell)

kontinentgroße Landmasse

6.4 Die drei Schritte im Speziationsprozeß.

Tochterpopulationen getrennt bleiben müssen, bis sie die genetischen und ökologischen Unterschiede aufweisen, die eine Koexistenz ohne Kreuzung zulassen. Verschiedenste Belege sprechen dafür, daß die Populationen über Zeiträume von Zehn- oder Hunderttausenden von Jahren isoliert sein müssen. Wir müssen uns vorstellen, wie Populationen in bestimmten Zeitabschnitten getrennt und später wieder vereint werden können, die weder zu lang noch zu kurz sind, um mit den fossilen Zeugnissen übereinzustimmen.

Subpopulationen können auf zwei verschiedene Arten geographisch isoliert werden. Die sogenannte Verbreitung über große Distanzen kann vorkommen, wenn ein Samenkorn, ein trächtiges Weibchen oder eine kleine Gruppe von Individuen auf Wanderschaft geht oder passiv an einen neuen Ort gelangt. Beispielsweise transportieren ziehende Vögel Samen am Fuß. Nur mittels der Verbreitung über große Distanzen können Pflanzen und Tiere Inseln im Ozean besiedeln. Vermutlich dürfte eine Population durch eine solche Verbreitungsform auch in der Lage sein, einen Brückenkopf auf dem Festland zu errichten, aber die Hinweise darauf sind spärlich.

Geographisch isolierte Populationen können auch durch Vikarianz entstehen. Vikarianz tritt auf, wenn natürliche geologische oder meteorologische Kräfte eine Population teilen. Im Gegensatz zur Verbreitung über große Distanzen ist Vikarianz stets ein aus der Sicht des Organismus passiver Vorgang. Lavaströme oder Gebirgsketten, Schwankungen des Meeresspiegels und das Auseinanderdriften von Kontinenten gehören zu den dramatischeren Mechanismen der Vikarianz. Alle diese Ereignisse können in geologischen Zeiträumen auftreten – einige sind in der Tat belegt –, aber den meisten scheint das nötige Kriterium der Reversibilität zu fehlen. Die Aufspaltung von Populationen durch Vikarianz mag vielleicht zu einem Anstieg der weltweiten, nicht jedoch der lokalen Artenvielfalt führen, der unser Hauptinteresse gilt.

Bevor die Kontinentalverschiebung in den sechziger Jahren zu einem wissenschaftlich anerkannten Konzept reifte, erlaubten sich Biogeographen erstaunliche geistige Kopfstände, um die Verteilung lebender Organismen allein durch Verbreitung über weite Entfernungen zu erklären. Die unglaublichsten Mechanismen wurden erwogen, einschließlich der Überquerung des Pazifischen Ozeans durch Samen und Eier auf Baumstammflößen. Heutzutage hat sich die Sichtweise geändert, und Vikarianz gilt weithin als entscheidender Mechanismus der geographischen Isolation.

Die sogenannte Vikarianz-Biogeographie gewann erst an Anhängern, nachdem die Geologen davon überzeugt waren, daß die Kontinente tatsächlich ihre relative Lage verändern, begleitet von Teilung und Vereinigung der Hauptlandmassen – diese Meinung hatte bereits etwa 50 Jahre zuvor der damals nicht ernstgenommene deutsche Meteorologe Alfred Wegener vertreten. Die Geologen rekonstruierten die Abläufe der Kontinentalverschiebung, extrapolierten sie zeitlich zurück und bestätigten die Existenz eines großen Südkontinents – Gondwanaland. Für die Biologen war dies eine höchst willkommene Offenbarung, denn es lieferte eine Erklärung für einige sonst peinlich unangenehme Verbreitungsmuster wie das Vorkommen von Boas und Leguanen auf Madagaskar, den Fidschi-Inseln und den Tropen der Neuen Welt sowie das Vorkommen von *Nothofagus*- und *Araucaria*-Wäldern in Australien, Neuseeland und Chile. Dennoch schien die Kontinentalverschiebung nicht die nötigen Bedingungen für eine zunehmende lokale Artenvielfalt zu bieten, außer in den seltenen Fällen, wo lange voneinander getrennte Landmassen zusammenstießen.

Genau solch ein Ereignis fand vor 3,5 Millionen Jahren statt, als driftende Platten der Erdkruste einen lockeren Archipel von Inseln in die Höhe hoben und den Isthmus von Panama bildeten. Vor diesem Ereignis verlief die Evo-lutionsgeschichte von Nord- und Südamerika etwa 100 Millionen Jahre lang unabhängig voneinander.

Der große amerikanische Faunenaustausch

Die Entstehung der Landbrücke von Panama stellt eines der größten Naturexperimente aller Zeiten dar. Durch sorgfältige Untersuchungen der Fossilien aus der Zeit unmittelbar vor und nach der Verschmelzung der Kontinente konnten die Paläontologen entscheiden, ob eine Vermischung zweier völlig verschiedener Faunen zu einem Anstieg der Artenvielfalt führt. Sowohl der nord- als auch der südamerikanische Kontinent beherbergten große und unterschiedliche Organismengruppen. Besonders die Säugetiere ähnelten sich auffallend wenig.

Südamerika war etwa 80 Millionen Jahre lang, seit es sich im Zeitalter der Dinosaurier von Afrika gelöst hatte, ein Inselkontinent gewesen. Folglich dominierten bei den Säugetieren archaische Gruppen mit solch bizarren und heute ausgestorbenen Geschöpfen wie Glyptodonten (schildkrötenartigen Riesengürteltieren), Toxodonten (einer Huftiergruppe) und bodenlebenden Riesenfaultieren. Wie Australien, das ähnlich isoliert gewesen war, wies Südamerika ein weites Spektrum an Beuteltieren auf, nicht nur viele Opossumarten, sondern auch andere, gewaltigere Tiere, allen voran *Thylacosmilus*, der Säbelzahnbeutler. Währenddessen stand Nordamerika von Zeit zu Zeit über die Landbrücke von Alaska im Bereich der Beringstraße in Kontakt mit Eurasien und war die Heimat für eine uns recht vertraute Tierwelt aus Wildrindern, Pferden, Katzen, Hunden, Hirschen, Hörnchen, Kamelen, Tapiren, Elefanten und vielen anderen.

Vor dem sogenannten großen amerikanischen Faunenaustausch beherbergten Nord- und Südamerika jeweils 30 bis 35 meist verschiedene Säugetierfamilien. Somit war nach der Bildung des Isthmus das Potential für eine schlagartige

6.5 Ein Riesenfaultier, Vertreter der präisthmischen Fauna Südamerikas. Nach der Entstehung der Landbrücke von Panama breiteten sich bodenlebende Faultiere unterschiedlicher Größen sowohl in Nord- als auch in Südamerika über große Bereiche aus und lebten dort, bis sie vor wenigen tausend Jahren von amerikanischen Ureinwohnern durch Überjagung ausgerottet wurden.

Verdoppelung der Artenvielfalt bei den Säugetieren vorhanden. Dies trat jedoch nicht ein. Heute gibt es in Nordamerika 33 Säugerfamilien und in Südamerika 35. Familien mit nordamerikanischem Ursprung sind zu 40 Prozent an den Familien im heutigen Südamerika beteiligt, und südamerikanische Familien tragen 36 Prozent zu den heutigen Säugetierfamilien Nordamerikas bei. In der Tat kam es zu einem beträchtlichen Austausch, die Vielfalt auf Familienebene erhöhte sich jedoch nicht, weil das Aussterben von Arten das Einfließen fremder Abstammungslinien über den Isthmus ausglich.

Auf Gattungsebene sind die Einzelheiten etwas komplizierter und weniger leicht zu interpretieren. Vor der Bildung der Landbrücke schwankte die Zahl der Säugetiergattungen in Südamerika um 72. Mit dem Erscheinen nordamerikanischer Formen stieg die Gattungsvielfalt sprunghaft auf über 100 an, weil Einwanderer die einheimische Fauna bereicherten. In Nordamerika trat jedoch genau das Gegenteil ein. Die Fauna vor der Entstehung der Landbrücke umfaßte 131 Gattungen. Diese Zahl fiel aus möglicherweise nicht überlieferten Gründen sogar auf 101 ab, als südamerikanische Formen auftauchten. Anschließend stieg die Zahl der bekannten Gattungen auf beiden Kontinenten beträchtlich an, als sich eingewanderte und einheimische Abstammungslinien weiterentwickelten. Nordamerika hat heute 141 Gattungen (gegenüber 131 vorher), Südamerika 170 (ehemals 72).

Der starke Anstieg bei der Vielfalt südamerikanischer Gattungen darf nicht wörtlich genommen werden. Vergleiche zwischen Zahlen der Vergangenheit und der Gegenwart sind irreführend, weil die gegenwärtige Zahl eine umfassende Zählung lebender Formen darstellt, wohingegen die Summe aus der Zeit vor der Bildung der Landbrücke die fossilen Formen repräsentiert, die von einer begrenzten Zahl von Fundorten bekannt sind – die meisten befinden sich im subtropischen oder gemäßigten Bolivien

6.6 Nord- und südamerikanische Säugetiere wanderten nach der Schließung des Isthmus von Panama in zwei Richtungen. Südamerikanische Formen, die nach Norden zogen, sind im oberen Teil des Diagramms zu sehen, nach Südamerika eingewanderte nordamerikanische Formen im unteren Teil.

6.7 Ein Dreifingerfaultier (*Bradypus variegatus*) macht in einem panamesischen *Cecropia*-Baum ein Nickerchen. Faultiere tragen ihren Namen wegen der trägen und lethargischen Lebensweise, die in Wirklichkeit eine energiesparende Anpassung an die kalorienarme Blattnahrung ist.

und Argentinien. Die präisthmischen Säugetiere aus dem bei weitem größten Teil des Kontinents sind fast völlig unbekannt. Ihre Zahl dürfte wahrscheinlich beträchtlich größer gewesen sein, als dies fossile Zeugnisse dokumentieren.

Abgesehen von dieser wahrscheinlichen Fehlerquelle der zufälligen Erhaltung von Fossilien untermauern die Hinweise aus dem großen amerikanischen Faunenaustausch stark die Vorstellung, daß zwischen der Geschwindigkeit, mit der neue Formen auftreten (hier eher durch Einwanderung als durch Artneubildung) und alte aussterben, ein Gleichgewicht besteht. Auftreten und Verschwinden von Taxa sind gewöhnlich nicht zeitabhängig, was es schwierig, wenn nicht sogar unmöglich macht, in Einzelfällen Ursache und Wirkung genau festzulegen.

Aber sie scheinen sich über Millionen Jahre hinweg die Waage zu halten, wobei sich das Diversitätsniveau (von Gattungen) höchstens verdoppelt. Angesichts der Kompliziertheit des beteiligten Prozesses scheint dies eine erstaunlich wirksame Kontrolle zu sein.

Die Trennung Südamerikas von Afrika setzte einen Vikarianzzyklus in Gang, der nach etwa 80 Millionen Jahren mit der Bildung des Isthmus von Panama endete. Vikarianzzyklen dieser Länge sind zum Verständnis der Artenvielfalt weder auf lokaler noch auf kontinentaler Ebene von besonderer Bedeutung. Die fossilen Zeugnisse lassen darauf schließen, daß beträchtlich kürzere Zyklen nötig sind, um die sehr rasche Erholung der Vielfalt nach Phasen von Massenaussterben zu erklären. Die nachfolgenden Radiationen neuer Formen sind oft schon nach fünf bis zehn Millionen Jahren abgeschlossen. Solche raschen Speziationen sind nur mit deutlich kürzeren Vikarianzzyklen vorstellbar, die im Bereich von einer Million Jahren oder weniger liegen.

Die Tatsache, daß die Zyklen weder zu lang noch zu kurz sein dürfen, schränkt die Auswahl an Vikarianzmechanismen, die Vielfalt erzeugen können, stark ein. Geologische Ereignisse wie Kontinentaldrift und Gebirgsbildung dauern normalerweise zu lange, ebenso die damit verbundenen Schwankungen des Meeresspiegels. Kurzzeitige Klimaschwankungen wie jene, die durch den Sonnenfleckenzyklus bewirkt werden, sowie größere Vulkanausbrüche sind viel zu kurz.

Es gibt jedoch eine Art von Störungen, die genau im erforderlichen Zeitbereich liegen. Es sind die sogenannten Milankowitsch-Zyklen, Oszillationen der Parameter der Erdumlaufbahn, die zu Ehren des tschechischen Mathematikers benannt wurden, der sie 1930 als erster beschrieb. Die Form der Erdumlaufbahn schwankt von eher kreisförmig bis eher elliptisch in Zyklen von 413 000 und 100 000 Jahren.

Diese beiden Zyklen ergeben sich aus den Wechselwirkungen der Gravitation zwischen Erde und anderen Planeten. Bei gleichnäßig verteilten Planeten sind die Kräfte relativ symmetrisch, und die Erdumlaufbahn nimmt eher Kreisform an. Ordnen sich mehrere Planeten auf einer Seite der Sonne an, verformt ihre gemeinsame Anziehungskraft die Erdumlaufbahn deutlich. Zusätzlich beschrieb Milankowitsch zwei weitere Zyklen: Erstens wird die Neigung der Rotationsachse der Erde mit einer Periodizität von 41000 Jahren größer und kleiner, und zweitens wechselt die Jahreszeit, in der die Erde der Sonne am nächsten ist, mit einem Zyklus von 22000 Jahren allmählich von Sommer zu Winter und wieder zurück. Die vier Milankowitsch-Zyklen wirken auf komplizierte Weise zusammen, wobei sie signifikante Veränderungen des Weltklimas mit Perioden von einigen Zehn- bis Hunderttausenden von Jahren hervorrufen. Möglicherweise stellen diese Zyklen die Hauptantriebskraft für die Speziation auf der Erde dar.

Die Milankowitsch-Zyklen und eine mögliche Speziationspumpe

Generell akzeptieren Geologen heute, daß Milankowitsch-Zyklen für die zahlreichen Wechsel zu- und abnehmender Kontinentalvereisungen während des Pleistozän verantwortlich waren, jenem geologischen Zeitalter, das die letzten 1,5 Millionen Jahre herrschte. Während die Gletscher auf der Nordhalbkugel wuchsen und wieder schrumpften, änderte sich das Klima auf der gesamten Erde, auch im Tropengürtel.

Einer der ersten Biologen, der die Bedeutung solcher Veränderungen erkannte, war der britische Ornithologe R. E. Moreau. Er behauptete, daß sich der zentralafrikanische Wald während des Pleistozän ausdehnte und wieder abnahm. Für ihn stellte die reversible Zerteilung afrikanischer Wälder eben den Vikarianzmechanismus dar, der die Verbreitung endemischer (geographisch begrenzter) Arten in vielen heutzutage isolierten ostafrikanischen Wäldern erklären könnte. Moreau konnte seine Argumente jedoch nicht mit überzeugenden Beweisen aus Geologie und Meteorologie untermauern und wurde von der skeptischen wissenschaftlichen Öffentlichkeit weitgehend ignoriert.

Der nächste Vorschlag dieser Art war weit besser dokumentiert. Sein Autor ist Jürgen Haffer, ein weitgereister deutscher Erdölgeologe. Haffer ist ein bemerkenswerter Renaissancemensch, der sich in zwei Karrieren hervorgetan hat, in einer zum Geldverdienen und in einer als Liebhaberei. Während der sechziger Jahre arbeitete er mehrere Jahre lang mit einer Gruppe zur Erdölexploration in Nordkolumbien an der Untersuchung geologischer Strukturen. Dabei erwarb er sich fundierte Kenntnisse auf dem Gebiet der jüngeren Erdgeschichte des südamerikanischen Kontinents. Gleichzeitig war er Vogelliebhaber, der seine Freizeit dem Studium der unvergleichlich vielfältigen Vogelwelt Kolumbiens widmete. Im Jahre 1969 faßte er Beruf und Nebenbeschäftigung in einem richtungsweisenden Artikel zusammen, der in der angesehenen Zeitschrift *Science* erschien. Man muß fairerweise sagen, daß dieser Aufsatz unser Denken über die Speziation, insbesondere über die Rolle der Vikarianz revolutioniert hat.

Haffers These beginnt mit der Beobachtung, daß die heutige Verteilung der Niederschläge im tropischen Südamerika sowohl bewaldete wie auch unbewaldete Lebensräume entstehen ließ. Die Wälder liegen vorwiegend in Amazonien, während Grasland, Savanne und Baumsavanne die *Llanos* Kolumbiens und Venezuelas sowie den *Cerrado* und *Campo cerrado* Brasi-

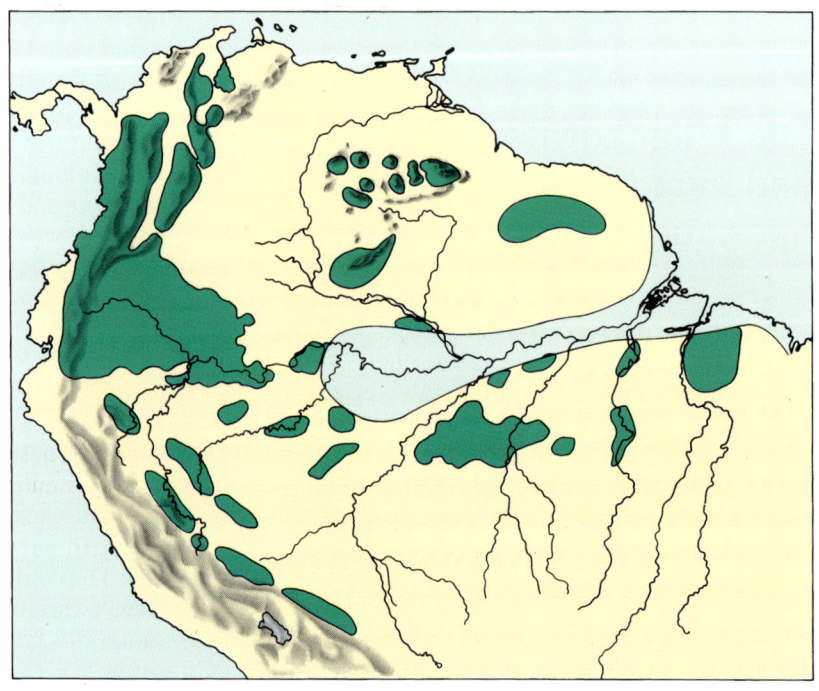

6.8 Die heutige Verteilung der Niederschläge in Südamerika. Gebiete mit mehr als 2 500 Millimeter Regen im Jahr sollen die Refugien des pleistozänen Waldes sein. Savannen und andere unbewaldete Vegetationstypen treten in Gebieten auf, die weniger als 1 500 Millimeter empfangen.

6.9 Die Gebiete, die Haffer als pleistozäne Refugien für waldlebende Pflanzen und Tiere Südamerikas vorschlug. Die über Zehntausende von Jahren isolierten Populationen in solchen Refugien entwickelten oft unterschiedliche Merkmale, wie die verschiedenen Schmetterlingsformen in Abbildung 6.11 belegen.

liens bilden. Haffer erkannte, daß die Grenzen der unbewaldeten Lebensräume eng mit der jährlichen Niederschlagsmenge von 1500 Millimetern zusammenfallen. Übersteigen die jährlichen Regenfälle diesen Grenzwert, besteht die Vegetation vorrangig aus Wald, liegen sie darunter, verwandeln Brände die Landschaft in der Trockenzeit zu Grasland oder Savanne.

Haffer vertrat nun die Meinung, daß während des Pleistozän, als die Vergletscherung sich auf den nördlichen Kontinenten ausdehnte, die Regenfälle in den tropischen Regionen abnahmen. Während der Eiszeiten sind in der Tat geringere Niederschläge zu erwarten, weil eine allgemeine Absenkung der globalen Durchschnittstemperatur die Verdunstung herabsetzt. Profile fossiler Pollen aus Seen in den Anden belegen, daß die Durchschnittstemperaturen in Südamerika zeitweise um vier bis sechs Grad Celsius fielen. Nehmen die Regenfälle in Südamerika um nur 20 bis 25 Prozent ab, so vergrößert sich die Fläche, die weniger als 1500 Millimeter Niederschlag erhält, erheblich. Auf einer hypothetischen Landkarte zeigte Haffer die Verteilung von bewaldeten und unbewaldeten Lebensräumen nach einer Verminderung der Niederschläge um 25 Prozent. Darauf war der Wald in mehrere, voneinander getrennte Fragmente oder „Refugien" zerteilt.

Das ist unser perfekter zyklischer Vikarianzmechanismus, den manche unter dem Begriff „Speziationspumpe" kennen. Während trockener Perioden wären waldlebende Arten auf weit verstreute Refugien beschränkt. Wird es wieder feuchter, breiteten sich die einzelnen Waldinseln aus und vereinigten sich schließlich zu dem ununterbrochenen Wald, der gegenwärtig den größten Teil des Amazonasbeckens bedeckt. Sofern die Trockenzeiten in etwa mit den Eiszeiten der Nordhalbkugel übereinstimmen, hätten sie 50 000 bis 100 000 Jahre, eventuell sogar länger gedauert, möglicherweise jedenfalls lange genug, um die Aufspaltung isolierter Tochterpopulationen zuzulassen.

Als Beweis dafür, daß tatsächlich eine solche Evolution stattgefunden hat, zeigte Haffer Karten mit den Verbreitungsgebieten nahe verwandter, aber getrennter Formen von Tukanen, Guans und anderen Vögeln. Die Verbreitung dieser Vögel deckte sich auffallend mit den Regionen der postulierten Refugien. Weiterhin suchte Haffer auch nach Hybridisierungszonen im Bereich zwischen den Refugien, wo sich unvollständig getrennte Abstammungslinien von Nachkommen mit dem vorrückenden Wald hätten ausbreiten müssen, als wieder feuchte Bedingungen herrschten. Er konnte das Vorkommen mehrerer Hybridisierungszonen an genau den vermuteten Stellen dokumentieren.

Die Veröffentlichung von Haffers Aufsatz entfesselte eine Flut von Forschungsaktivitäten. Es befaßten sich so viele Biologen mit der Untersuchung seiner Ideen, daß sich 1978 ein internationales Symposium mit der sogenannten „Refugium-Hypothese" befassen konnte. Dutzende von Aufsätzen in dem stattlichen Symposiumsband unterstützten enthusiastisch, wenn auch manchmal unkritisch, Haffers Hypothese. Für eine Organismengruppe nach der anderen wurden Verbreitungsmuster vorgelegt, welche die frühere Existenz von Waldrefugien widerspiegeln. Gegenstimmen gab es nur wenige; besonders nennenswert ist die von John Endler, der heute Professor für Biologie an der University of California in Santa Barbara ist.

Endler argumentierte, daß Haffers Hinweise auch anders erklärt werden könnten. Als Gegenargument erstellte er eine Analyse mutmaßlicher Refugien im tropischen Afrika und zeigte, daß sie sich mit Gebieten gleichförmiger Umweltbedingungen deckten. Nach Endler könnten neue Arten in großen, relativ homogenen Lebensräumen entstehen, in denen Populationen besondere Anpassungen an die Eigenschaften der lokalen Umwelt entwickeln. Wenn die als Refugien eingeschätzten Gebiete Südamerikas im allgemeinen ebenfalls relativ homogen in sich seien, sich aber voneinander un-

6.10 Die geographische Verbreitung dieser eng verwandten Tukane läßt vermuten, daß ihre Entwicklung in den pleistozänen Refugien begann, die in Abbildung 6.9 dargestellt sind. Obwohl benachbarte Arten häufig aneinandergrenzende Verbreitungsgebiete besitzen, sind Kreuzungen zwischen den Formen selten oder kommen gar nicht vor — ein Zeichen dafür, daß die Isolation hinsichtlich der Fortpflanzung vollständig ist. Bis jetzt überschneidet sich allerdings noch kein Lebensraum dieser Tukane.

terschieden, könnte Divergenz an Ort und Stelle auch ohne Zerteilung des Gebietes auftreten. Wenn dies zuträfe, entfielen die Bereiche von Vermischung oder Hybridisierung auf jene Regionen mit maximalem Austausch, die zwischen den einheitlichen Gebieten liegen. Da wir keine unwiderlegbaren Beweise für die frühere Existenz von Savannen in Gebieten haben, auf denen sich heute der Amazonasurwald befindet, ist es schwierig zu entscheiden, ob Haffer oder Endler Recht haben.

In allerjüngster Zeit haben sich neue Stimmen zum relativ schwachen Chor der Gegner gesellt. Eine gehört Paul Colinvaux von der Ohio State University. Colinvaux hat Pollenanalysen von Seesedimenten am Fuß der ekuadorianischen Anden durchgeführt. Pollenkörner geben Aufschluß über die Temperatur zur Zeit der Ablagerung, weil sie bis zur Gattung oder sogar bis zur Art bestimmt werden können. Beispielsweise fand Colinvaux Pollen von *Podocarpus*, einem Verwandten von Kiefern und Fichten, in den Seesedimenten am Fuße der Anden in einer Höhe von 1100 Metern. Heute kommt *Podocarpus* ausschließlich in Lagen von mindestens 1800 Metern vor, wo die mittlere Jahrestemperatur um 4,5 Grad Celsius niedriger ist als auf 1100 Meter Höhe. Wenn solch tiefe Temperaturen im gesamten Amazonasbecken geherrscht haben, muß der Druck auf die Vegetation beträchtlich gewesen sein. Bisher ist jedoch noch kein fossiler Pollen gefunden worden, der auf die Existenz von Savannen in heu-

6.11 Populationen des Schmetterlings *Helico-nius erato* findet man in geographisch getrenn-ten Gebieten, die auf die Lage der Refugien pleistozänen Waldes in Südamerika hinweisen. Obwohl manche Populationen sich äußerlich völlig unterscheiden, werden alle diese Formen zur selben Art gerechnet.

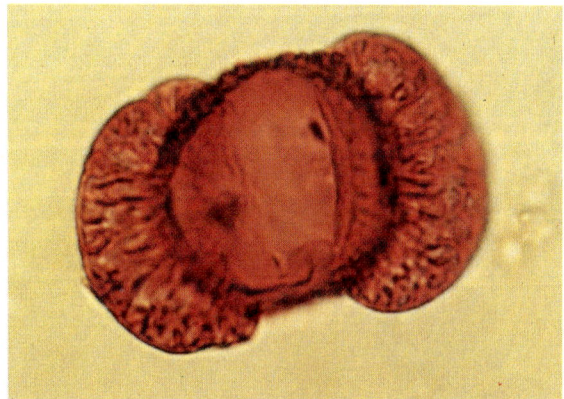

6.12 Ein fossiles Pollenkorn von *Podocarpus* — einem Verwandten der nördlichen Kiefern — aus den Hochlagen der Anden.

te bewaldeten Gebieten schließen lassen würde – allerdings vielleicht nur wegen der extremen Armut Amazoniens an Stellen mit langzeitigen Pollenprofilen. Diese zweite Herausforderung der Refugium-Hypothese muß ebenfalls als Unentschieden gewertet werden.

Dank immer raffinierterer Methoden zur Beurteilung genetischer Verwandschaft ist ein drittes Argument in den Vordergrund gerückt. Mit der Methode der sogenannten DNA-Hybridisierung können Molekularbiologen das Ausmaß genetischer Abweichung bestimmen, die in zwei beliebigen Abstammungslinien seit einem gemeinsamen Vorfahren aufgetreten ist. Allgemein haben Gene nahe verwandter Arten viel mehr DNA-Sequenzen gemein als Gene weniger nahe miteinander verwandter Formen. Vorausgesetzt, daß genetische Veränderungen mit konstanter Geschwindigkeit ablaufen, können Unterschiede in der DNA-Sequenz dazu verwendet werden, die Zeit abzuschätzen, die vergangen ist, seit sich ein bestimmter Organismus von verwandten Formen abtrennte. Damit dient die DNA als „molekulare Uhr".

Um etwas messen zu können, braucht man ein Eichmaß. Molekularbiologen haben die mole-

kulare Uhr kalibriert, indem sie das Ausmaß genetischer Abweichung bei Abstammungslinien miteinander verglichen, die zu gutdatierten Zeiten in der Vergangenheit – wie der Schließung des Isthmus von Panama – getrennt waren. Anhand solcher Vergleiche legen die Wissenschaftler eine Standardgeschwindigkeit für die genetische Veränderung fest, die sie dann auf die untersuchten Abstammungslinien anwenden. Ein potentieller Schwachpunkt dieses Verfahrens ist, daß die Geschwindigkeiten, mit der genetische Abweichungen entstehen, bei nicht miteinander verwandten Linien nicht gleich sein müssen; einige können sich schnell entwickeln, andere langsam. Wird die Uhr für eine Organismengruppe kalibriert, kann sie fehlerhafte Werte liefern, wenn die genetische Veränderung in einer anderen Abstammungslinie mit größerer oder geringerer Geschwindigkeit voranschreitet. Dennoch ist es prinzipiell möglich geworden, Haffers Hypothese zu prüfen, indem man die genetischen Abweichungen von Formen bestimmt, die sich vermutlich in pleistozänen Refugien entwickelten.

Die beiden Ornithologen Joel Craycraft und Richard Prum haben bei ihrer Arbeit über die entwicklungsgeschichtlichen Verwandtschaftsbeziehungen von Vögeln molekularbiologische Methoden angewandt. Seit kurzem befassen sie sich mit dieser schwierigen Frage. Als Modellorganismen dienten ihnen Tukane, eins von Haffers Hauptbeispielcn. Craycraft und Prum folgerten, daß die heute existierenden Arten in der Vergangenheit unter einer Vielzahl von Bedingungen zu verschiedenen Zeiten entstanden sind. Zum Beispiel scheinen verwandte Formen des heutigen Zentralamerikas und der Amazonasregion durch die Hebung der Anden getrennt worden zu sein, während ähnliche, in verschiedenen Teilen Amazoniens lebende Formen unter anderen Umständen entstanden sein müssen. Gegenwärtig ist die Genauigkeit der molekularen Uhr noch nicht hoch genug, um die Hypothese zu bestätigen oder zu verwerfen, daß die modernen Tukanarten während des

Pleistozän entstanden sind, wie Haffer behauptete. Wenn künftige Forschungen den Zeitpunkt der beginnenden Aufspaltung früher ansetzen, müßte die gesamte Vorstellung, daß pleistozäne Klimaschwankungen eine „Speziationspumpe" angetrieben hätten, fallengelassen werden. Gegenwärtig haben Haffers Ideen jedoch nichts von ihrem Glanz verloren.

Die Vorstellung einer Flut pleistozäner Artbildungen hat einen beträchtlichen Reiz, nicht nur, weil sie einen plausiblen Mechanismus für die zyklische Vikarianz liefert, sondern auch, weil sie zum Teil die tropische Artenvielfalt erklären kann. Die Karten Haffers oder eines seiner zahlreichen Anhänger zeigen im tropischen Südamerika zahlreiche in Frage kommende Refugien. Ein einziges Vikarianzereignis wie das Trocknerwerden des Kontinents könnte für die Isolation von bis zu einem Dutzend Tochterlinien gesorgt haben. Als nach mehreren Zehntausenden von Jahren wieder feuchtere Klimabedingungen einkehrten, hätten Scharen neuer Arten den Kontinent bereichert. Wiederholt man den Ablauf ein paarmal (es gab im Pleistozän mindestens vier größere Vereisungsperioden), ist es nicht mehr schwer, die 3000 Vogelarten zu erklären, die heute auf dem Kontinent leben.

Dieses Szenario kann einem besser dokumentierten gegenübergestellt werden, das sich gleichzeitig in Nordamerika entfaltete. Als die Gletscher nach Süden vordrangen und dabei fast die gesamte Landmasse bis nach New Jersey, Illinois und Kansas bedeckten, verschwanden die bekannten Lebensräume jenes Landes buchstäblich unter dem Eis. Boreale Nadelwälder dehnten sich in Virginia und Tennessee aus, und Pollenspuren dessen, was wir als östlichen Laubwald bezeichnen würden, findet man nur entlang der Golfküste. Unter diesen veränderten Bedingungen hatten die Pflanzen und Tiere, welche in den mittleren und südlichen Staaten lebten, nur zwei mögliche Zufluchtsorte: die Halbinsel Florida und Nordmexiko.

Es gibt nur spärliche Anzeichen dafür, daß während der Eiszeiten in Nordamerika neue Arten entstanden, und die Bildung neuer Formen wäre sicherlich hinter der im tropischen Südamerika zurückgeblieben. Hierin liegt der beinahe unwiderstehliche Reiz von Haffers These. Sie liefert einen plausiblen Mechanismus für die zyklische Vikarianz und bietet gleichzeitig eine Erklärung für die erhöhte Artenvielfalt tropischer Lebensräume. Doch selbst wenn die pleistozäne Refugien-Hypothese tatsächlich zweifelsfrei begründet werden kann, stellt sie in Bezug auf die tropische Vielfalt einen Sonderfall dar.

Tropische Vielfalt: Der Normalfall

Tropische Floren und Faunen sind schon immer vielfältiger gewesen als die gemäßigter Breiten. Deshalb darf sich eine allgemeine Theorie über die tropische Vielfalt nicht auf Zyklen von Gletschervorstößen und -rückzügen verlassen, denn diese traten während der Erdgeschichte nicht regelmäßig auf. Tatsächlich fand die letzte Eiszeit davor im Perm, vor etwa 300 Millionen Jahren, statt. In der übrigen Zeit war die Erde merklich wärmer als während der letzten zwei Millionen Jahre. Gibt es noch irgendetwas in den Tropen, das möglicherweise die Bildung von Arten begünstigt?

In der Tat gibt es so etwas. Die Tropen sind einfach größer, und auf großen Landmassen verbessern sich die Möglichkeiten zur Vikarianzisolation und zur erneuten Kontaktherstellung beträchtlich. Wir wissen dies aus Untersuchungen von Inselfaunen. Selbst relativ kleine Inseln beherbergen oft endemische Arten. Diese müssen jedoch nicht zwangsläufig innerhalb der Inselgrenzen entstanden sein. Wahrscheinlicher

161

stammt der Endemit statt dessen als Reliktart oder Chronospezies von einem mittlerweile ausgestorbenen Vorläufer auf dem Festland ab. Selbst wenn zwei Arten derselben Gattung auf einer Insel endemisch sind, ergaben genauere Untersuchungen meistens, daß die beiden enger mit anderen Arten auf nahegelegenen Inseln oder dem Festland verwandt sind als miteinander. Dies läßt den Schluß zu, daß die Gründerpopulationen unabhängig voneinander eintrafen. Nur wenn Inseln zwei oder mehr verwandte Arten aus endemischen Gattungen oder Familien beherbergen, kann man mit großer Wahrscheinlichkeit annehmen, daß die allopatrische Speziation innerhalb der Inselgrenzen stattfand.

6.13 Das nur auf Madagaskar vorkommende Fossa (*Cryptoprocta ferox*), verwandt mit Zibetkatzen und Mangusten, ist das größte räuberische Säugetier auf dieser Insel.

Fragt man nach der kleinsten Insel, von der es überzeugende Beweise für eine Artneubildung *in situ* gibt, werden wir feststellen, daß die Antwort stark von der fraglichen taxonomischen Gruppe abhängt. Für Gruppen mit relativ begrenzten Verbreitungsmöglichkeiten, wie Reptilien und Amphibien, sind offenbar Inseln von der Größe Jamaikas ausreichend. Gruppen mit mäßigen Fähigkeiten zur Ausbreitung, wie höhere Pflanzen oder kleine Säugetiere, brauchen mehr Platz, also Gebiete von etwa der Größe Neukaledoniens oder Kubas. Und für die sich rasch ausbreitenden Vögel, Fledermäuse und großen Säugetiere scheinen nur die größten Inseln der Erde, Madagaskar und Neuguinea, angemessen.

Diese Ergebnisse liefern indirekte, aber überzeugende Hinweise, die zwei Schlußfolgerungen erlauben: Erstens ist die Speziation bei diesen Gruppen meistens, wenn nicht sogar ausschließlich, allopatrisch, und zweitens kann der allopatrische Speziationsmechanismus nur in weiträumigen und geographisch komplexen Gebieten vollständig ablaufen. Das heißt, er erzeugt nur in solch großen Arealen erhöhte lokale Vielfalt. Wir können weiter folgern, daß mit zunehmender Größe des Gebiets auch die Artbildungsrate ansteigt.

Jede Tier- oder Pflanzenart lebt in einem festumrissenen Umfeld von Umweltbedingungen. Wir können dieses Umfeld für jeden einzelnen Fall durch abiotische oder biotische Parameter wie Temperatur, Höhenlage, Niederschlag, Bodentyp und Habitat beschreiben. Damit neue Arten entstehen, müssen zwei Stellen passenden Lebensraumes lange genug voneinander isoliert bleiben, bis sich die getrennten Abstammungslinien aufspalten. Die erforderliche Zeit wird in Zehn- oder Hunderttausenden, vielleicht sogar Millionen von Jahren gemessen. Das Auftreten der Milankowitsch-Zyklen läßt vermuten, daß sich die Klimabedingungen fortlaufend, wenn auch reversibel, ändern. In solch einer sich ständig wandelnden Welt dürfte wahr-

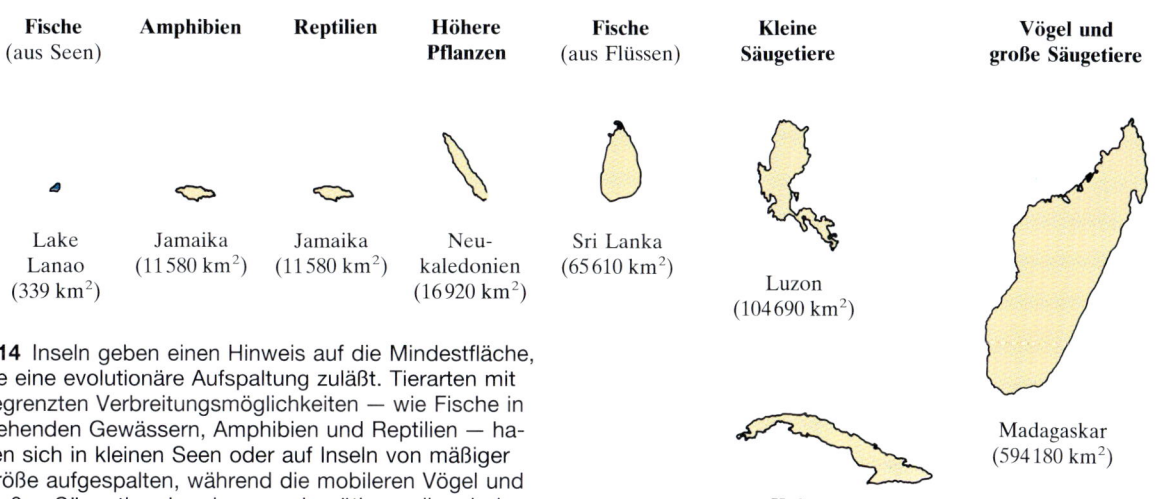

Fische (aus Seen)	Amphibien	Reptilien	Höhere Pflanzen	Fische (aus Flüssen)	Kleine Säugetiere	Vögel und große Säugetiere
Lake Lanao (339 km²)	Jamaika (11580 km²)	Jamaika (11580 km²)	Neu-kaledonien (16920 km²)	Sri Lanka (65610 km²)	Luzon (104690 km²) Kuba (114525 km²)	Madagaskar (594180 km²)

6.14 Inseln geben einen Hinweis auf die Mindestfläche, die eine evolutionäre Aufspaltung zuläßt. Tierarten mit begrenzten Verbreitungsmöglichkeiten — wie Fische in stehenden Gewässern, Amphibien und Reptilien — haben sich in kleinen Seen oder auf Inseln von mäßiger Größe aufgespalten, während die mobileren Vögel und großen Säugetiere Landmassen benötigen, die mindestens so groß wie Madagaskar sind.

scheinlich nur ein großes und topographisch abwechslungsreiches Gebiet einen bestimmten Habitattyp lange genug aufweisen, damit aus sich aufspaltenden, allopatrischen Populationen getrennte Arten entstehen können.

Gebiete von angemessener Größe, die langfristig unverändert bleiben, treten aus drei einander stützenden Gründen am ehesten in den Tropen auf. Zum ersten ist die Erde in etwa kugelförmig, daher ist die Fläche zwischen zwei Breitengraden am Äquator am größten. Zweitens sind die Klimazonen beidseitig des Äquators symmetrisch angeordnet, so daß die Tropen einen ununterbrochenen Gürtel bilden, wohingegen die einander entsprechenden Zonen gemäßigter Klimate auf der Nord- und der Südhemisphäre durch Tausende von Kilometern getrennt sind. Drittens schwankt die Jahresdurchschnittstemperatur nahe des Äquators nur wenig mit dem Breitengrad, so daß sich ein breiter Gürtel mit fast konstanten Temperaturbedingungen über 20 oder mehr Breitengrade erstreckt. Infolge dieser drei Faktoren bilden warme, feuchte, relativ wenig von Jahreszeiten geprägte Klimate einen in der Tat ununterbrochenen Gürtel von Zentralmexiko bis Bolivien,

der über 40 Breitengrade reicht. Vogel-, Säugetier- und Baumarten kommen scharenweise überall in diesem Bereich vor. Ein entsprechendes Gegenbeispiel in gemäßigten Breiten wäre eine Art, die überall von Südflorida bis zum Polarkreis verbreitet ist. Es gibt nur einige wenige Arten, für die das zutrifft, und meistens sind es Vögel, die dem arktischen Winter entfliehen, indem sie nach Süden ziehen.

Um eine grobe Vorstellung von der Größe eines bestimmten Lebensraumtyps zu erhalten, der Populationen an verschiedenen Breitengraden zur Verfügung steht, berechnet man einfach das Areal auf der Erdoberfläche zwischen den Ein-Grad-Isothermen (Linien um ein Grad Celsius abweichender Temperatur) der Jahresdurchschnittstemperatur. Die Fläche zwischen aufeinanderfolgenden Ein-Grad-Isothermen ist am Äquator etwa elfmal größer als bei 40 Grad, der Breite von Philadelphia oder Madrid. Dabei dürfte es keine Rolle spielen, daß die Landoberfläche in den mittleren Breiten der Nordhalbkugel heutzutage größer ist als am Äquator, denn die gegenwärtige Lage der Kontinente stellt nur eine Momentaufnahme innerhalb der Erdgeschichte dar. Wichtiger ist vielmehr, daß die größere Ausdehnung der tropischen Lebensräume in erster Linie von der klimatischen Symmetrie und der Abflachung des globalen Temperaturgradienten in Äquatornähe abhängt und erst in zweiter Linie auf die abnehmende Fläche zwischen aufeinanderfolgenden Breitengraden zurückzuführen ist.

6.15 Die Jahresdurchschnittstemperatur an tiefgelegenen Orten auf dem Festland bleibt vom Äquator bis ungefähr zum 25. Breitengrad etwa konstant. Bei höheren Breitengraden nimmt die mittlere Temperatur zu den Polen hin ständig ab (links). Die Erdoberfläche zwischen den Ein-Grad-Celsius-Isothermen der Jahresmitteltemperatur wird mit zunehmendem Breitengrad kleiner. Der verfügbare Lebensraum für den Speziationsprozeß ist am Äquator mehr als zehnmal so groß wie in mittleren Breiten (rechts).

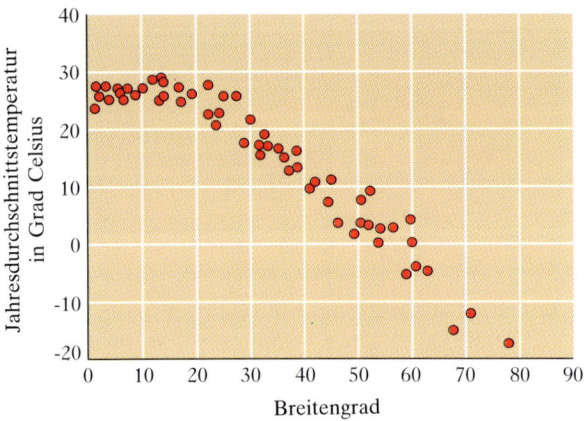

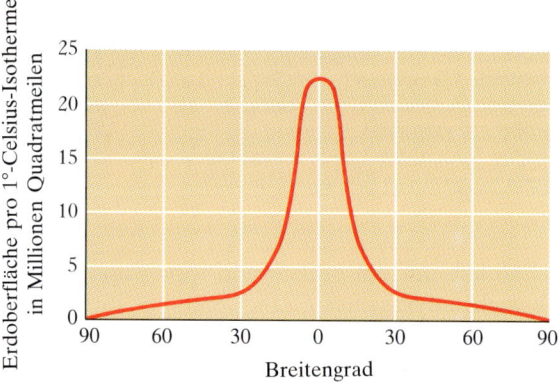

Damit haben wir eine zeitunabhängige geographische Eigenschaft der Erde, die rund um den Äquator bessere Möglichkeiten für allopatrische Speziation verheißt als in höheren Breiten. Zusätzlich dürfte die Extinktionsrate (Rate des Aussterbens von Arten) in den Tropen niedriger sein, weil große Gebiete in der Regel starke Populationen aufweisen, die weniger anfällig für das Aussterben sind als kleine. Die Auswirkungen der Geographie auf Speziation und Extinktion stellt Abbildung 6.16 dar.

Die Wahrscheinlichkeit des Aussterbens ändert sich vermutlich umgekehrt zur Populationsgröße. Auf kleine Gebiete beschränkte Arten sind gefährdet, weil die Größe ihrer Populationen proportional zur vorhandenen Fläche geeigneten Lebensraumes ist. Da viele Habitate in gemäßigten Breiten relativ kleinflächig sind, steigen die Extinktionsraten dort schneller an, als die Artenvielfalt zunimmt. In den Tropen er-

möglichen im Gegensatz dazu ausgedehnte Lebensräume wie der Amazonasregenwald hohe Speziationsraten. Die Extinktionsrate reagiert weniger empfindlich auf einen Anstieg der Artenvielfalt als in gemäßigten Breiten, weil jede Spezies ein größeres Gebiet besiedeln kann. In den Tropen ist die Vielfalt der Arten im Gleichgewichtszustand höher, dementsprechend auch deren Dichte.

Zusammenfassend stellen wir fest, daß sich die Hypothese der pleistozänen Refugien trotz ihrer enthusiastischen Akzeptanz bestenfalls als Spezialfall erweist, der nur auf die jüngste Phase der Erdgeschichte zutrifft. Grundlegende Eigenschaften des Klimas und der Geographie der Erde liefern eine allgemeinere Erklärung für die tropische Vielfalt. Allerdings läßt diese die Frage nach der Art der Vikarianzmechanismen, welche die Spezies hervorbringen, unbeantwortet. Wahrscheinlich sind sie zahlreich

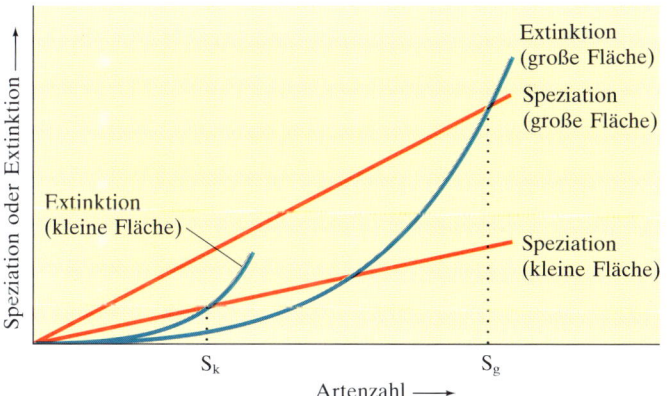

6.16 Änderung der Speziation und Extinktion mit der Artenzahl auf kleinen und großen Landmassen. Man nimmt an, daß die Speziation von der vorhandenen Artenzahl und von den Möglichkeiten für die geographische Isolation auf Landflächen verschiedener Größe abhängt. Erwartungsgemäß nimmt die Extinktion mit der Zahl vorhandener Arten zu — und zwar stärker in einem kleinen Gebiet. Die zu erwartende Artenzahl im Gleichgewichtszustand, S_k (kleine Fläche) und S_g (große Fläche), ist dort zu finden, wo Speziations- und Extinktionsrate einander ausgleichen.

und vielgestaltig und beinhalten Verbreitung über große Distanzen ebenso wie geologische Ereignisse, beispielsweise die Hebung der Anden.

Doch muß ein Vikarianzmechanismus wichtiger sein als alle anderen – ich favorisiere die Milankowitsch-Zyklen. So wie die kugelförmige Gestalt der Erde und die Symmetrie der Klimazonen beiderseits des Äquators wesentliche Merkmale unseres Planeten sind, so kennzeichnen Milankowitsch-Zyklen unseren Platz im Sonnensystem. Sie sorgen dafür, daß sich das Klima innerhalb von Zeiträumen reversibel ändert, die mit der Rate der aus Fossilien ersichtlichen Artneubildung übereinstimmen. Obwohl die Klimaschwankungen, die durch Milankowitsch-Zyklen hervorgerufen werden, nicht groß sind, bedarf es nur einer kleinen Änderung, um eine der vielen ökologischen Schwellen zu überschreiten, die einen Lebensraumtyp

in einen anderen verwandeln kann. Eine solche Schwelle ist Haffers Beispiel der Grenze zwischen Wald und Savanne, die durch Niederschläge von 1500 Millimetern gesetzt wird. Daraus kann man ersehen, daß relativ kleine Klimaänderungen einen starken Wandel bei der Verteilung von Lebensräumen verursachen können und die durch Milankowitsch-Zyklen hervorgerufenen Klimaschwankungen ausreichen können und werden, um als Vikarianzmechanismen zu fungieren.

Die größere Fläche tropischer Lebensräume gewährleistet zusammen mit der Klimasymmetrie beiderseits des Äquators, daß eine globale Klimaänderung in den Tropen mehr Habitatinseln für die Vikarianz erzeugt als in gemäßigten Breiten. Bis zu diesem Grad trifft Haffers Vorstellung zu, weil sie aber eher auf unmittelbaren als auf grundlegenden Ursachen basiert, beantwortet sie nur einen Teil der Frage.

7

Konvergenz oder Nichtkonvergenz?

7.1 Ein Roter Brüllaffe verzehrt frische, junge Blätter, als dieser laubabwerfende Wald in Venezuela gegen Ende einer langen Trockenzeit wieder ausschlägt.

Wenn wir in der alltäglichen Unterhaltung, den Nachrichten und selbst in der wissenschaftlichen Literatur den Ausdruck „tropischer Regenwald" verwenden, trägt dies den Stempel der Allgemeingültigkeit. Beim typischen Bewohner der gemäßigten Zone, der noch nie einen tropischen Wald gesehen hat, beschwört der Ausdruck das immer gleiche Bild von dichtem grünem Laub und bunten Vögeln herauf, egal, von welchem Teil der Welt gerade die Rede ist.

Gewappnet mit einem größeren Vorrat an Fachwissen, haben Wissenschaftler gern genauer hingesehen. Hier kann man eine bestimmte Art antreffen, dort eine andere. Dennoch sieht von der Gestalt her gewöhnlich ein Wald wie der andere aus. Wohin man auch geht, gibt es dieselben, typisch tropischen Pflanzenformen – Epiphyten, Palmen, schwere Lianen, Stelzwurzeln, auffällige Brettwurzeln und Scharen von Pflanzenarten mit nicht zu unterscheidenden, gleichartigen elliptischen Blättern. Es überrascht daher nicht, daß die hervorstechenden Eigenschaften dieser Pflanzenanpassungen in Tropenwäldern auf der ganzen Welt stark zu der Vorstellung von der evolutionären Konvergenz beigetragen haben – der Theorie, daß Lebensformen in gleichartiger Umgebung unabhängig voneinander ähnliche Anpassungen entwickeln.

Konvergenz ist das Paradebeispiel für einen Evolutionsprozeß. Die natürliche Auslese sortiert zufällig auftretende Mutationen (Veränderungen im Erbgut) und erzeugt damit Anpassungen, die entsprechend einem bestimmten Satz von Belastungen und Möglichkeiten eine höhere Leistungsfähigkeit verleihen. Die warmen, feuchten, nicht von Jahreszeiten geprägten Klimate der feuchten Tropen erschienen als ideales Testgelände für das Paradigma der Konvergenz. Das Klima in Manila unterscheidet sich nicht von dem in Colombo oder Be-

lem. Morphologische und physiologische Merkmale, die sich in einem Teil der Tropen als erfolgreich erwiesen haben, müßten sich demnach auch in anderen bewähren. Wenn genügend Zeit zur Verfügung steht, sollte die Evolution unter identischen Bedingungen überall übereinstimmende Ergebnisse erzielen. Die Prüfung dieser Behauptung verwandelt die ganze Welt in ein Evolutionslabor.

Richards Vorstellungen über die Schichtung tropischer Wälder erwuchsen aus dem Vergleich von Standorten in der Neuen Welt, Afrika und Asien. Er fand Belege dafür, daß die Wälder dieser Regionen eine ähnliche vertikale Gliederung aufweisen, und diese Übereinstimmungen unterstützten den Konvergenzgedanken. Die optisch ansprechenden Profildiagramme, die Richards und andere Botaniker zur Beschreibung tropischer Wälder verwendeten, zeigen jedoch deutlich deren Unterschiede. Sie hinterlassen aber den Eindruck, daß die Abweichungen auf lokale Einflüsse von Boden, Topographie und Bodendurchlässigkeit zurückzuführen sind. Durch die Literatur zieht sich die stillschweigende Annahme, daß einander genau entsprechende Standorte dieselben Strukturen aufweisen müßten, unabhängig davon, ob sie nun zufällig auf demselben Kontinent liegen.

Konvergenz im botanischen Bereich

Botaniker sind besonders empfänglich für die Vorstellung von Konvergenz im Regenwald gewesen, zum Teil, weil das hohe Alter der tropischen Wälder den Pflanzen „genug Zeit" zur Ausbildung entsprechender Adaptationen gelassen haben dürfte. Fossile Blütenpflanzen (Angiospermen) tauchten erstmals vor etwa

150 Millionen Jahren im Zeitalter der Dinosaurier auf. Angiospermen umfassen eine große Zahl von Pflanzenfamilien – Kiefern und andere Nadelbäume sowie Farne gehören jedoch nicht dazu. Die evolutionären Neuerungen, durch die sich die Angiospermen von den Gymnospermen (Nadelbäumen), Palmfarnen (Cycadeen) und mehreren bereits ausgestorbenen Gruppen unterschieden haben, müssen einen entscheidenden Wettbewerbsvorteil dargestellt haben, denn die frühesten Angiospermen legten die Grundlage zu einer explosionsartigen Artenneubildung, welche die Mehrheit der heutigen tropischen Pflanzenfamilien schuf. Als die Dinosaurier gegen Ende der Kreidezeit vor 65 Millionen Jahren verschwanden, waren tropische Wälder, die sich nicht allzu sehr von den heutigen unterscheiden, auf der ganzen Welt verbreitet.

Gleichzeitig mit der Ausbreitung (Radiation) der Angiospermen brach die Welt buchstäblich auseinander. Etwa 100 Millionen Jahre vor der Kreidezeit war fast die gesamte Erdoberfläche zu einem einzigen, zusammenhängenden Riesenkontinent vereinigt, den die Geologen Pangäa nennen. Es gab weder für Pflanzen noch für Tiere größere Verbreitungsbarrieren, und viele Arten erfreuten sich in der Tat weltweiter Verbreitung. Das Fehlen geographischer Barrieren erlaubte es den frühen Angiospermen, sich in Teilen Pangäas auszubreiten, die später zu den heute existierenden, getrennten Kontinenten wurden.

Diese frühe Vermischungsperiode hat die Tropenwälder der Welt nachdrücklich geprägt, denn die Evolution der Pflanzen auf Familienebene hat während der folgenden 80 Millionen Jahre alles andere als stillgestanden. Hinweise auf die Pangäa-Herkunft tropischer Wälder finden sich in den ähnlichen Listen der Pflanzenfamilien aus den Wäldern Borneos, Afrikas oder Südamerikas. Alwyn Gentry hat gezeigt, daß ein und dasselbe halbe Dutzend Pflanzenfamilien die Baumflora der Tropenwälder auf

der ganzen Welt dominiert. Außerhalb Südostasiens, wo die Familie der Dipterocarpaceen vorherrscht, nehmen die Leguminosen (Familie der Hülsenfrüchtler) bezogen auf die Artenzahlen, die einer einzigen Familie angehören, die Spitzenstellung ein.

Die Pflanzenfamilien behielten ihre relative Rangordnung 80 Millionen Jahre lang in den Wäldern (heutzutage) so weit voneinander entfernter Gebiete wie Neuguinea, Madagaskar und Südamerika außergewöhnlich konstant bei. Dieser Grad an Beständigkeit kann nur mit einer bis jetzt unbekannten, aber hochgradig deterministischen Regel der Ressourcenteilung erklärt werden. Der Grundsatz der Ungleichgewichtshypothese – über Erfolg oder Mißerfolg im Lauf der Zeit entscheiden ausschließlich zufällige, demographische Parameter – ist offenkundig nicht mit der ähnlichen Zusammensetzung von Wäldern auf entgegengesetzten Seiten des Erdballes vereinbar.

Das konservative Vorkommen von Familien in tropischen Wäldern wird zum Beispiel durch die übereinstimmenden Unterschiede zwischen tropischem Berg- und Tiefland bekräftigt. Neben anderen ist die Familie der Lorbeergewächse (Lauraceae) in mittleren Höhenlagen am häufigsten vertreten. Daher ähnelt die Familienzusammensetzung einer Baumparzelle in 1500 Meter Höhe auf Madagaskar weit mehr einer Parzelle der gleichen Höhenstufe in den Anden als einem Tieflandwald auf derselben Insel. Heidegewächse (Ericaceae) und Korbblütler (Compositae) tauchen auf tropischen Bergen in noch größerer Höhe in der ganzen Welt häufig auf, fehlen aber in der Tieflandflora fast völlig. Darüber hinaus gibt es sichere Hinweise, daß ungeachtet des Kontinents bestimmte Familien auf ärmeren Böden stärker vertreten sind, während andere auf fruchtbaren Böden größere Bedeutung haben. Daß sich solche weltweiten Parallelen seit Millionen von Jahren erhalten haben, ist zumindest ungewöhnlich.

7.2 Die Gebirge Asiens und Neuguineas beheimaten sehr viele *Rhododendron*-Arten, Vertreter der Familie der Heidekrautgewächse. Diese hier, *Rhododendron fallacinum,* schmückt die Hänge des Mount Kinabalu (Borneo) in Lagen über 1 800 Metern.

Allein die Tatsache, daß geographisch weit voneinander entfernte Wälder einander in bestimmten Merkmalen ähneln können, ist als solche noch kein Beweis für Konvergenz, denn Ähnlichkeiten können durch parallele Abstammung von gemeinsamen Vorfahren entstehen. Daß viele Pflanzenfamilien in den Tropenwäldern auf der ganzen Welt vorkommen, erklärt sich am ehesten aus der gemeinsamen Abstammung von Urahnen, die Pangäa noch vor ihrem Auseinanderbrechen besiedelten. Andererseits sind die Ähnlichkeiten in der Familienzusammensetzung, die Gentry dokumentierte, so bemerkenswert wie rätselhaft. Man kann sich nur schwer vorstellen, wie solche Übereinstimmungen ohne die Wirkung einer mächtigen, treibenden Kraft 100 Millionen Jahre lang Bestand

haben konnten. Ähnliche Kräfte, die in weit auseinanderliegenden Gebieten wirken, würden eine Form von Konvergenz hervorbringen.

Während die Ursprünge der Pflanzenfamilien wohl in die Zeit von Pangäa zurückreichen, entstanden die heutigen Arten erst vor relativ kurzer Zeit. Hunderte von Baumarten überall in den Tropen weisen besondere Anpassungen wie Brett- und Stelzwurzeln auf. Diese Strukturen erhöhen die Stabilität auf flachgründigen oder wassergesättigten Böden und sind besonders häufig bei großen Bäumen oder solchen mit ausladenden Kronen. Brett- und Stelzwurzeln haben sich mehrfach in zahlreichen entwicklungsgeschichtlich unabhängigen Abstammungslinien entwickelt, um das Risiko des Umstürzens zu verringern. Deshalb sind diese Anpassungen im allgemeinen Beispiele für Konvergenz. Dies gilt auch für die umfassenden

7.3 Bäume mit Stelzwurzeln wie diese Palme *Iriartea deltoidea* aus Peru sind in den meisten Wäldern der feuchten Tropen weltweit ein vertrauter Anblick.

Übereinstimmungen bei der vertikalen Gliederung der Tropenwälder, weil die individuellen Merkmale der beteiligten Arten lange nach dem Auseinanderdriften der Kontinente entstanden. In diesem Fall wird evolutionäre Konvergenz durch den in Kapitel 5 beschriebenen Mechanismus gewährleistet.

Konvergenz im zoologischen Bereich

Zoologen waren weniger an der Prüfung des Konvergenzparadigmas interessiert; vielleicht, weil ein paar frühe Versuche, die These durch verführerische, anekdotenhafte Bilder zu vermitteln, rüde als Wunschdenken zurückgewiesen worden waren. Angeblich fehlten statistisch gültige Beweise. Nachfolgende Forscher mußten daher zunächst die Mühe auf sich nehmen, statistisch korrekte Methoden zum Faunenvergleich zu entwerfen. Doch dies war die kleinste Hürde auf dem Weg zur Erforschung tierischer Konvergenz.

Grundlegender war die Frage, was man eigentlich messen sollte, denn es war völlig offen, welche tierischen Eigenschaften auf Konvergenz hindeuten könnten. Bei Tieren ist es schwer, Beispiele für eine direkte, selektive Wirkung des tropischen Lebensraumes zu finden, die so klar und eindeutig sind wie Brett- und Stelzwurzeln der Pflanzen. Tiere sind nicht so eng an die abiotische Umwelt gebunden wie Pflanzen, weil sie physiologischen Streß häufig durch geeignete Handlungen vermeiden können. Beispielsweise können sie ihre Körpertemperatur beeinflussen, indem sie in der Sonne liegen beziehungsweise Schatten oder die kühle, konstante Umgebung eines Baues aufsuchen. Ihre größere Flexibilität läßt vermuten, daß neben oder statt den abiotischen Umwelt-

bedingungen andere Faktoren einen Selektionsdruck auf Größe, Form und äußere Erscheinung von Tieren ausüben. Da nicht offensichtlich war, welche anderen Faktoren eine Rolle spielen könnten, schien das Problem den meisten Zoologen unzugänglich und damit uninteressant zu sein.

Darüber hinaus hatten Zoologen bis vor kurzem nicht den Vorteil standardisierter Probeentnahmetechniken, analog zu den Baumparzellen der Botaniker, um ihre Arbeit statistisch zu untermauern. Selbst heute sind quantitative Daten über die Struktur tropischer Tiergemeinschaften – seien es Wirbeltiere oder Wirbellose – noch extrem selten. Für viele Gebiete der Tropen existieren nur Artenlisten als Produkte von Expeditionen, die unternommen wurden, um die Museen der Welt zu füllen.

Angesichts der getrennt verlaufenen Entwicklungsgeschichte der Kontinente wäre es naiv, beispielsweise zu erwarten, daß jede Vogel- oder Affenart eines afrikanischen Waldes ein bekanntes Gegenstück in Südamerika oder Asien hat. Schließlich besteht die Konvergenz im botanischen Bereich auf Familienebene, nicht auf der von Arten. Doch selbst Konvergenz auf Familienebene wäre bei den meisten Tiergruppen unmöglich, weil sich die Tiere weitaus rascher entwickelt haben als die Pflanzen. Während die Mehrzahl der tropischen Pflanzenfamilien in der Kreidezeit (vor 130 bis 65 Millionen Jahren) entstand, gibt es die meisten Vogel- und Säugetierfamilien noch nicht einmal halb so lang. Daher haben die tropischen Kontinente trotz der auffallenden Ähnlichkeit ihrer Flora relativ wenige Wirbeltierfamilien gemein. Interkontinentale Vergleiche müssen deshalb von der Taxonomie unabhängig sein; statt dessen können sie auf funktionellen Gruppen wie den Gilden basieren.

Ein weiteres statistisches Problem, das die Konvergenzforschung behindert, ist das Fehlen von Bezugswerten. Man sucht nach Ähnlichkeiten,

171

aber wie ähnlich ist ähnlich? Es wäre erstaunlich, wenn die Vogelgesellschaften zweier tropischer Wälder einander nicht mehr glichen als beispielsweise die Vogelgesellschaften eines tropischen Waldes und eines solchen in gemäßigten Breiten. Es gibt keinen anderen Bezugsrahmen, der als Standard dienen könnte. Tatsächlich stellt das Fehlen von Bezugsgrößen das Problem auf den Kopf. Weil Zoologen nicht, entsprechend einer vorher aufgestellten Theorie, nach der Ähnlichkeit zweier Gesellschaften oder Faunen fragen können, sind sie statt dessen gezwungen, sich auf Unterschiede zu konzentrieren. Statt mit Konvergenz beschäftigen sich die Zoologen aufgrund dieses Mangels eher mit Nichtkonvergenz.

Einer der ersten Versuche, statistische Methoden auf interkontinentale Konvergenz anzuwenden, geht auf die beiden Ornithologen James Karr und Frances James zurück. Sie untersuchten Waldvogelgesellschaften in Panama, Liberia und Illinois, wobei letztere als ad hoc-Kontrolle diente. Meßwerte von Museumsexemplaren lieferten morphologische Standardmerkmale wie Schnabelmaße, Flügel- und Lauflänge. Unter Verwendung dieser Messungen und mit Hilfe multivarianter statistischer Verfahren ordneten sie die Arten in einen zweidimensionalen „Morphenraum" ein. Das hochgradig abstrakte Verfahren ergibt für jede Art ein Koordinatenpaar, das auf Kombinationen morphologischer Merkmale beruht. Werden die Koordinaten als Punkte in eine zweidimensionale Darstellung eingetragen, liegen Arten mit ähnlicher Morphologie eng zusammen, während die Punkte für einander unähnliche Arten breit streuen.

◄ **7.4** Verblüffende morphologische Ähnlichkeiten lassen evolutionäre Konvergenz bei diesen Säugetieren aus den Regenwäldern Afrikas (links) und Amerikas (rechts) vermuten. Die Paare lauten von oben nach unten: Zwergflußpferd und Capybara (Wasserschwein); Afrikanisches Hirschferkel und Paka; Kleinstböckchen und Aguti; Gelbrückenducker und Großmazama; Riesenschuppentier und Riesengürteltier.

Solche graphischen Darstellungen lieferten befriedigende Gruppierungen von Arten mit ähnlichen ökologischen Rollen – neuweltliche und altweltliche Fliegenschnäpper zum Beispiel – und eine klare Trennung von Arten mit unterschiedlichen ökologischen Rollen, selbst wenn die Spezies Mitglieder derselben Familie waren, wie bei fruchtfressenden und insektivoren Nashornvögeln.

Im Verteilungsmuster der Arten im Morphenraum waren sich die beiden tropischen Gemeinschaften untereinander eindeutig ähnlicher als der Artengesellschaft von Illinois. Die tropischen Wälder enthielten beispielsweise weit mehr bodenlebende Vögel. Mit ihren relativ kurzen Flügeln und langen Beinen lagen sie in den graphischen Darstellungen dicht beisammen.

Obwohl viele solcher Übereinstimmungen gefunden wurden, gab es ein paar auffällige Unterschiede. Dafür lieferten die Kolibris das beste Beispiel. Sie sind winzige Vögel mit außerordentlich kurzen Läufen (Beinen) und langen Schnäbeln. In der liberianischen Artengemeinschaft hatten die Kolibris keine morphologischen Gegenstücke, obwohl ökologische Pendants in Form der nektarfressenden, aber nicht schwirrenden Nektarvögel unbestreitbar existieren. Der Vergleich führte daher zu gemischten Ergebnissen. Einerseits gab es zwischen den beiden tropischen Vogelgemeinschaften deutliche Ähnlichkeiten im morphologischen Bau ihrer Mitglieder, andererseits auch unerklärliche Unterschiede. Reicht dieser Konvergenzgrad aus, um der evolutionären Erwartung zu entsprechen? Wer kann das sagen?

Ein anderer Versuch zur Lösung dieser Frage stammt von David Pearson, damals an der Pennsylvania State University. Möglicherweise, so dachte er, prägt sich eine konvergente Entwicklung nicht besonders stark in der Morphologie aus. Wie wir oben gesehen haben, unterliegen die Körpermerkmale von Tieren nicht

Säugetierfamilien

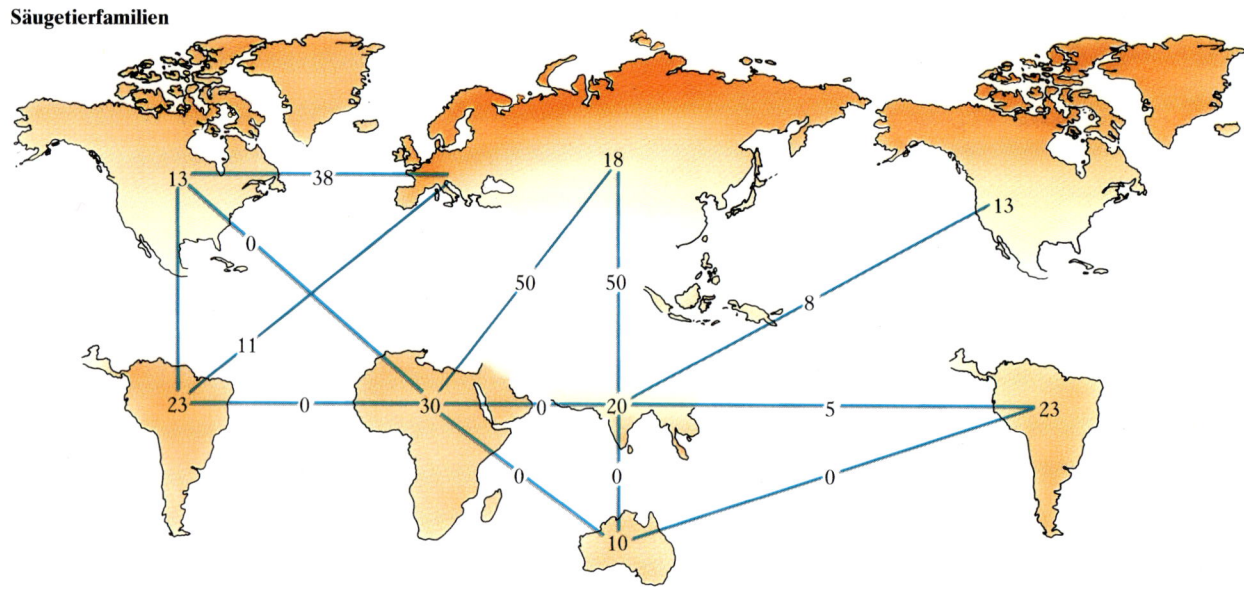

Blütenpflanzenfamilien

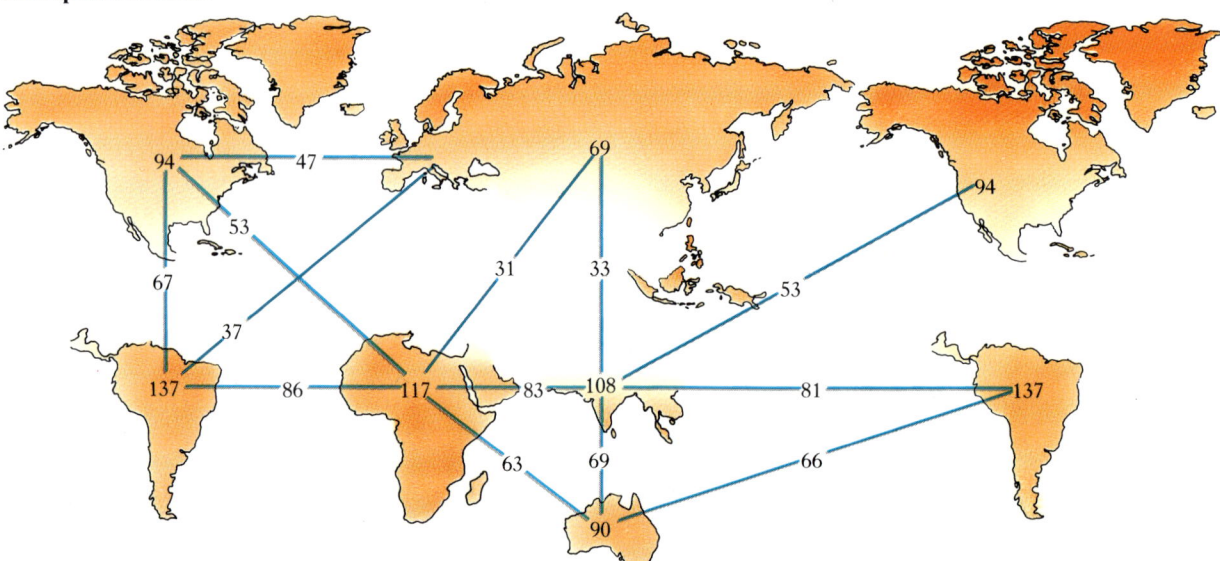

7.5 Die tropischen Regionen haben nur wenige Säugetierfamilien, aber viele Pflanzenfamilien gemeinsam. Die Zahlen in jeder Region zeigen die Anzahl der dort vorkommenden Familien; die Werte in Verbindungslinien zwischen den Regionen, geben den Prozentsatz der Ähnlichkeit zwischen den beiden Großlebensräumen an. „Wandernde" Säugetierfamilien und kosmopolitische Pflanzenfamilien sind nicht berücksichtigt.

denselben Zwängen wie die von Pflanzen, weil Tiere ihre Lebensbedingungen willkürlich durch Wahl geeigneter Mikrolebensräume regulieren können. Historische Ereignisse werden die Gruppe von Familien und Gattungen bestimmen, die ursprünglich in einer bestimmten Region vorhanden ist. Die Vielfalt morphologischer Formen, die während der darauffolgenden Evolution auftreten können, wird möglicherweise durch die genetischen und morphologischen Merkmale jener Stammformen begrenzt. Das Verhalten, schloß Pearson, könnte flexibler als die Morphologie sein und eher auf die unmittelbaren Umstände ansprechen.

Möglichst direkt die Funktionen zu untersuchen, die eine Tiergruppe im Ökosystem übernimmt, könnte sich daher als günstiger erweisen. Die funktionelle Rolle von Tieren wird am besten durch ihr Freßverhalten repräsentiert – Verhalten ist die Schnittstelle zwischen Tieren und ihrem Lebensraum. Weil Tiere bestimmte Substrate wie Rinde oder Blätter fressen oder darauf nach Nahrung suchen, ist das Freßverhalten direkter von der Struktur des Lebensraumes abhängig als die Morphologie einer Art. Wenn die Regenwälder auf der ganzen Welt strukturell konvergent sind, müßten die Verhaltensweisen der Tiere, sich Nahrung zu beschaffen, die physikalischen Übereinstimmungen des Lebensraumes widerspiegeln.

Diese Annahme ist vernünftig, denn das Verhalten einer Art kann viel opportunistischer sein als ihre Morphologie. Beispielsweise sind alle Vögel mit solch unähnlicher Gestalt wie Kolibris, Ziegenmelker, Spechte und Fliegenschnäpper in der Lage, Insekten im Flug zu erbeuten, wenn auch nicht alle gleich gut. Aus dem gleichen Grund kann eine einzige Art, wie der in Nordamerika häufige Goldgelbe Waldsänger (*Dendroica aestiva*), auf dem Boden hüpfen und dort Beute ablesen, Insekten von Zweigen und Laub absammeln, vor Zweigspitzen schweben, um Beeren zu pflücken, oder vorbeifliegende Insekten von Baumwipfeln aus

7.6 Ein Laucharassari (*Aulacorhynchus prasinus*) verzehrt in einem Nebelwald Costa Ricas Früchte eines *Sapium*-Baumes (*Euphorbiaceae*). Wie viele andere von Vögeln verbreiteten Früchte öffnen sich *Sapium*-Früchte bei der Reife. Damit enthüllen sie leuchtendrote Arilli (Samenmäntel), welche die Samen umgeben. Das auffällige Signal lockt vorbeiziehende Vögel von weither an (oben). Nashornvögel, die größeren altweltlichen Gegenstücke zu den Tukanen und Arassaris, ernähren sich von Früchten in den Wäldern Afrikas, Asiens und ostwärts bis Neuguinea und den Salomoninseln. Dieser Rhinozerosvogel (*Buceros rhinoceros*) aus Malaysia (unten) wiegt viermal so viel wie der größte Tukan.

175

erjagen. Mit anderen Worten, Arten mit sehr unterschiedlicher Morphologie können zeitweilig dieselben Funktionen im Lebensraum übernehmen, während eine einzige Art mit festgelegter Morphologie viele Funktionen ausüben kann. Diese Flexibilität und Unabhängigkeit von der Morphologie ist es, die das Verhalten zu einem vielversprechenderen Konvergenzmedium macht.

Pearson brachte zwei Jahre mit der Beobachtung von Vögeln in tropischen Wäldern von Ekuador, Peru, Bolivien, Borneo, Neuguinea und Gabun zu. Seine Ergebnisse liefern die bisher besten Belege für Konvergenz auf zoologischem Gebiet. Pearson erfaßte die Zahl der Vögel, die pro Stunde eine von neun Techniken zum Nahrungserwerb anwandten. Obwohl sich die Vogelgemeinschaften der sechs Wälder in Artenreichtum und Gildentyp unterschieden, zeigte ihr Repertoire an Techniken, Nahrung zu suchen, auffällige Übereinstimmungen. Als Pearson diese neun Techniken nach abnehmender Häufigkeit ordnete, stimmten die in den sechs Wäldern herrschenden Rangordnungen in hohem Maße überein. Da jegliche Standardisierung der Daten fehlt, ist es bemerkenswert, wieviele Zahlen in jeder Kategorie sich nur um einen Faktor von maximal zwei unterscheiden. Selbst ohne unabhängige Bezugsgröße oder mutmaßliche Erwartung ist die Übereinstimmung bei den Rangfolgen ein überzeugender Beweis für Konvergenz. Die Konvergenz bei den Techniken zum Nahrungserwerb spiegelt allerdings die strukturellen Ähnlichkeiten eines Lebensraumes über die Standorte hinweg wider. Sie unterscheidet sich von der botanischen Konvergenz durch ihre indirekte Beziehung zu den abiotischen Umweltbedingungen.

Nichtkonvergenz bei Primatengesellschaften: Lehren aus den Ausnahmen ziehen

Für die kleine Gruppe von Biologen, die sich für das Konvergenzparadigma interessieren, war Pearsons Ergebnis erfreulich, es war eine vernehmliche Bestätigung der Lehre Darwins. Es wurde jedoch nicht als Durchbruch angesehen, weil es einfach die Erwartung bestätigte. Seine Bedeutung bestand in der Demonstration, daß Verhalten ein stärkeres Maß an Konvergenz aufweist als Morphologie.

Pearsons Entschluß, für seine Untersuchungen Vögeln auszuwählen, war richtig, denn Vögel unterscheiden sich hochgradig in dem, was sie tun. Im breiten Spektrum aller Tiere sind Vögel jedoch nur eine kleinere, fast bedeutungslose Komponente der Konsumentengesellschaft unter den Wirbeltieren. In dem einzigen Wald, für den solche Daten vorliegen, beträgt die Gesamtbiomasse der Vögel etwa zehn Prozent von jener der Wirbeltiere. Säugetiere sind genauso vielfältig wie Vögel: Ihre Größe reicht von der Spitzmaus bis zum Elefanten, und sie nutzen nahezu jede mögliche Nahrungsquelle. Als herausragendste Wirbeltiergruppe im Tropenwald müßten die Säugetiere eigentlich hervorragende Testobjekte für Konvergenzuntersuchungen an Tiergesellschaften darstellen.

Bewohner der gemäßigten Breiten sind nicht an den Anblick vieler Säugetiere gewöhnt, wenn sie sich zu einer Wochenendwanderung in die Wälder aufmachen. Vielleicht ein paar Eichhörnchen, im richtigen Gelände in Amerika ein oder zwei Backenhörnchen, und mit Glück vielleicht ein Reh. Im allgemeinen hat man den Eindruck, daß Säugetiere selten sind, und im Vergleich zu den meisten tropischen Wäldern stimmt das auch. Wer das Glück hat, einen Tag lang einen Tropenwald zu durchstreifen, der nicht bis zur Erschöpfung bejagt wurde, wird einen völlig anderen Eindruck gewinnen. Zwei- oder dreimal pro Stunde wird der Wanderer auf Primatengruppen stoßen, mit Sicherheit auch auf Hörnchen in verschiedenen Farben und Größen. Huftiere – Hirsche, Schweine, Antilopen und ihre Verwandten – sind scheu und schwierig zu beobachten, hinterlassen aber markante Zeichen. Neben diesen auffälligsten Bewohnern gibt es viele weitere: Faultiere, Kleine Nasenbären und Agutis in den Tropen der Neuen Welt, Stachelschweine, Schuppentiere und Mungos in Afrika; Binturongs, Große Haarigel und Malaienbären in Asien. Auf Madagaskar als Insel fehlt ein vollständiger Bestand an Säugetieren, aber tagsüber kann man Schweine und Nagetiere sehen und nachts verschiedene mungoartige Raubtiere.

Primaten stellen in vielen Tropenwäldern die einzige wichtige Säugetiergruppe dar. Ihre Biomasse insgesamt ist größer als die anderer Gruppen wie Nager oder Huftiere. Ihre Nahrungsgewohnheiten sind höchst unterschiedlich.

Am häufigsten fressen sie Früchte, Laub oder beides, aber eine Reihe von Arten ist spezialisierter und ernährt sich von solchen Dingen wie Samen, Bambus, Baumgummi, Nektar oder kleinen Beutetieren. Als Primärkonsumenten (die von Pflanzenteilen leben) sind Primaten enger an Pflanzen gebunden als Vögel, die meist insektivor und damit Sekundärkonsumenten sind – ein ökologischer Schritt weiter weg von den Pflanzen.

Es ist dermaßen schwierig, Säugetiere im Regenwald zu beobachten, daß über die meisten nur wenig bekannt ist. Primaten stellen die Ausnahme dar. Weil viele von ihnen groß und tagaktiv sind und in auffälligen Gruppen leben, sind sie selbst in dichtem Laub und hohen Bäumen relativ leicht zu entdecken. Noch wichtiger ist, daß Primaten intelligente, aufmerksame

Kreaturen sind, welche die Absichten einer Person auf dem Boden einschätzen können. Bejagte Tiere werden extrem scheu. Sie flüchten und verstecken sich beim ersten Anzeichen eines sich nähernden Menschen. Wenn sie aber nicht gejagt werden und Gelegenheit haben, die Menschen bei ihren täglichen Aktivitäten zu beobachten, ohne daß sie sich bedroht fühlen, werden sie „vertraut". Sind Primaten einmal an Menschen gewöhnt, lassen sie Beobachter nahe genug herankommen, damit diese Einzelheiten ihres Verhaltens registrieren können.

Primaten sind die Leidenschaft der Primatologen, einer merkwürdigen Sorte von Wissenschaftlern, die halb Biologen und halb Anthropologen sind. Weil sie im anthropologischen Fachbereich angesiedelt sind, gibt es viel mehr Primatologen als Spezialisten für jede andere Säugetiergruppe – trotz der Tatsache, daß es viel mehr Fledermaus-, Nager- oder Huftierarten gibt. Das Konkurrenzgerangel unter den Primatologen nach „eigenen" Arten hat sie in die entlegensten Winkel der Tropen geführt, und es ist hauptsächlich ihren Bemühungen zu verdanken, daß dieses Kapitel geschrieben werden kann.

Es gibt vier Primaten-Hauptgruppen, von denen jede die Nische des baumbewohnenden Konsumenten in einem anderen Teil der Welt besetzt hat. Eine befindet sich in den Tropen der Neuen Welt mit Zentrum in Amazonien, eine weitere in Äquatorialafrika, eine dritte auf dem Inselkontinent Madagaskar und die vierte in Süd- und Südostasien. Jede dieser Gruppen hat zwölf bis 18 Gattungen und, mit Ausnahme Madagaskars, etwa 45 Regenwaldarten hervorgebracht.

Beim Vergleich der vier Gruppen können wir sicher sein, daß alle beobachteten Übereinstimmungen nicht die übriggebliebenen Reste alter phylogenetischer Bande sind, denn keine einzige Gattung kommt in zwei Gruppen vor. Von den sechs möglichen paarweisen Gegenüber-

7.7 Dieser blattfressende Rote Stummelaffe (*Colobus badius*) spielt in den Wäldern Afrikas dieselbe Rolle, die der Rote Brüllaffe im tropischen Wald der Neuen Welt übernimmt. Der Maronenlangur (*Presbytis rubicundus*) entspricht den beiden auf Borneo.

oder früher getrennt, als die allerersten fossilen Affen auftauchten. Somit können wir sicher sein, daß die vier Gruppen voneinander unabhängige Würfe des evolutionären Würfels darstellen, und daß ihre jeweiligen Anpassungen sich als Antwort auf lokale oder regionale Umweltbedingungen entwickelt haben.

Dank der unerschrockenen Bemühungen einer Generation von Primatologen sind die Primaten in den Wäldern der ganzen Welt weitgehend erfaßt. Daher verfügen wir über umfassende Informationen über ihre Populationen und Gesellschaftsstrukturen. Schon ein flüchtiger Blick auf die Daten offenbart, daß die Primatengesellschaften verschiedener tropischer Regionen nicht die erwartete Konvergenz aufweisen. Statt dessen unterscheiden sie sich in einer Reihe grundlegender Merkmale. Beispielsweise schwankt die Biomasse von Primaten in verschiedenen Wäldern im Bereich einer Größenordnung. Die höchsten in der Natur vorkommenden Werte gibt es wahrscheinlich in Zentral- und Westafrika, doch liegen nur spärliche Zahlen vor, weil es in dieser Region fast keine wirksam geschützten Wälder gibt. Ausführlichere Daten stehen für die Neuwelttropen und Südostasien zur Verfügung. Die durchschnittliche Biomasse der Primatengesellschaften in Asien liegt um etwa 50 Prozent höher als in den Tropen der Neuen Welt, obwohl selbst die besten Standorte kaum mehr als ein Drittel des Wertes erreichen, der für den Wald von Kibale in Uganda ermittelt wurde: 2525 Kilogramm pro Quadratkilometer. Leider liegen für keinen einzigen Regenwaldstandort auf Madagaskar irgendwelche Daten vor, obwohl ein Trockenwald bei Morondava im Westteil der Insel die bemerkenswerte Zahl von 2720 Kilogramm pro Quadratkilometer erreicht; dies ist einer der höchsten Werte, die je ermittelt wurden. In Bezug auf die Biomasse konvergieren Primatengesellschaften also offensichtlich nicht; die Unterschiede sind in erster Linie auf die stark variierenden Anzahlen großer Blattfresser zurückzuführen.

stellungen der vier Gruppen setzen sich fünf aus völlig unterschiedlichen Familien zusammen. Die sechste, die zwischen Afrika und Asien, hat gemeinsame Mitglieder in zwei Familien, den Pongidae (Höhere Menschenaffen) und den Cercopithecidae (Meerkatzenartigen; dazu gehören die Makaken, Paviane, Mangaben, Meerkatzen und Husarenaffen). Die asiatischen und afrikanischen Zweige dieser beiden Familien haben sich wahrscheinlich im Miozän voneinander getrennt, also vor etwa 15 bis 20 Millionen Jahren. Andererseits waren die Abstammungslinien in den vier Regionen schon seit dem Oligozän (vor 35 Millionen Jahren)

Mit Ausnahme Asiens sind die Zahlen der Primatenarten, die in den Wäldern der vier Regionen leben, erstaunlich ähnlich. Madagaskar weist weniger Regenwaldprimaten auf als jede andere Region – vielleicht infolge des Inselstatus und der relativ kleinen Fläche. Dennoch ist die Vielfalt auf Gesellschaftsebene jener der reichsten Festlandstandorte ebenbürtig: In manchen Gebieten gibt es bis zu zwölf Arten. Sie war dort ursprünglich sogar noch höher, etwa ein Drittel seiner Arten wurde jedoch kurz nach dem ersten Eintreffen des Menschen vor circa 1000 Jahren ausgerottet. In Zentralafrika und Amazonien ist die Artenvielfalt recht ähnlich, und die reichsten Stellen beherbergen etwa 14 Arten. Asien hinkt mit maximal sieben Arten an den besten Stellen in Westmalaysia und Sumatra eindeutig hinterher. Wie wir noch sehen werden, ist das Defizit voll und ganz dem Mangel an kleinen Formen zuzuschreiben.

Von den Merkmalen, die wir zum Beweis der Konvergenz untersuchen wollen, ist die Artenvielfalt jenes, das am ehesten primär durch die Entwicklungsgeschichte der einzelnen Regionen geformt wurde. Wir lassen jedoch im Augenblick einmal die Artenvielfalt außer acht und untersuchen wie Pearson solche Attribute, welche die Wechselbeziehungen zwischen den Tieren und ihrer unmittelbaren Umgebung besser widerspiegeln. Dazu wollen wir als nächstes Nahrung und Freßverhalten betrachten.

7.8 Zwei Sifakas (*Propithecus verreauxi*) ruhen sich in einer typischen Haltung aus. Die dicken Stämme fühlen sich in der Hitze des Tages möglicherweise kühl an. Sifakas zeugen zusammen mit den Lemuren für die bemerkenswerte Radiation der Halbaffen auf Madagaskar. Ihre einst weitverbreiteten Verwandten auf dem Festland verschwanden gegen Ende des Eozäns vor etwa 40 Millionen Jahren.

Exkurs über Primatennahrung

Primaten sind in ihren Freßgewohnheiten besonders flexibel, und man kann sie nicht so leicht in Gilden aufteilen wie Vögel. Statt dessen bevorzugten die Primatologen eine Reihe grober Einteilungen, die jeder Art ein bestimmtes Nahrungsspektrum zuschreibt, das

vom spezialisierten Blätterfressen (Folivorie) als dem einen Extrem bis zur spezialisierten Insektivorie andererseits reicht. Die beiden Extreme unterscheiden sich grundsätzlich in den Anpassungen ihrer Verdauung. Blattfresser nehmen große Mengen an Nahrung geringer Qualität zu sich, die sie langsam in langen, komplizierten Verdauungstrakten verarbeiten. Im Gegensatz dazu konsumieren insektenfressende Primaten energie- und proteinreiche Nahrung in kleinen Mengen, die zügig in kurzen, einfachen Därmen verarbeitet wird.

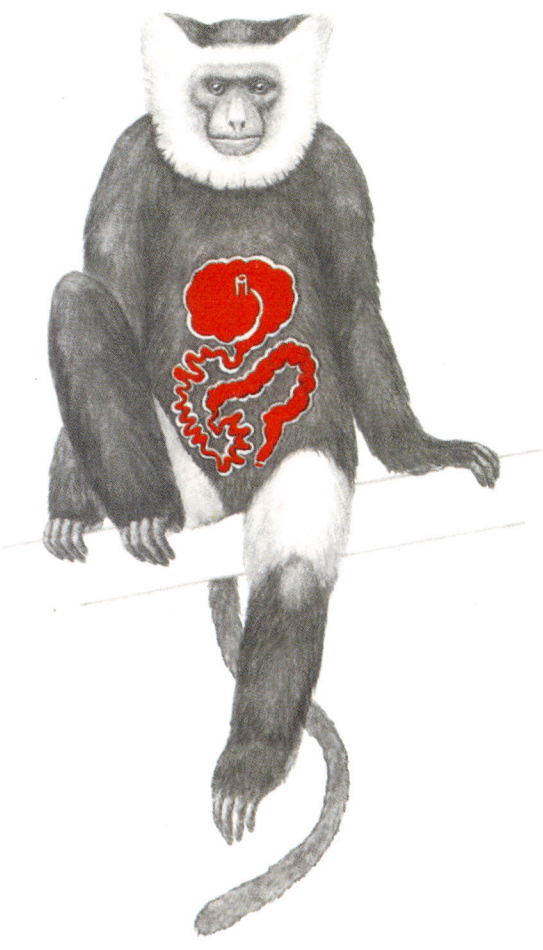

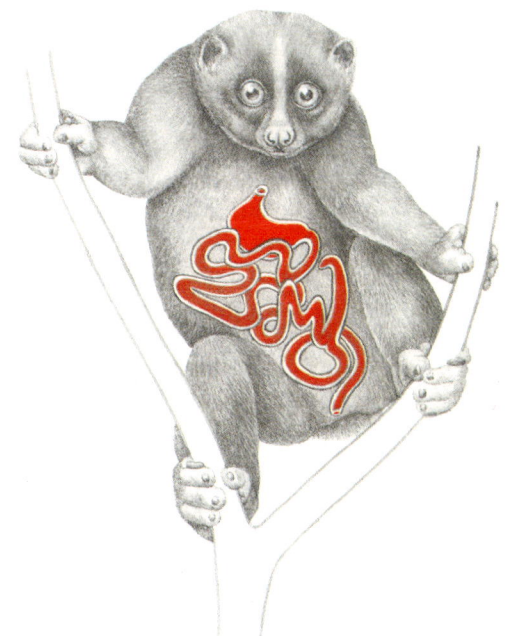

7.9 Der große, sackförmige Magen dieses afrikanischen Colobusaffen (links) hilft ganz ähnlich wie der Pansen einer Kuh bei der enzymatischen Verdauung der Blattkost. Die Nahrung wandert langsam durch den langen, gewundenen Verdauungstrakt, während Mikroorganismen mithelfen, Nährstoffe freizusetzen und umzuwandeln. Im Gegensatz dazu ernährt sich der Bärenmaki (*Arctocebus calabarensis*), ein nächtlicher Bewohner derselben afrikanischen Wälder, hauptsächlich von Insekten (rechts). Er besitzt ein viel einfacheres Verdauungssystem, daher macht die Nahrung eine relativ rasche Darmpassage durch.

Blatt- und Insektenfresser weisen des weiteren bedeutende Unterschiede auf, die als Folge der größenabhängigen Stoffwechselleistung entstehen. Für die technisch Interessierten: Die Stoffwechselraten aller Säugetiere von der Maus bis zum Elefanten entsprechen, wenn man sie gegen das Körpergewicht aufträgt, ziemlich genau einer doppelt logarithmischen Abhängigkeit mit einer Steigung von 0,75. Dies bedeutet, daß kleine Tiere verhältnismäßig (wenn auch nicht absolut) mehr Nahrung brauchen als große. Dieser Grundsatz, bekannt als Kleibersche Regel, hat wichtige Auswirkungen auf die Ökolo-

gie, denn es erlegt Tieren mit unterschiedlicher Nahrung Größenzwänge auf. Blattfresser sind beispielsweise gewöhnlich größer als Arten, die Nahrung mit höherem Nährwert zu sich nehmen. Große Tiere weisen einen langsamen Stoffwechsel auf, der erforderlich ist, um die spärlichen Nährstoffe aus dem faserreichen Blattmaterial zu gewinnen. Proteine und andere wichtige Bestandteile werden allmählich durch Enzyme freigesetzt – häufig unterstützt durch symbiotische Mikroorganismen. Die Nahrung wird mit gemächlicher Geschwindigkeit in den langen und aufnahmefähigen Därmen der

Blattfresser verarbeitet, damit verbleibt den Enzymen und Mikroorganismen ausreichend Zeit, um die Verdauung zu unterstützen.

Ein großer Körper bringt einem Blattfresser zwei weitere Vorteile. Erstens muß nach der Kleiberschen Regel weniger Nahrung pro Kilogramm Körpergewicht aufgenommen werden. Bei ansonsten gleichen Voraussetzungen kann sie hier langsamer durch den Darm wandern. Zweitens ermöglicht eine langsamere Passage die Verdauung von Nahrung minderer Qualität. Aufgrund seiner Größe steigert ein Blattfresser daher effektiv den Anteil eßbaren Laubes in seiner Umgebung. Kleine Blattfresser wie Wühlmäuse oder Lemminge können nur die zarten, jungen Triebe mit dem höchsten Proteingehalt fressen, während Elefanten von fast allen pflanzlichen Stoffen leben können, einschließlich Stämmen, Zweigen und Rinde.

Insektenfressende Tiere besitzen genau entgegengesetzte Verdauungsanpassungen. Ihre Nahrung ist von höchster Qualität, im Vergleich zu grünen Blättern allerdings extrem selten. Die Nahrungsaufnahme wird nicht durch die Verdauung, sondern von der Geschwindigkeit begrenzt, mit der Beute aufgespürt und gefangen wird, und meistens führt ein großer Körper nicht zu höheren Beutegreifraten. Daher ist es für Insektenfresser von Vorteil, so klein wie möglich zu sein, um die täglich benötigte Nahrungsmenge zu minimieren. Blattfresser und Insektenfresser liegen daher an den entgegengesetzten Enden eines Adaptationsspektrums, das auf Stoffwechsel- und Verdauungseigenschaften basiert.

Frucht- und Allesfresser liegen im mittleren Bereich dieses Spektrums. Fruchtfresser haben wie Blattfresser oft besondere Verdauungsanpassungen, um unreife Früchte verzehren zu können, die mit sogenannten sekundären Pflanzenstoffen geschützt sind. Solche toxischen Substanzen hemmen häufig die Verdauungsvorgänge pflanzenfressender Tiere, sowohl von Wir-

beltieren wie auch von Wirbellosen. Unreife Früchte enthalten häufig solche Stoffe, darunter Alkaloide, Terpene und Glycoside sowie die weiter verbreiteten Tannine. Sekundäre Pflanzenstoffe sind die Quelle pflanzlicher Pharmazeutika wie Reserpin, Strychnin, Chinin und Curare. Bei der Fruchtreife werden diese Abschreckungsmoleküle in harmlose oder geschmacklose Derivate umgewandelt. Darum können grüne Äpfel zu Verdauungsstörungen führen, reife hingegen nicht.

Spezialisierte Pflanzenfresser sind oft dazu in der Lage, sekundäre Pflanzenstoffe in der Leber zu entgiften, und infolgedessen steht ihnen der Zugang zu Nahrung offen, die für andere Arten giftig ist. Obwohl eine solche Fähigkeit eindeutige Wettbewerbsvorteile mit sich bringen kann, ist die Entgiftungskapazität der meisten pflanzenfressenden Wirbeltiere so begrenzt wie die unsrige. Wir können zum Beispiel Ethylalkohol ungiftig machen, jedoch nur mit begrenzter Geschwindigkeit. Ein blattfressender Primat kann dementsprechend kleine Mengen einer Reihe von toxischen Substanzen zu sich nehmen, vermag möglicherweise aber nicht mit großen Mengen fertigzuwerden. Daher fressen die Vegetarier unter den Primaten üblicherweise täglich Früchte oder Laub mehrerer bis vieler verschiedener Pflanzenarten.

Fruchtfresser, welche die Abwehrstoffe unreifer Früchte entgiften können, sind häufig genausogut zur Aufnahme von Laub in der Lage, denn Pflanzen verwenden zum Schutz von Früchten und Blättern ähnliche Substanzen. Diese Flexibilität bezüglich der Nahrung verwischt den Unterschied zwischen Blatt- und Fruchtfressern, da beiden Kategorien angehörende Primaten ohne weiteres die Anteile von Früchten und Laub in ihrer Nahrung je nach der relativen Verfügbarkeit dieser Ressourcen in ihrem Lebensraum ändern, wie wir noch sehen werden. Somit ist die Unterscheidung zwischen den beiden Nahrungskategorien in gewisser Weise willkürlich, und man definiert Blattfresser als

Arten, deren Nahrung mehr als 50 Prozent Laubmaterial enthält, während Fruchtfresser im Jahreslauf mehr Früchte als Blätter verzehren.

Bei Allesfressern ist es anders. Als Omnivore werden Arten definiert, deren hauptsächlich aus pflanzlichen Stoffen bestehende Nahrung einen erheblichen Anteil an tierischer Beute einschließt. Die Pflanzenstoffe liefern den Hauptanteil des Kaloriengehalts, und die Beutetiere decken den größten Teil des Proteinbedarfs. Wie dieser gedeckt wird, ist Kennzeichen für eine entscheidende adaptive Schwelle. Da Protein etwa 14 Prozent Stickstoff enthält und Stickstoff in vielen Lebensräumen und besonders den Tropen ein seltenes Element ist, schützen die Pflanzen üblicherweise ihre stickstoffhaltigsten Teile durch sekundäre Pflanzenstoffe. Ein Tier, das seine Proteine aus pflanzlichen Quellen zu schöpfen hat, muß daher an die Entgiftung sekundärer Pflanzenstoffe angepaßt sein. Dazu braucht es die oben beschriebene Ausstattung mit Merkmalen: einen relativ großen Körper, langsamen Stoffwechsel, einen langen Darm und eine lange Dauer der Darmpassage.

Diese Merkmale stehen im Gegensatz zur Fähigkeit, den Proteinbedarf mit kleiner tierischer Beute zu decken, was am besten durch geringe Körpergröße erreicht wird. Mit wenigen Ausnahmen trägt eine geringe Körpergröße die Kosten eines relativ raschen Stoffwechsels und dessen Begleiterscheinung, einer kurzen Dauer der Darmpassage. Allesfresser sind daher im allgemeinen beträchtlich kleiner als sich rein vegetarisch ernährende Arten und bezüglich der Art von Pflanzenmaterial, das sie verdauen können, beschränkt. Die typische Kost besteht aus süßen, häufig leicht sauren Früchten mit hohem Wasser- und niedrigem Fasergehalt – Früchten, die auch wir Menschen am liebsten essen. Solches Obst ist leicht verdaulich und kann den Darm schnell passieren, wodurch Raum für eine langsame, aber stetige Aufnahme von Insekten und anderen kleinen Beutetieren ist. Da Allesfresser ihre Kalorien hauptsächlich aus Früchten beziehen, können sie größer als spezialisierte Insektenfresser sein, sie wiegen ausgewachsen jedoch selten mehr als drei bis fünf Kilogramm.

Nahrungsgewohnheiten der vier Primatengruppen

Es ist zu erwarten, daß die ökologischen Eigenschaften geographisch voneinander getrennter Primatengesellschaften konvergieren, wenn die Tropenwälder rund um die Erde ähnliche Sortimente von Früchten, Laub und Beutetieren – die überall die Hauptnahrungsquellen der Primaten sind – hervorbringen. Um diese Voraussage zu prüfen, wollen wir die Verteilung der Nahrungsspezialisierungen in repräsentativen waldlebenden Primatengesellschaften in den Tropen der Neuen Welt, in Afrika, Madagaskar und Südostasien untersuchen.

In allen vier Gesellschaften stellten Primaten die vorherrschende Gruppe unter den baumbewohnenden Konsumenten. Ein Vergleich der Gemeinschaften könnte stark verfälscht werden, wenn in einer Regionen oder in mehreren andere Organismen jene Rolle übernehmen würden. Das trifft jedoch eindeutig nicht zu. Hörnchen und Zibetkatzen sind zwar in afrikanischen und asiatischen Wäldern häufig und Beuteltiere (Opossums) und Waschbären in den Neuwelttropen weit verbreitet, doch die Biomasse einer dieser Gruppen allein oder aller zusammen erreicht in unberührten Wäldern nie mehr als nur einen kleinen Teil der Primatenbiomasse. Somit können wir sicher sein, daß die Vergleiche ziemlich ausgewogen sind.

Die Freßgewohnheiten der Primaten in den vier Regionen unterscheiden sich in vielerlei

Hinsicht. Blattfresser sind in den Tropen der Neuen Welt nur schwach vertreten, stellen aber einen großen Anteil an der Biomasse von Primatengesellschaften andernorts, besonders in Asien. Auf diesem Kontinent nehmen alle Arten mit Ausnahme der kleinen, nachtaktiven Loris und Koboldmakis eine gewisse Menge Laub zu sich. Afrikanische Gemeinschaften weisen ein ausgewogenes Spektrum an Nahrungsspezialisten auf, während in den tropischen Gesellschaften der Neuen Welt Allesfresser überrepräsentiert sind. Die Regenwaldprimaten Madagaskars ähneln denen Asiens, da der Anteil an Laubfressern höher und der an Frucht- oder Allesfressern niedriger ist als in den anderen Regionen.

Da die Körpergröße bei den Primaten eine Anpassung an die Nahrung ist, spiegelt die Verteilung der Körpergrößen in den vier Gruppen die Nahrungsmuster wider. Die streng folivoren afrikanischen und asiatischen Primaten sind im allgemeinen groß. So wiegt zum Beispiel von den neun tagaktiven Arten bei Makokou in Gabun nur eine, die Zwergmeerkatze, als ausgewachsenes Tier weniger als zwei Kilogramm, und bei Ketambe auf Sumatra sind alle sieben Arten größer. Im Gegensatz dazu herrschen in den Neuwelttropen kleine Arten vor. Bei Cocha Cashu in Peru wiegen fünf von neun tagaktiven Arten weniger als zwei Kilogramm. Außer einer ernähren sich alle vorwiegend von Insekten – offensichtlich weit mehr als altweltliche Arten. Wieder ergibt sich bei den neuweltlichen Primaten eine Abweichung. Was Madagaskar angeht, darf man nicht vergessen, daß die erst kürzlich ausgestorbenen Formen durchweg groß, von der Größe eines Gorilla waren. Die vier bis fünf noch existierenden tagaktiven Arten wiegen alle mehr als zwei Kilogramm, was mit ihrem ausgeprägten Hang zur Blattnahrung korreliert.

Nachtaktive Primaten gibt es in allen vier Regionen, und sie sind ausnahmslos klein (unter zwei Kilogramm). Die nächtliche Lebensweise

7.10 Zeichnerische Rekonstruktion des ausgestorbenen *Megaladapis*, einem gorillagroßen Primaten, der auf Madagaskar lebte, bis er kurz nach der Ankunft des Menschen auf der Insel verschwand.

ist auf Madagaskar, wo fast die Hälfte der Arten nachtaktiv ist, in den Neuwelttropen, wo es mit dem Nachtaffen (*Aotes*) nur eine solche Art gibt, am wenigsten verbreitet; unüblichsten. Vielleicht sind diese Unterschiede das Resultat eines Zufalls in der Geschichte, weil die nachtaktiven Primaten in der verarmten Säugetierfauna Madagaskars die Rolle spielen, die in Amazonien von zahlreichen Beuteltier- (Opossums) und Kleinbärenarten (Wickelbär, Makibär) ausgeübt wird. Afrika und Asien beherbergen eine mittlere Anzahl nachtaktiver Formen, von denen die meisten teilweise bis überwiegend insektivor sind. Wieder ergibt sich in

183

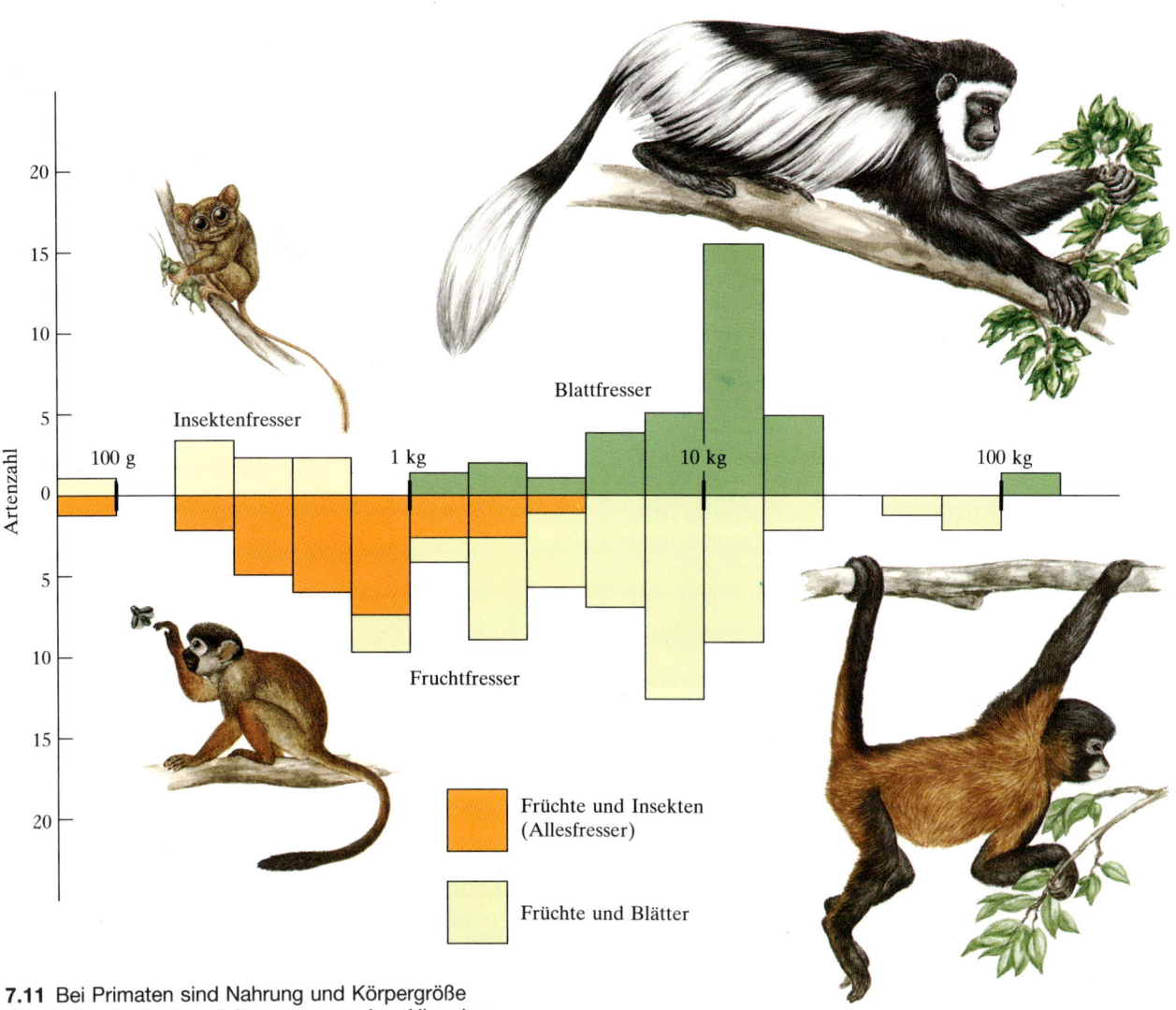

Artenzahl

100 g

Insektenfresser

1 kg

Blattfresser

10 kg

100 kg

Fruchtfresser

Früchte und Insekten
(Allesfresser)

Früchte und Blätter

7.11 Bei Primaten sind Nahrung und Körpergröße
streng korreliert. oben links, entgegen dem Uhrzeiger-
sinn: Der 120 Gramm leichte Koboldmaki ernährt sich
von Insekten und kleinen Wirbeltieren wie Fröschen;
das 900 Gramm wiegende Totenkopfäffchen jagt ebenfalls kleine Beutetiere, verzehrt aber auch eine Menge
Früchte; der Klammeraffe mit acht Kilogramm Gewicht
ist in erster Linie ein Fruchtfresser, während sich der
zwölf Kilogramm schwere Guereza fast ausschließlich
von Blättern ernährt.

der Neuen Welt eine Abweichung, weil es dort zu einer umfassenden Radiation kleiner, tagaktiver, omnivorer Arten gekommen ist, deren sämtliche altweltlichen Gegenstücke nachtaktiv sind. Diese bei Tag fressenden Omnivoren sind die Tamarine und Marmosetten, die alle nicht mehr als ein Kilogramm wiegen. Warum solche Geschöpfe nur in tropischen Wäldern der Neuen Welt gedeihen und sonst nirgends, bleibt ein Rätsel. Wie der Orang-Utan dürften sie eigentlich nicht existieren, und doch gibt es sie.

Warum gibt es in Asien und Madagaskar mehr Laubfresser, in Afrika eine ausgewogenere Artenmischung und so viele kleine Allesfresser in den Neuwelttropen? Die zahlreichen Unterschiede zwischen den Artengemeinschaften, die wir festgestellt haben, widerspricht unserer Hypothese von Ähnlichkeit aufgrund von Konvergenz, gibt aber keinen Hinweis auf alternative Gründe. Die naheliegende Folgerung ist, daß sich die Art des Nahrungsangebots für Primaten in den verschiedenen Regionen stark unterscheidet, aber wie und warum? Um mögliche Antworten zu finden, sollten wir das vorhandene Nahrungsangebot an einem gut erforschten Ort näher betrachten.

Wie manche neuweltlichen Affen mit Nahrungsmangel fertig werden

Vor ein paar Jahren führte ich mit Hilfe mehrerer Mitarbeiter eine einjährige primatenökologische Studie bei Cocha Cashu im Manu-Nationalpark (Peru) durch. Aus einer Gesellschaft von zehn Arten wählten wir fünf für intensive Untersuchungen aus – sämtlich Allesfresser. Es handelte sich um zwei Kapuziner – den Apella (Gehaubter Kapuziner) und den Weißstirnka-

puziner –, das Totenkopfäffchen und zwei Tamarine, darunter den Kaiserschnurrbarttamarin.

Um das Nahrungs- und Revierverhalten zu dokumentieren, beobachtete unsere Gruppe jedes Vierteljahr 20 Tage lang ständig einen Trupp von jeder Art. Gleichzeitig maßen wir den Fruchtfall aus der Kronenregion, indem wir die Früchte wogen, die in 150 abfalleimerartige „Fruchtfallen" fielen.

Im Jahreszeitenklima von Cocha Cashu mit siebenmonatiger Regen- und fünfmonatiger Trockenzeit macht der Wald einen ausgeprägten Jahreszyklus durch. Obwohl der Wechsel der Jahreszeiten nicht so deutlich ins Auge fällt wie in mittleren Breiten, verlieren viele Bäume während der Trockenzeit ihre Blätter und treiben dann, wenn es wieder regnet, wie bei uns im Frühling aus, blühen und fruchten. Die Trockenzeit bildet daher ein deutliches physiologisches Signal, das den Pflanzen zur Synchronisation der Reproduktionsaktivität dient. Als

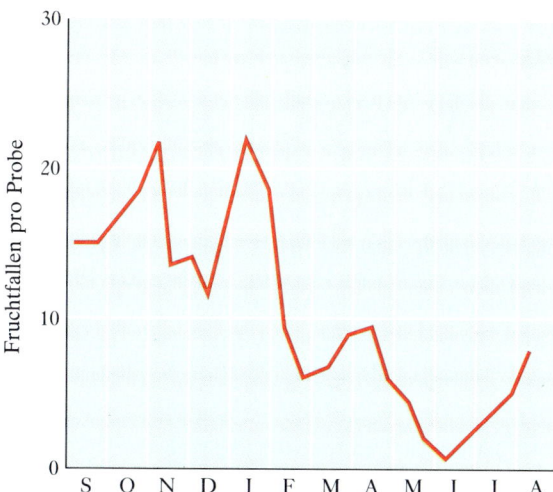

7.12 Der Fruchtfall im Wald bei Cocha Cashu hängt deutlich von der Jahreszeit ab. Sieben bis neun Monate des Jahres gibt es Früchte im Überfluß, aber in den restlichen Monaten sind fruchtfressende Tiere auf andere Nahrungsquellen angewiesen, häufig auf solche mit geringem Nährwert.

Folge schwankt die Verfügbarkeit von Früchten während des Jahres beträchtlich; sie erreicht ihren Höhepunkt zu Beginn bis zur Mitte der Regenzeit und ein andauerndes Minimum etwa zu der Zeit, wenn der Regen aufhört. Auf dem höchsten Stand des Fruchtzyklus fallen 30mal so viele Früchte wie während der Trockenzeit an. Deshalb ist es interessant zu wissen, wie Konsumenten wie die Primaten auf das unterschiedliche Nahrungsangebot reagieren.

Unsere einjährige Forschungsarbeit begann im August gegen Ende der Trockenzeit. Während der nächsten neun Monate verzehrten alle fünf Primatenarten Fruchtfleisch und ignorierten andere Pflanzenteile fast völlig, obwohl Samen und junges Laub zumeist reichlich vorhanden waren. Während sie auf den fruchttragenden Bäumen umherstreiften, suchten sie auch nach kleinen Beutetieren – eine Praxis, die sie das ganze Jahr über beibehielten. Das simple, immer gleiche Verfahren, Zeiten der Beutesuche mit Besuchen von Obstbäumen abzuwechseln, hielt den April über an, machte aber im Mai, Juni und Juli, als die Trockenzeit stärker wurde, unerwarteten neuen Verhaltensweisen Platz.

In unseren Fruchtfallen fand sich während dieser Monate fast nichts, und das Verhalten der Affen spiegelte den offensichtlichen Nahrungsmangel wider. Beispielsweise nahm eine Gruppe von zwölf Apellas an 21 Tagen im Januar, als es reichlich Früchte gab, in über 225 Obstbäumen insgesamt 2350 Minuten lang Nahrung auf. Obwohl der Trupp im Juni ein doppelt so großes Gebiet absuchte (73 statt 34 Hektar),

7.13 Der Apella (*Cebus apella*) streift bei Cocha Cashu im Juni (Trockenzeit) weiter umher als im Januar (Regenzeit). Im Januar stillte ein Trupp den Hunger in über 225 Bäumen, wobei er nahe beim Mittelpunkt seines Heimatreviers blieb. Im Juni suchte er dagegen ein doppelt so großes Gebiet ab, fand aber nur 50 Bäume mit Früchten. Die Punkte zeigen die Baumstandorte, an denen der Trupp 50 Prozent der Gesamtzeit mit dem Verzehren von Früchten verbrachte.

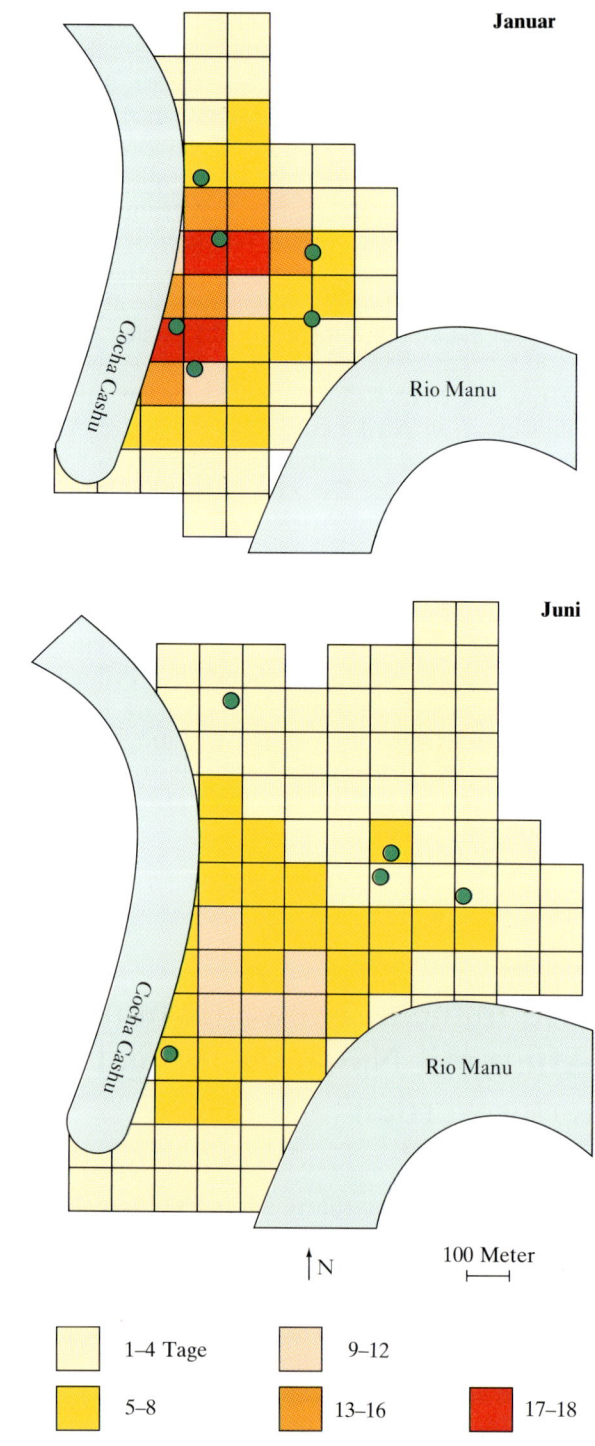

Januar

Cocha Cashu

Rio Manu

Juni

Cocha Cashu

Rio Manu

↑N   100 Meter

1–4 Tage   9–12

5–8   13–16   17–18

fand er lediglich 50 fruchttragende Bäume, die 890 Minuten lang zur Nahrungsaufnahme besucht wurden. (Nach dieser Messung war die Fruchtaufnahme der Tiere auf nur 38 Prozent des Januarwertes gefallen. Noch extremere Verminderungen wurden bei den Tamarinen beobachtet).

Beobachtungen während der Trockenzeit zeigten, daß jede Art einen zuvor nicht vermuteten Trumpf in petto hatte, um die alljährliche Periode des Früchtemangels zu überleben. Die Kapuziner wechselten zu Palmfrüchten über, die Tamarine zu Nektar, und die Totenkopfäffchen schalteten auf Insekten um. In allen Fällen beruhte die Fähigkeit, von diesen alternativen Nahrungsressourcen leben zu können, auf einer besonderen physischen Eigenschaft der jeweiligen Art. Die starken Kiefer verleihen den Kapuzinern ein grimmiges, bulldoggenähnliches Aussehen, aber auch die Beißkraft von 140 Kilogramm, die zum Knacken der Nußfrüchte von *Astrocaryum*-Palmen erforderlich ist. Kein anderer Primat in dieser Gesellschaft ist in der Lage, diese Nüsse zu öffnen.

Wenn die Nahrungsvorräte in ihren Revieren versiegten, schlugen die Tamarine gelegentlich tagelang ihr Lager in den undurchdringlichen Kronen von Bäumen mit einer starken Liane, *Combretum assimile*, auf. Sie sparten Energie, indem sie sich nur wenn nötig bewegten und schwärmten alle paar Stunden aus, um Nektar aus auffälligen Ähren orangeroter Blüten zu lecken. Es gab Wochen im Juli, wo bis zu 90 Prozent ihrer aufgenommenen Nahrung von

7.14 Die Nüsse einer *Scheelea*-Palme sitzen dicht an dicht wie Körner auf einem Maiskolben und sind aus dem intakten Verband nur schwer herauszulösen (rechts). Das dominante Männchen ist das einzige Mitglied eines Kapuzinertrupps, das stark genug ist, die erste Nuß herauszubrechen. Außer von Palmfrüchten ernährt sich dieser Apella — wie der Tamarin — während der Trockenzeit vorwiegend von Nektar, den die Blüten dieser Liane (*Combretum assimile*) der Kronenregion liefern (links).

Combretum-Blüten stammte. Mit einem Zuckergehalt von nur acht bis zehn Prozent bietet der *Combretum*-Nektar einem Tier von 450 Gramm Gewicht herzlich wenig Substanz – das ist etwa so, als wollte man sich von ein paar Gläsern Orangensaft ernähren. Tatsächlich zeigen unsere Daten, daß die Tamarine während der *Combretum*-Saison zehn bis 15 Prozent ihres Normalgewichts verlieren. Gäbe es aber *Combretum* nicht, wäre ihr Überleben wohl kaum gesichert. Es gelingt ihnen nur aufgrund ihrer geringen Größe – sie sind etwa so groß wie unsere Eichhörnchen.

Totenkopfäffchen leben nicht wie die Tamarine in festgelegten Revieren, sondern streifen

7.15 Ein Kaiserschnurrbarttamarin (*Saguinus imperator*) in einem peruanischen Wald unterbricht die Suche nach Fröschen und Sattelschrecken, um nach Raubtieren Ausschau zu halten. Rote Flecken auf seinem Fu-Manchu-Schnurrbart, die vom Pollen von *Combretum assimile* herrühren, sind ein verräterisches Zeichen der Rolle, die Tamarine als Bestäuber dieser Pflanze übernehmen.

durch Gebiete, die für eine waldlebende Affenart extrem groß sind – bis zu zehn Quadratkilometern. Auf den ersten Blick erschien ihre Wanderlust anomal und unerklärlich, doch wurde später deutlich, wie das Hin- und Herziehen diesen Affen beim Überleben der Nahrungsmangelperiode half.

Zu den wenigen Bäumen, deren Früchte während der trockenen Monate von Mai bis Juli reifen, gehören die Würgfeigen. Würger sind ein merkwürdiges tropisches Phänomen. Es sind zunächst Aufsitzerpflanzen, die in einer Astgabel oder einem Astloch hoch oben in der Krone eines Wirtsbaumes keimen. Durch ihren Start in der Kronenregion erhalten die Würgfeigen unmittelbar Zutritt zum Licht. Aus dieser günstigen Position heraus treiben sie lange, dünne Luftwurzeln zum Boden. Sind diese einmal in den Erdboden eingedrungen und haben mit der Aufnahme von Nährstoffen und Wasser begonnen, wächst die Würgfeige enorm schnell und entwickelt eine Krone, die bald die ihres Wirtes überragt. In diesem Stadium beginnen dickere Wurzeln, den Stamm des Wirtes zu umschließen, daher ihr Name. Ist ihr Wirt erstickt, kann eine Würgfeige zu einem freistehenden Baum werden. Einige erreichen gewaltige Dimensionen von über 50 Meter Höhe und Spannweiten von weit über 40 Metern.

Fruchtet einer dieser Giganten in der Trockenzeit, kommen Vögel und Affen aus allen Himmelsrichtungen zusammen. Gewöhnlich entdecken Scharen von Schmalschnabelsittichen (*Brotogeris*) die Bonanza und ziehen mit ihrer lautstarken Begeisterung die Aufmerksamkeit von Primaten auf sich, die Hunderte von Metern entfernt sein können. Ich habe über hundert Affen gleichzeitig in der Krone eines solchen Baumes fressen sehen.

Riesenwürgfeigen spielen im Leben der Totenkopfäffchen und anderer Waldtiere eine wichtige Rolle, weil sie viele Wochen lang die einzige nennenswerte Quelle für Früchte sein können.

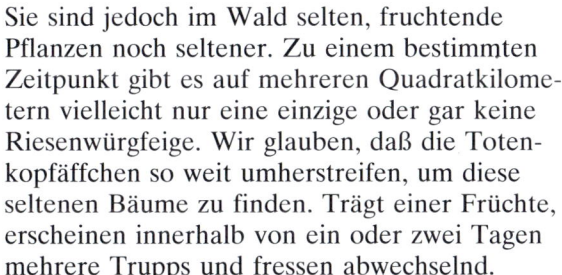

7.16 In der Trockenzeit können Totenkopfäffchen (*Saimiri sciureus*) auf der Suche nach Feigen eine Fläche von 1000 Hektar durchstreifen. Überall in den Tropen kommen Hunderte von Würgfeigenarten vor. Feigenfrüchte in leuchtenden Farben wie die rechts werden normalerweise von Vögeln und tagaktiven Säugetieren verbreitet, solche in mattgrün und braun von Fledermäusen.

Sie sind jedoch im Wald selten, fruchtende Pflanzen noch seltener. Zu einem bestimmten Zeitpunkt gibt es auf mehreren Quadratkilometern vielleicht nur eine einzige oder gar keine Riesenwürgfeige. Wir glauben, daß die Totenkopfäffchen so weit umherstreifen, um diese seltenen Bäume zu finden. Trägt einer Früchte, erscheinen innerhalb von ein oder zwei Tagen mehrere Trupps und fressen abwechselnd.

Während der trockenen Monate wechseln die Totenkopfäffchen zwischen Festmahl und Hungersnot, denn wenn es in der Nachbarschaft keine reifen Feigenfrüchte gibt, sind sie möglicherweise gezwungen, eine Woche oder gar zehn Tage ohne Früchte auszukommen. Da sie zu groß (800 bis 1000 Gramm) und zu zahlreich sind, um von Nektar leben zu können, und zu klein, um Palmfrüchte zu knacken, bleiben ihnen die Nahrungsquellen der Kapuziner und Tamarine verschlossen. Statt dessen jagen sie den ganzen Tag lang unaufhörlich nach Insekten. So wie die Tamarine zu groß sind, um sich wie Kolibris zu ernähren, so sind Totenkopfäffchen zu groß, um allein von Insekten zu leben. Die größten Vögel, die ausschließlich von Insekten als Nahrung leben, wiegen nicht mehr als 300 Gramm. Größer zu sein, bringt keinen Vorteil in Form höherer Fangraten; die Folge sind nur zusätzliche Stoffwechselkosten. Obwohl wir Totenkopfäffchen nicht wie Tamarine gefangen und gewogen haben, muß man vernünftigerweise annehmen, daß sie ihr Körpergewicht nicht halten können, wenn sie ausschließlich von kleinen Beutetieren leben. Selbst wenn sie etwa ein Insekt pro Minute fangen, ist der Großteil ihrer Beute winzig und lohnt kaum. Wollten sie Zwischenzeiten mit

189

Früchtemangel überleben, indem sie allein auf Insektivorie zurückgreifen, wären Totenkopfäffchen stark benachteiligt, wenn sie größer wären als sie sind. Wiederum hilft eine geringe Körpergröße, die Trockenzeit zu überstehen.

Diese Erkenntnis lieferte die Antwort darauf, warum es so viele kleine Primaten in den Tropen der Neuen Welt gibt. Andere Fragen harren noch der Antwort, etwa warum neuweltliche Primaten anscheinend keine Blätter fressen, und weshalb es in der Alten Welt nur so wenige oder keine omnivoren Primaten gibt. Um diese Lücken in unserem Puzzlespiel auszufüllen, müßten wir eine breitere Perspektive wählen.

Die Rolle pflanzlicher Schlüsselnahrungsquellen

Nachdem wir uns bewußt geworden waren, daß das Freßverhalten während der Trockenzeit den Schlüssel zum Verständnis der Anpassungen der Regenwaldtiere darstellen könnte, tauchten weitere Fakten auf. Generationen von Studenten und ausgebildeter Biologen hatten eine große und ständig wachsende Zahl von Wirbeltierarten bei Cocha Cashu untersucht, darunter nicht nur Primaten, sondern auch Pekaris, Kleinbären, ein paar terrestrische Nagetiere, einige baumbewohnende Beuteltiere sowie eine Vielzahl fruchtfressender Vögel. Was wir bei der ausschließlichen Untersuchung von Primaten vielleicht nie erfahren hätten, trat zutage, als wir das Wissen über diese anderen Arten zusammentrugen. Die von uns erstmals in der Primatenstudie festgestellten Nahrungsquellen in Notzeiten – Palmfrüchte, Nektar und Würgfeigen – nutzten intensiv während der Trockenzeit in der Tat fast alle fruchtfressenden Wirbeltiere im Wald. Pekaris, Hörnchen

und Agutis fressen Palmfrüchte. Nachtaffen, Wickelbären, Opossums und viele Vögel konkurrieren mit den Tamarinen um *Combretum*-Nektar. Brüll-, Klammer- und Springaffen zieht es wie auch Kapuziner und zahllose Vogelarten zu fruchtenden Würgfeigen. Palmfrüchte, Nektar und Feigen spielen daher im Ökosystem des Waldes eine Schlüsselrolle und werden demzufolge „pflanzliche Schlüsselnahrungsquellen" oder „Basisarten" genannt.

Trotz langjähriger Beobachtung haben wir nur sehr wenige weitere Pflanzen gefunden, die während der Zeit der Nahrungsknappheit eßbare Früchte, Samen oder Nektar liefern. Unsere Liste dieser Nahrungsquellen besteht heute lediglich aus einem Dutzend Arten. Während zwölf Spezies für einen Wald der gemäßigten Breiten üppig klingen mögen, trifft das für einen Tropenwald mit mehr als 1000 Pflanzenarten nicht zu. Somit stellt etwa ein Prozent der Pflanzenfülle die Lebensgrundlage für bis zu 80 Prozent der tierischen Biomasse dar und ist die Grundlage für die ökologische Tragfähigkeit des Lebensraumes. Diese wenigen Pflanzenarten sind nicht nur für unser Verständnis der tropischen Wälder, sondern auch für deren Management durch uns außerordentlich wichtig, ein Thema, auf das wir im Schlußkapitel noch einmal zurückkommen werden.

Sogar in den feuchten Tropen erfordert das Überleben in einer von Jahreszeiten geprägten Umwelt, alljährlich einen Engpaß zu überwinden. Im Norden legen die meisten Arten Eier und sterben, oder sie unternehmen Wanderungen, machen eine Diapause (eine Ruhephase in der Entwicklung) durch oder überwintern. Nur vergleichsweise wenige schaffen es, aktiv zu bleiben. In den Tropen ruht die Produktion nicht so lange; auch sind die klimatischen Bedingungen nicht so hart. Die meisten Wirbeltiere bleiben aktiv, obwohl es auf Madagaskar Arten gibt, die den größten Teil der Trockenzeit in einem Starrezustand verbringen. Wer aktiv bleibt, muß häufig seine Nahrung wechseln. Fehlt die bevorzugte Nahrung, müssen die Tiere mit Stoffen von geringerem Nährwert vorliebnehmen, die gerade das Minimum zum Überleben liefern – wie der Nektar für die Tamarine. Doch selbst solche qualitativ schlechten Alternativen werden von konkurrierenden Arten aktiv gesucht.

Wir fanden zum Beispiel heraus, daß die Tamarine nicht mehr als zwei Prozent des *Combretum*-Nektars ernten, und dies auch nur unter besonderen Umständen. Eine ganze Reihe anderer Affen und viele Vogelarten holen sich die restlichen 98 Prozent. Die Vögel sind besonders ernstzunehmende Konkurrenten. Mit ihren spitzen Schnäbeln saugen sie den Blütennektar bis auf einen so niedrigen Stand ab, daß die Tamarine mit ihrer relativ plumpen Zunge nichts mehr herausholen können. Das Fortbestehen der Tamarine im Ökosystem hängt somit an einem seidenen Faden. Wie oben bereits betont, wird ihr Überleben durch geringe Größe und die entsprechend bescheidenen Nahrungsansprüche ermöglicht. Ohne bestens angepaßte Morphologie oder Verhalten kann eine Art angesichts des harten Wettkampfs um einen begrenzten Vorrat von Nahrungsquellen nicht bestehen. Erfolgreich ist nur, wer Anpassungen besitzt, die den Zutritt zu einer oder mehreren Schlüsselnahrungsquellen verschaffen.

Schlüsselnahrungsressourcen weltweit

Wenn ein bloßes Dutzend Pflanzenarten eine solch entscheidende Rolle im Ökosystem von Cocha Cashu spielt, muß man sich fragen, ob es in anderen tropischen Wäldern nicht ebenso wichtige Arten gibt. Die überaus spärliche Literatur zu diesem Thema bezieht sich jedoch auf

noch nicht einmal eine Handvoll Standorte. Nur wenige Forscher haben gleichzeitig sowohl Pflanzengesellschaft als auch Tiergemeinschaft als Ganzes betrachtet und untersucht, wie die beiden sich gegenseitig beeinflussen. Möglicherweise sind der Umfang der hierzu notwendigen Untersuchungen und die erforderliche Koordination entmutigend. Zum Glück kommen die verfügbaren Informationen für unseren Vergleich aus dreien der vier Hauptregionen.

Die Insel Barro Colorado ist neben Cocha Cashu das einzige Untersuchungsgelände in der Neuen Welt, das zu einem Vergleich herangezogen werden kann. Obwohl auf BCI nicht gezielt nach pflanzlichen Schlüsselnahrungsquellen gesucht wurde, gab es einjährige Forschungsarbeiten über mehrere der wichtigsten Säugetierarten, und aus diesen Untersuchungen kann man einen vagen Überblick gewinnen. Wie in Cocha Cashu scheinen die Primaten während der Trockenzeit in hohem Maße auf Feigen angewiesen zu sein, während Hörnchen, bodenlebende Nager und Pekaris sich von Palmfrüchten ernähren. Nektar spielt offenbar keine Rolle. Ansonsten gleicht das Muster dem von Cocha Cashu.

Was wir über Schlüsselnahrungsquellen in den Wäldern Südostasiens wissen, verdanken wir Mark Leighton, einem fähigen Naturforscher, der mehrere Jahre auf Borneo verbrachte. Leighton studierte Nashornvögel und deren Freßverhalten im Kutai-Naturschutzgebiet. Obwohl das Klima dort weniger von Jahreszeiten geprägt ist als im Südosten Perus, schwankte die Produktion reifer Früchte von Saison zu Saison und von Jahr zu Jahr beträchtlich. Wann immer das Nahrungsangebot einen Tiefpunkt erreichte, zogen einige wenige Pflanzenarten große Zahlen von fruchtfressenden Vögeln und Säugetieren an, darunter Nashornvögel, Primaten und Hörnchen. Die wichtigsten dieser Pflanzen waren die Würgfeigen. Den Rest bildeten andere Arten, die fleischige Früchte hervorbrachten. Palmen sind im Wald

7.17 Eine Würgfeige, die als winziges Samenkorn in der Krone eines Wirtes ihren Anfang nahm, schickt Wurzeln nach unten, bis sie ihren Wirt in tödlicher Umarmung umschließt. Obwohl Würgfeigen von Forstleuten als Schadbäume betrachtet werden, spielen sie im Ökosystem der Tropenwälder eine wichtige Rolle als „pflanzliche Schlüsselnahrungsquellen" vieler Vögel und Säugetiere.

von Kutai selten und spielen keine besondere Rolle; auch konnte Leighton nicht die von der Jahreszeit abhängige Nutzung von Nektar durch Arten beobachten, die normalerweise andere Nahrungsquellen aufsuchen. Als es wenig Früchte gab, verließen manche Nashornvögel das Gebiet völlig, vermutlich, um in andere Inselbereiche abzuwandern, während die Primaten und Hörnchen auf Blätter oder unreife Früchte zurückgriffen. Somit hängt auf Borneo die Überlebensfähigkeit in Perioden mit Nahrungsmangel nicht von geringer Größe oder außergewöhnlicher Beißkraft ab, sondern eher vom Wandervermögen oder der Fähigkeit, mit sekundären Pflanzenstoffen fertig zu werden.

Auch unser Wissen über Schlüsselressourcen in Afrika ist auf ein einziges Untersuchungsgebiet beschränkt, die französische Forschungsstation bei Makokou in Gabun. Beinahe alle Kenntnisse über den zentralafrikanischen Wald entstammen einem größeren Forschungsprogramm, das über zwei Jahrzehnte dauerte. Die Fruchtbildung in Makokou verläuft zyklisch, sie erreicht in der Regenzeit ihren Höhepunkt und fällt in der Haupttrockenzeit auf den Jahrestiefpunkt ab, so wie in Cocha Cashu. Feigen sind jedoch selten. Ihr Anteil an der Primatennahrung beträgt nur wenige Prozent, im Gegensatz zu der intensiven Nutzung in Cocha Cashu (bis zu 70 Prozent der Nahrung in der Trockenzeit). Statt dessen zeigte sich, daß drei Baumarten die Rolle von Schlüsselressourcen übernehmen – *Polyalthia suaveolens*, *Coelocaryon preussi* und *Pycnanthus angolensis*. Diese Bäume fruchten in Makokou regelmäßig während der Trockenzeit, wobei die Früchte mäßig bis sehr häufig sind. Annie und Charles Gautier, G. Dubost, A. Brosset und ihre Kollegen stellten fest, daß mindestens vier Affenarten, sechs terrestrische Nagetiere, vier Hörnchenspezies, alle sieben Huftierarten, drei Turakos (große, bunte, fruchtfressende Vögel) und vier Arten von Nashornvögeln diese Arten verzehren. Wie auf Borneo gibt es auch in diesem Wald keine Anzeichen dafür, daß Palmen oder Nektar eine

Rolle spielen. Statt dessen fressen viele der Primaten während Zeiten, in denen Früchte relativ knapp sind, mehr Blätter.

Die zeitliche Abstimmung von Frucht- und Blattaustriebszyklen

In den Tropenwäldern der ganzen Welt machen die Pflanzen deutliche Aktivitätsrhythmen durch. Weil man zu jeder Zeit Blüten oder Früchte finden kann, entsteht der Eindruck, daß stets Nahrung vorhanden ist. Sorgfältige Untersuchungen haben aber gezeigt, daß die Fruchtbildung selbst in den gleichmäßigsten Klimaten der Erde je nach Jahreszeit stark schwankt. Wie wir in Kapitel 1 gesehen haben, sind jedoch nicht alle tropischen Klimate gleich.

Klimate mit einer Regen- und einer Trockenzeit im Jahr sind in den Neuwelttropen sowohl nördlich als auch südlich des Äquator weit verbreitet. In Zentralafrika herrscht in der feuchten Zone um den Äquator im allgemeinen ein zweigipfliges Klima mit je zwei Regen- und Trockenzeiten pro Jahr. Die malaysische Region schließlich ist feuchter als die beiden anderen und umfaßt weite Gebiete, die keine regelmäßige Trockenzeit durchmachen.

Es schien plausibel, daß diese drei Klimasysteme zu größeren regionalen Unterschieden in der zeitlichen Abstimmung von Frucht-, Blüh- und Laubaustriebszyklen führen. Diese Möglichkeit untersuchte ich kürzlich mit meinem Kollegen von der Duke University, Carel van Schaik, der seine Fachkenntnisse über die Tropen auf Sumatra erwarb. Wir prüften die Hypothese, ob die Laubaustrieb- und Fruchtzyklen synchron verlaufen.

Im Gegensatz zu den Vertretern in der Alten Welt verzehren nur wenige neuweltliche Primaten regelmäßig Blattnahrung während der Trockenzeit, wohingegen alle Arten in Makokou und an mehreren asiatischen Standorten zumindest während einer Jahreszeit mäßige bis große Blattmengen zu sich nahmen. Diese Tatsachen schienen darauf hinzudeuten, daß das Fressen von Laub für die neuweltlichen Primaten keine Option für eine mögliche Anpassung darstellt. Das könnte zutreffen, wenn die jahreszeitlichen Zyklen von Frucht- und Laubbildung in den tropischen Wäldern der Neuen Welt phasengleich verliefen. Wären die Zyklen synchron, würden beide Ressourcen zur selben Zeit knapp werden – eine Situation, die den Wechsel von einer Nahrungsquelle auf die andere nicht gerade fördern würde. Wenn andererseits beide Zyklen stets phasenverschoben abliefen, so daß junges Laub vorhanden ist, wenn an Früchten Mangel herrscht und umgekehrt, wäre der Wechsel ein vorhersehbares Evolutionsgeschehen. Die Gautiers hatten ein solches Überwechseln bereits bei zentralafrikanischen Primaten nachgewiesen und damit einen Hinweis darauf gegeben, daß Primaten zwischen Früchten und Blättern wechseln, wenn die Zyklen phasenverschoben sind. Schließlich sind die Fruchtzyklen im asiatischen Wald bekanntlich unregelmäßig, und von Jahr zu Jahr schwankt die Menge der Früchte beträchtlich. Ein unregelmäßiges, alle paar Jahre eintretendes Massenfruchten würde bei statistischer Überprüfung nicht mit dem regelmäßigen, von der Jahreszeit abhängigen Muster des Laubaustriebs korrelieren. Unter diesen Umständen reichten Früchte als Nahrungsgrundlage für die meisten Tiere nicht aus, wann immer solche vorhanden sind, könnten Blattfresser allerdings Früchte verzehren.

Zum Glück fanden wir die benötigten Daten zur Überprüfung dieser Vermutungen in der Literatur, was hauptsächlich den Bemühungen vieler Primatologen zu verdanken ist, welche die Nahrungsquellen ihrer Studienobjekte do-

193

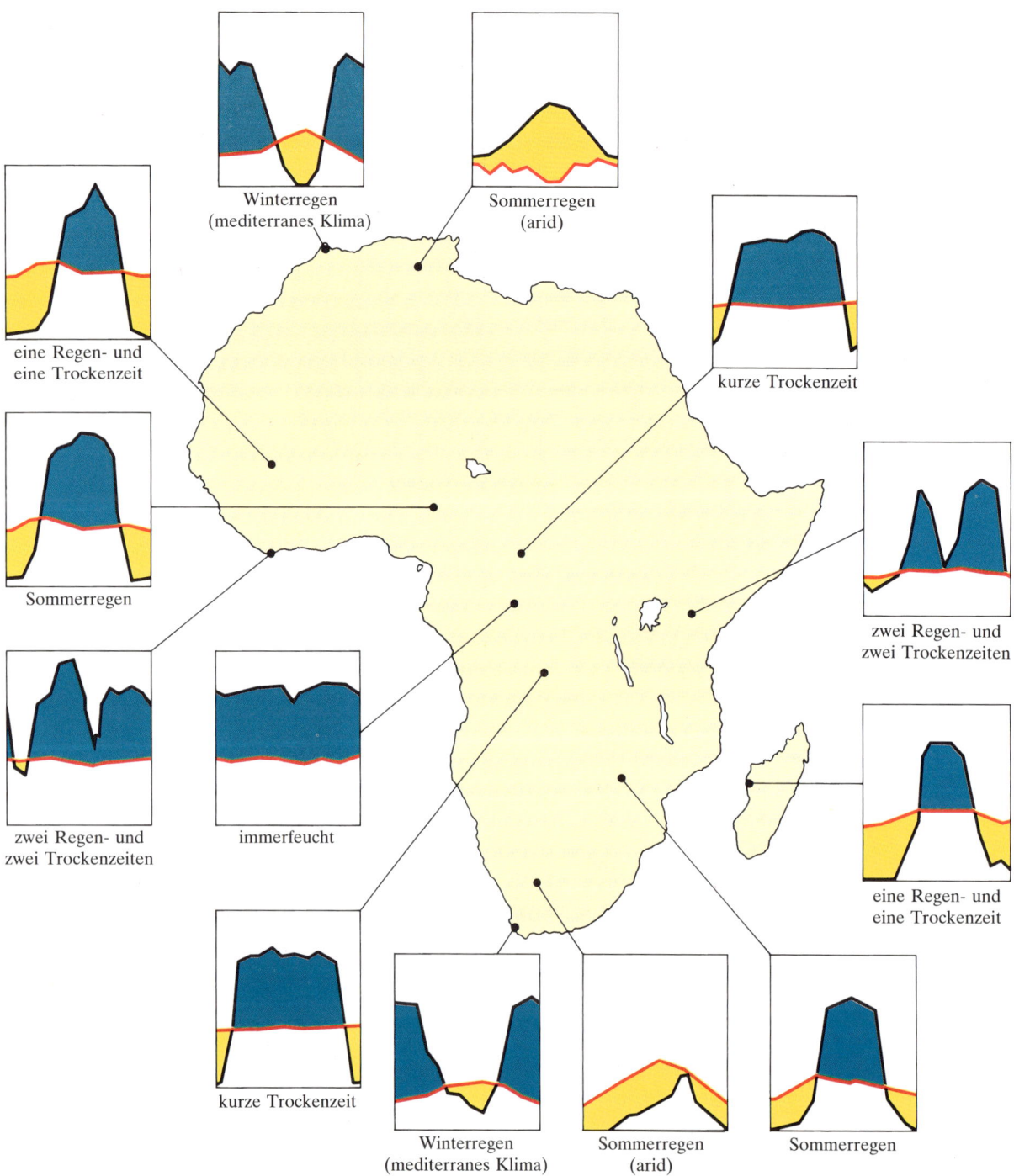

eine Regen- und
eine Trockenzeit

Winterregen
(mediterranes Klima)

Sommerregen
(arid)

kurze Trockenzeit

Sommerregen

zwei Regen- und
zwei Trockenzeiten

zwei Regen- und
zwei Trockenzeiten

immerfeucht

eine Regen- und
eine Trockenzeit

kurze Trockenzeit

Winterregen
(mediterranes Klima)

Sommerregen
(arid)

Sommerregen

7.18 Die Abhängigkeit der Regenfälle von der Jahreszeit steigt zu beiden Seiten des Äquators symmetrisch an, was zu einer bestimmten Abfolge von Klimazonen führt: immerfeuchtes Klima; Klimate mit einer einzigen, kurzen Trockenzeit; mit zwei Regen- und zwei Trockenzeiten; mit einer langen Trocken- und einer langen Regenzeit; arides Klima mit Sommerregen; mediterranes Klima mit Winterregen.

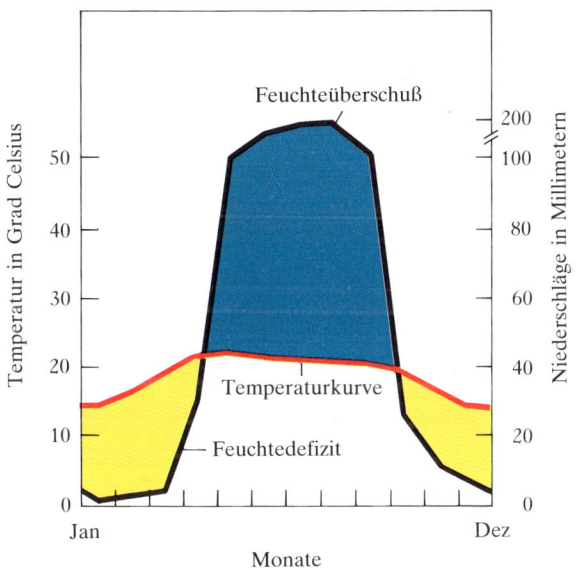

kumentierten. Monatliche Aufzeichnungen der Frucht- und Laubaustriebsaktivität über ein oder mehrere Jahreszyklen hinweg gab parallel dazu für vier Standorte: einer lag in den Tropen der Neuen Welt (BCI), einer in Zentralafrika (Makokou) und zwei in Südostasien (Kuala Lompot auf Westmalaysia und Ketambe auf Sumatra). Die direkte Korrelationsanalyse ergab, daß die Frucht- und Laubaustriebszyklen an diesen Orten wie erwartet phasengleich (Neue Welt), phasenverschoben waren (Zen-

7.19 In einem Tropenwald in Panama sind junges Laub und Früchte zur gleichen Jahreszeit rar; in Gabun sind frische Blätter am häufigsten, wenn Früchte Mangelware sind und umgekehrt. An den beiden südostasiatischen Standorten gibt es keine signifikante Korrelation zwischen Laubaustrieb und Fruchtreife, weil neue Blätter das ganze Jahr über gebildet werden und Früchte nur unregelmäßig alle paar Jahre im Überfluß vorkommen.

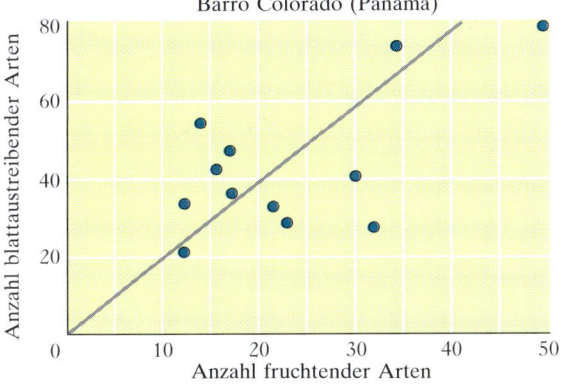

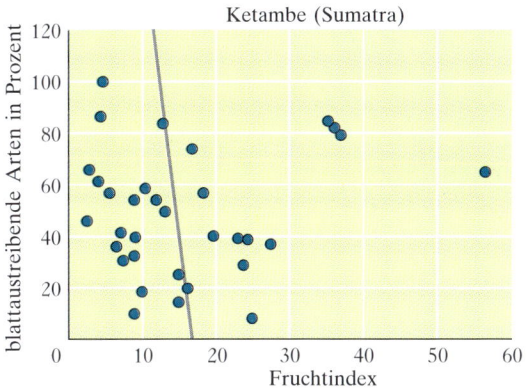

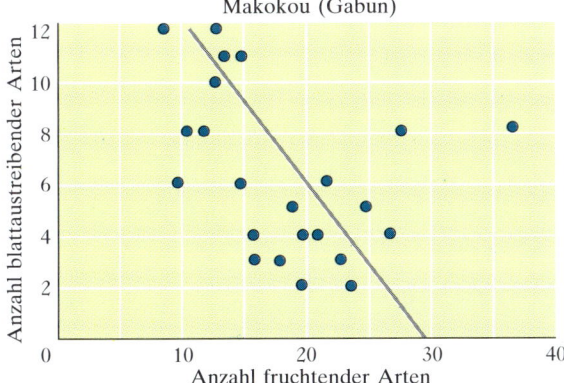

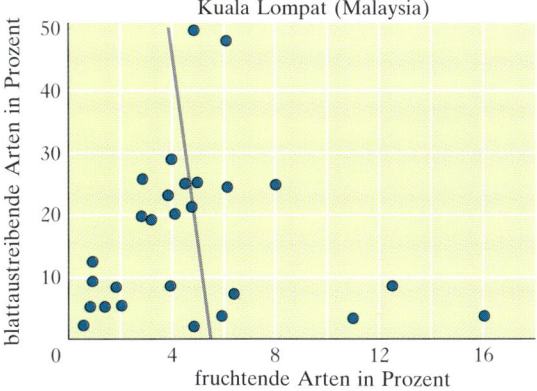

tralafrika) beziehungsweise keine Korrelation aufwiesen (Südostasien).

Weil die Laubaustriebs- und Blühzyklen auf BCI synchronisiert sind, hat ein Fruchtfresser dort nicht die Möglichkeit, auf frisches Laub überzuwechseln, wenn Früchte rar sind. Wie wir bereits festgestellt haben, müssen sich die Primaten auf BCI und an anderen tropischen Standorten der Neuen Welt statt dessen auf Feigen, Palmfrüchte, Nektar und kleine Beutetiere stützen, um über die Zeit des Mangels hinwegzukommen. Angesichts der Tatsache, daß ein großes Tier bei einer Nektar- oder Insektenkost verhungern würde, wird deutlich, warum so viele neuweltliche Primaten klein sind. Die geringe Körpergröße vieler Arten und das weitgehende Fehlen von Folivorie sind für die niedrige Biomasse der neuweltlichen Primatengesellschaften verantwortlich.

Die genau entgegengesetzte Situation trifft auf den zentralafrikanischen Wald von Makokou zu. Wenn Früchte knapp sind, ist reichlich junges Laub vorhanden, und umgekehrt. Darüber hinaus gibt es keine Jahreszeit, wo nicht der eine oder andere Nahrungstyp einigermaßen

häufig ist. Zusammengenommen erklären diese Resultate den ausgeprägten jahreszeitlichen Wechsel zwischen Früchten und Laub, der bei den Primaten von Makokou beobachtet wurde, sowie die außerordentlich hohe Biomasse mancher afrikanischer Primatengesellschaften.

Wie wir erwartet hatten, waren Frucht- und Laubaustriebsaktivität an den beiden asiatischen Untersuchungsorten nicht miteinander korreliert. Die Abstände zwischen zwei Fruchtphasen sind lang, und der Bestand an eßbarem Laub unregelmäßig und oft gering. Wir können daher annehmen, daß Mangelperioden häufig sind und lange dauern. In solchen Zeiten müssen die asiatischen Primaten die Aufnahme reifer Blätter oder unreifer Früchte verstärken. Daher brauchen sie einen relativ großen Körper. Hier haben wir eine plausible Erklärung für die geringere Vielfalt der asiatischen Primatengesellschaften und das Fehlen kleiner, tagaktiver Primatenarten. Eine nur sporadische Verfügbarkeit von Früchten kann darüber hinaus das Fehlen spezialisierter fruchtfressender Primaten erklären, wie den Mangaben Afrikas und den Klammer- und Wollaffen der Neuwelttropen. Über das Fehlen omnivorer Arten ne-

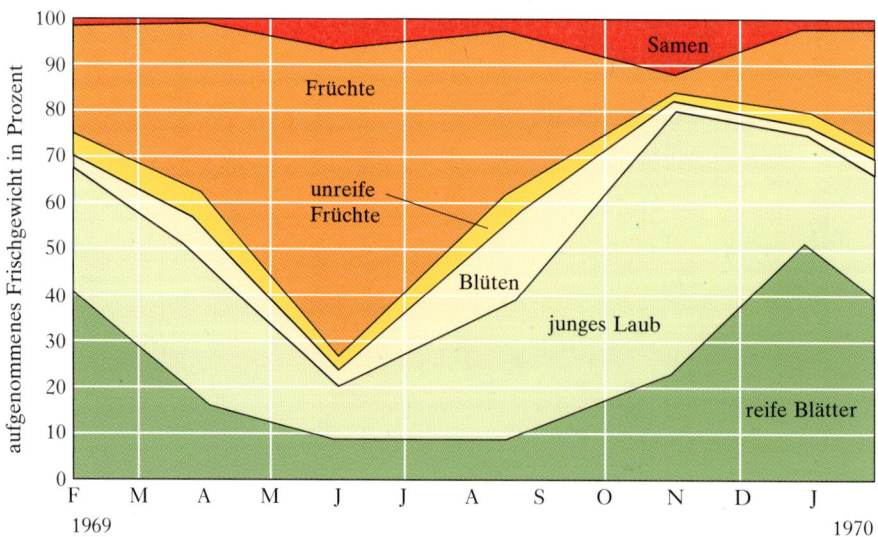

7.20 Languren in einem Trokkenwald bei Polonnaruwa (Sri Lanka) verzehren Früchte, junges Laub und reife Blätter je nach Jahreszeit zu sehr unterschiedlichen Anteilen. Sie bevorzugen Früchte, wenn es welche gibt.

ben spezialisierten Fruchtfressern läßt sich die geringe Biomasse asiatischer Primatengesellschaften erklären.

Eine weitere Bestätigung

Angeregt durch den Erfolg von Botanikern, viele Anzeichen von Strukturkonvergenz in Tropenwäldern auf der ganzen Welt nachzuweisen, und erfüllt vom Glauben an Darwins These, begannen Zoologen, nach Beweisen für Konvergenz bei tropischen Tiergesellschaften zu suchen. Hoffnungen wurden erstmals durch Pearsons Entdeckung einer auffälligen Konkordanz bei der Nahrungssuche tropischer Waldvogelarten auf vier Kontinenten geweckt. Die Übereinstimmungen im Verhalten dürften der großen strukturellen Ähnlichkeit der Wälder zuzuschreiben sein, auf welche die Botaniker unsere Aufmerksamkeit gelenkt haben. Das Verhalten nahrungssuchender Vögel steht in direktem Zusammenhang mit der Struktur des Lebensraumes, denn dieser liefert die Substrate, auf und in denen Vögel nach Beute suchen.

Gehörig ermutigt, nahmen wir uns als nächsten Schritt vor, Primaten als Beispiele für Primärkonsumenten zu erforschen. An dieser Stelle wurde die Angelegenheit plötzlich kompliziert, denn statt Konvergenzen fanden wir das Gegenteil. Die Primaten der verschiedenen Kontinente sind nicht alle gleich; sie unterscheiden sich in Größe, Nahrung und Häufigkeit. Unsere Ausgangshypothese – alle tropischen Wälder bringen ähnliche Sortimente von Nahrungsquellen für Primaten hervor – erwies sich als viel zu einfach. Wir fanden heraus, daß kleine Unterschiede in der Verteilung der Regenfälle, die für einen Anwohner vielleicht kaum wahrnehmbar sind, starken Einfluß auf die zeitliche Abstimmung von Laubaustriebs- und Fruchtzyklen haben können.

Rückblickend war es außerordentlich naiv zu erwarten, daß die Evolution vagen Mutmaßungen über günstige und gleichmäßige Klimate oder oberflächliche Ähnlichkeiten in der Struktur von Lebensräumen entsprechen würde. Beides spielt eine Rolle, aber nur im richtigen Zusammenhang. Für Primärkonsumenten sind diese Eigenschaften des Lebensraumes bei weitem nicht ausschlaggebend, um ausreichend Nahrung für Wachstum und Fortpflanzung zu finden.

Die zeitliche Abstimmung der Ressourcenzyklen hat erwiesenermaßen elementare Bedeutung, denn sie entscheidet darüber, ob ein Lebensraum als relativ gleichförmig oder als einer mit stetem Wechsel von Höhen und Tiefen empfunden wird. Ein bestimmtes Habitat kann nur jene Anpassungen fördern, die es Tieren in Mangelzeiten erlauben, erfolgreich um pflanzliche Schlüsselnahrungsquellen zu konkurrieren. Feine Unterschiede bei der jahreszeitlichen Verfügbarkeit von Früchten und Laub, die nur durch statistische Untersuchungen zu entdekken sind, erweisen sich als Schlüsselfaktor für die Evolution der Struktur von Primatengesellschaften.

Damit schließt sich der Kreis. Für Nichtkonvergenz gibt es ebenso eine Darwinsche Erklärung wie für Konvergenz. Die abiotische Umwelt wirkt indirekt über die Pflanzen, um Merkmale und Fähigkeiten von Tieren auf vorhersagbare Weise zu formen, doch die hier wiedergegebenen Resultate stellen nur einen Anfang dar. Jetzt müssen wir uns beispielsweise fragen, ob die Organisation der Gemeinschaften anderer Tiergruppen als den Primaten ähnlich auf die unterschiedlich häufig auftretenden Nahrungsquellen reagiert hat. Die Wissenschaftler sollten nicht zögern, solche Fragen anzugehen, denn möglicherweise bleibt nicht mehr viel Zeit, um intakte Tiergesellschaften in ausgedehnten tropischen Wäldern zu vergleichen.

8

Die Erhaltung der Artenvielfalt

8.1 Zwei Paare der Goldkröte (*Bufo periglenes*) in Umklammerung, während die dunkel gefärbten Weibchen ihre Eier in einem Bergbach ablegen.

Durch das Blutvergießen des Zweiten Weltkrieges desillusioniert, beschloß eine Gruppe amerikanischer Quäker auszuwandern, sobald wieder Frieden eingekehrt war. Da sie den Krieg entschieden ablehnten, fiel ihre Wahl auf das einzige Land der Halbkugel, das sein stehendes Heer per Volksmandat abgeschafft hatte. In Costa Rica sahen sie ein Land des Friedens und der Bürgerfreundlichkeit.

Diese modernen Pioniere gründeten auf einem entlegenen Berggipfel im mittleren Teil des Landes eine Gemeinde, die sie Monteverde (Grüner Berg) nannten. Sie rodeten den Urwald und errichteten bescheidene Meiereien, später eine Käsefabrik. Die Kombination aus einem nahezu idealen Klima, leicht zugänglichem, unberührtem Nebelwald und einer gastfreundlichen, englischsprechenden Gemeinschaft aus Nichtjägern zog nach und nach weitere Amerikaner an – diesmal jedoch Biologen.

Unter den vielen Entdeckungen, die ein stetig wachsendes Heer von Forschern machte, war die Goldkröte. Die häufig auf Reiseplakaten von Costa Rica abgebildete Goldkröte gehört zusammen mit dem prächtigen Quetzal zu den biologischen Kostbarkeiten von Monteverde. Anders als die düster gefärbten und warzigen Kröten, die den meisten Amerikanern vertraut sind, ist die orangerote Farbe der Goldkröte so intensiv, daß die Tiere im dunstigen Schatten des Nebelwaldes zu glühen scheinen. Soweit man weiß, ist Monteverde der einzige Fundort der Goldkröte weltweit. Vor zehn Jahren war die Art bei Monteverde sehr häufig. Sie hat auf den Gebirgskämmen in der Nähe der zahlreichen kleinen Fließgewässer gelebt, die sich an den steilen Hängen darunter zu tosenden Wildbächen vereinigen.

Vor zwei oder drei Jahren beklagten sich besorgte Biologen erstmals darüber, daß die Goldkröte an ihren üblichen Schlupfwinkeln fehlte. In jüngster Zeit fand man bei intensiven Suchaktionen überhaupt keine mehr – es ist zu befürchten, daß die Art bereits ausgestorben ist. Das rätselhafte Verschwinden der Goldkröte ist eines von weltweit mehreren Beispielen, wo Biologen den Niedergang oder totalen Verlust von Amphibienpopulationen dokumentiert haben. In vielen Fällen sieht man keinen Grund für den Rückgang.

Das Schicksal der Goldkröte ist ein Beispiel für die wachsende Zahl von Herausforderungen an die gerade im Entstehen begriffene Disziplin der Naturschutzbiologie. Praktiker dieses wachsenden interdisziplinären Betätigungsfeldes versuchen, mit den Mitteln von Ökologie, Vererbungslehre und Populationsgenetik genetische Vielfalt zu erhalten und das Aussterben von Arten zu verhindern. Im Naturschutz tätige Biologen suchen nach den Ursachen des Aussterbens und hoffen, durch ein tieferes Verständnis dieses Prozesses verbesserte Programme zum Schutz bedrohter Arten und Lebensräume zu erreichen.

Wieviele Arten weltweit vom Aussterben bedroht sind, ist noch nicht einmal von der Größenordnung her bekannt. Manche Naturschutzorganisationen gehen von jährlich Hunderten oder sogar Tausenden von Arten aus, aber solche Behauptungen sind bestenfalls wilde Spekulation. In Wirklichkeit kennt man den Status von weniger als einem Prozent aller Spezies genau; die meisten davon sind große Säugetiere und Vögel. Vom Rest müssen viele erst noch wissenschaftlich beschrieben werden. Dennoch besteht reichlich Grund zu ernsthafter Sorge um das künftige Überleben der Artenvielfalt auf diesem Planeten, denn mit jedem Jahr verliert die Natur schneller an Boden als im Vorjahr, besonders in den Tropen.

Die Entwaldung in den feuchten Tropen

Tropische Wälder, immergrüne wie auch Jahreszeitenwälder, bedeckten einst beinahe 25 Millionen Quadratkilometer. Der Mensch hat diesen Lebensraum übermäßig beansprucht, seit sich unsere Art vor Tausenden von Jahren aus der Jäger-und-Sammler-Stufe fortentwickelte. Heutzutage leben Hunderte von Millionen Menschen in den feuchten Tropen und konzentrieren sich in Regionen, wo fruchtbare Böden eine nachhaltige landwirtschaftliche Entwicklung zulassen. Zu diesen dichtbesiedeltsten Teilen der Tropen zählen die Schwemmebenen des Ganges in Indien, des Mekong in Südostasien und des Niger in Afrika, die Vulkaninseln Java, Sumatra und die Philippinen sowie die vulkanischen Hochländer Mittelamerikas, Kameruns und Ostafrikas. Weil sich die Bevölkerung in diesen und anderen Regionen der Tropen stark ausgebreitet hat, ist die von immergrünem Wald bedeckte Fläche auf weniger als acht Millionen Quadratkilometer geschrumpft. Bis 1990 waren vielleicht schon die Hälfte der Tropenwälder der Erde verlorengegangen. Dieses Land ist nun von Ackerland, Plantagen, Weideflächen oder Flächen für den Wanderfeldbau vereinnahmt oder wurde einfach ausgelaugt und als Ödland zurückgelassen.

Wenn die tropische Natur überleben soll, muß eine angemessene Landfläche von diesen etwa acht Millionen Quadratkilometern noch verbliebenen immergrünen Waldes geschützt werden. Wir befinden uns an einem entscheidenden Zeitpunkt, um das künftige Überleben der Tropenwälder zu planen: 1990 sind zwei unabhängig voneinander durchgeführte Studien veröffentlicht worden, welche die Geschwindigkeit der weltweiten Abholzung schätzen. Ein von den Friends of the Earth (FOE) herausgegebener Bericht veranschlagt die gegenwärtige Entwaldung auf 142 000 Quadratkilometer pro Jahr

– ein Gebiet von der Größe Floridas oder Griechenlands. Eine vom World Resources Institute (WRI) in Zusammenarbeit mit den Vereinten Nationen veröffentlichte Studie schätzt den jährlichen Verlust auf 160 000 bis 200 000 Quadratkilometer, was in etwa dem US-Bundesstaat Washington oder Syrien entspricht. Beide Studien basieren auf einer auf Länderebene durchgeführten Auswertung von Satellitenbildern. Die Schätzungen sind nicht identisch, weil hierfür etwas unterschiedliche Kriterien für Entwaldung verwendet wurden; beispielsweise unterscheiden sie sich darin, ob Gebiete mit massivem Nutzholzeinschlag oder Umwandlung in Sekundärwald als entwaldet anzusehen sind.

Beide Schätzungen dokumentieren einen starken Anstieg der Entwaldung seit dem Jahre 1980, als die Food and Agriculture Organisation (FAO) der Vereinten Nationen und der U.S. National Research Council ähnliche Berichte veröffentlichten. Die Organisation Friends of the Earth fand heraus, daß sich die jährliche Entwaldungsrate zwischen 1980 und 1990 verdoppelt hat, von 0,9 Prozent auf 1,8 Prozent des gegenwärtig verbliebenen Waldes. Nach Feststellung des World Resources Institute hat sich die Rate von 1980 gegenüber 1987 um 50 Prozent erhöht, was einer Verdoppelung der Geschwindigkeit innerhalb von zwölf Jahren entspricht. Die etwas unterschiedlichen Schätzungen der beiden Organisationen hinsichtlich des Verlusts im Jahre 1990 beziehungsweise der Steigerungsrate der jährlichen Abnahme seit 1980 verlaufen entgegengesetzt und gleichen sich somit auf. Beide Schätzungen liefern folglich sehr ähnliche Hochrechnungen: Sie sagen voraus, daß 90 Prozent des noch bestehenden Waldes in 33 Jahren verschwunden sein werden. Dieser Verlust käme zu der schon vor 1990 verlorenen Waldfläche hinzu. Sollten sich die gegenwärtigen Tendenzen fortsetzen, würde der jährliche Verlust im Zeitraum von 2005 bis 2010 mit 250 000 Quadratkilometern einen Höchststand erreichen und dann einfach deshalb abfallen, weil nicht mehr genug Wald für weitere, gleichermaßen starke Abnahmen übrig ist.

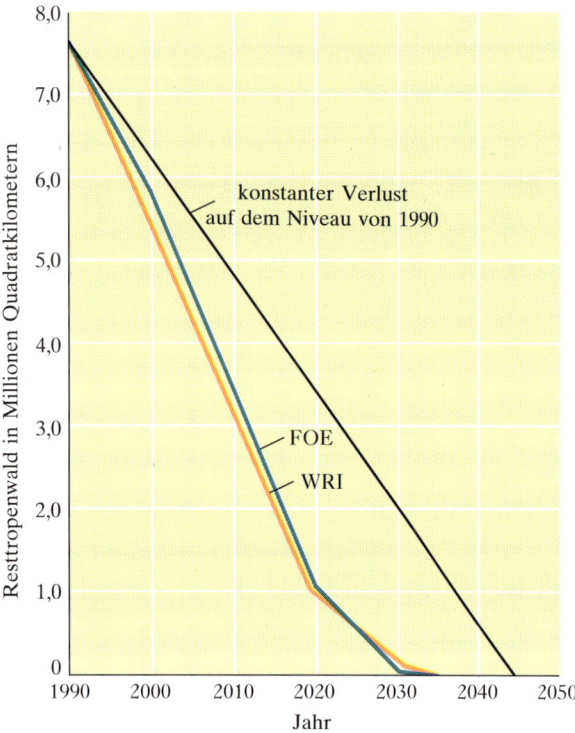

8.2 Der artenreichste Lebensraum der Erde wird noch nicht einmal die nächsten 50 Jahre überstehen, wenn wir nicht drastische Maßnahmen ergreifen, um die Entwaldung einzudämmen. Die Gerade zeigt die weltweite Abnahme des feuchten Tropenwaldes, falls nach 1990 jährlich gleichbleibend große Waldflächen gerodet werden. Die beiden anderen Linien basieren auf Hochrechnungen von der Organisation Friends of the Earth und dem World Resources Institute.

Die Vereinigten Staaten von Amerika: Kein nachahmenswertes Beispiel

Obwohl man sich nur schwer vorstellen kann, daß solch riesige und kaum besiedelte Regionen wie das zentrale Amazonas- oder Kongobecken je völlig entwaldet sein könnten, muß man sich lediglich die Vernichtung von Milliarden Hektar ursprünglichen Waldes in den Vereinigten Staaten von Amerika ins Gedächtnis rufen. Dort verschwand der Großteil der Wälder binnen weniger Jahrzehnte unter geringerem Populationsdruck, als es heute in den Tropen der Fall ist.

Über 150 Jahre lang förderte die Regierung der Vereinigten Staaten intensiv die Verschiebung der Grenze nach Westen und die Besiedlung des Kontinents. Die Verabschiedung des Homestead Act im Jahre 1862 war ein Meilenstein in der Gesetzgebung, um dieses nationale Ziel durch die Verteilung kostenlosen Landes an alle Ankömmlinge zu erreichen. Als man erkannte, daß ein Handelsaufschwung von einer effizienten Transportinfrastruktur abhängt, verlieh die Regierung Landrechte auf insgesamt 183 Millionen Acres (740 000 Quadratkilometern), um den Bau der Eisenbahn nach Westen anzuregen. Wie viele Gesetzgebungen in tropischen Ländern, die heutzutage von Naturschützern heftig kritisiert werden, verlieh der Homestead Act erst dann Rechtsansprüche auf Land, wenn „Verbesserungen" durchgeführt wurden.

In ihrem Eifer, die reichen Gaben eines jungfräulichen Kontinents auszubeuten, schafften es die Amerikaner innerhalb von 100 Jahren – zwischen 1870 und 1970 – 500 Millionen Acres ursprünglichen Waldes östlich der Great Plains, den Präriegebieten im Westen der USA, abzuholzen. Sie pflügten über 99 Prozent der Hoch-

8.3 Die europäischen Siedler im Nordamerika des 17. Jahrhunderts führten ein Leben, das auffallend dem der Wanderfeldbauern ähnelt, die heute für den Großteil der Entwaldung in den Tropen verantwortlich sind.

8.4 Weil es in den Städten keine Arbeit gibt, muß sich diese peruanische Familie im amazonischen Wald durchschlagen — mehr als eine Tagesreise vom nächsten Arzt oder einer weiterführenden Schule entfernt.

203

grasprärie um, legten mehr als 90 Prozent der Prärie-Feuchtgebiete in Illinois, Iowa, Minnesota und mehreren anderen zentralen Staaten trocken und wandelten einen Großteil der Kurzgrasprärie durch systematische Überweidung in Gebiete um, in denen der Beifußstrauch oder Mesquite-Busch dominieren. Fast jeder größere Bach und Fluß in den 48 Bundesstaaten außerhalb Alaskas wurde aufgestaut, umgeleitet, verschmutzt oder kanalisiert. Dank geringfügiger politischer oder gesetzlicher Einschränkungen, häufig unter aktiver Beteiligung der Regierung, formten die Amerikaner die Naturgeschichte eines ganzen Kontinents um.

Arten, die früher in den großen Biomen (Groß-Ökosystemen) vorherrschten, sind zu kläglichen Überbleibseln reduziert worden oder gänzlich verschwunden. Die Wandertaube, zur Zeit von Kolumbus angeblich der häufigste Vogel weltweit, starb durch grenzenlose Dezimierung aus. Ihr folgten später Karolinasittich und Elfenbeinspecht als Opfer des massenhaften Holzeinschlags in den südöstlichen Wäldern nach. Der häufige Weißwedelhirsch wurde in den östlichen Bundesstaaten durch ungeregelte Jagd so gründlich dezimiert, daß die Art bereits in den dreißiger Jahren, als der Shenandoah-Nationalpark gegründet wurde, dort nicht mehr vorkam. Um dieses peinliche Defizit aus der Welt zu schaffen, war die Parkverwaltung gezwungen, neue Tiere aus einem anderen Staat anzusiedeln. Das Pflanzenleben hat ebenfalls gelitten. Den wertvollsten Baum des Ostens, die Kastanie, vernichtete eine versehentlich aus Europa eingeschleppte Pilzkrankheit. Fremdländische Unkräuter beherrschen heute den Blick entlang den Straßenrändern sowie auf Feldern und Weiden im ganzen Land.

In den Präriebundesstaaten fielen eine riesige Anzahl von Rauhfußhühnern, Strandvögeln und Gänsevögeln der Landumwandlung, Überjagung und dem Trockenlegen von Feuchtgebieten zum Opfer. Mehrere Arten von Küstenvögeln sind mittlerweile so selten geworden,

daß Vogelbeobachter sich über deren bloße Sichtung freuen. Der amerikanische Bison, einst der häufigste Großsäuger des Kontinents, wurde in etwa 40 Jahren von schätzungsweise 60 Millionen an den Rand der Ausrottung gebracht. Elche, Bären und Wölfe, die John James Audubon in den dreißiger Jahren des letzten Jahrhunderts auf seiner Erkundungsreise den Missouri aufwärts in Hülle und Fülle sah, sind heute nur noch blasse Erinnerung.

Wenn man den Umfang des Naturmißbrauchs in Nordamerika betrachtet, ist erstaunlich, daß die Zahl der ausgerotteten Arten nicht noch viel größer ist. Seit die Europäer begannen, den Kontinent zu besiedeln, haben die USA etwa ein Prozent ihrer Vogelarten, Säugetiere, Reptilien, Amphibien und Gefäßpflanzen verloren. Dennoch ist die Liste der gefährdeten und vom Aussterben bedrohten Arten lang und wird immer länger. Daß nicht schon viel mehr Spezies ausgestorben sind, liegt an der niedrigen Artenvielfalt der Tier- und Pflanzengesellschaften in den gemäßigten Breiten, der riesigen Ausdehnung der Hauptbiome des Kontinents sowie der langen Geschichte von Störungen durch Feuer und Vereisung.

Im Gegensatz dazu hat das Artensterben auf Hawaii, dem einzigen tropischen Anteil der USA, überhandgenommen. Über 50 Vogelarten, die vor der Ankunft des Menschen auf dem Archipel lebten, sind für immer verschwunden, und die Hälfte der verbliebenen ist mittlerweile so selten, daß ihr weiteres Überleben fraglich ist. In den heute völlig veränderten Tiefländern der Hawaii-Inseln sind fast überall nur fremdartige Vögel zu sehen, die aus anderen Teilen der Welt eingeführt wurden.

Welches der beiden Modelle – das kontinentale Nordamerika oder Hawaii – repräsentiert die Tropen der Zukunft am besten? Diese völlig offene Frage wird das Handeln oder Unterlassen innerhalb der Lebensspanne der meisten heute lebenden Menschen klären.

Der schwindende tropische Regenwald

Die Entwaldung im größten Teil der feuchten Tropen heute unterscheidet sich kaum von der Waldzerstörung in Nordamerika während der letzten anderthalb Jahrhunderte. Die Bevölkerung nimmt rapide zu, und die Regierungen treiben die Ausbeutung der natürlichen Ressourcen und die Kolonisierung von Grenzgebieten heftig voran. In den Urwäldern wird verschwenderisch Nutzholz geschlagen, oder man wandelt diese in Weide- und Ackerflächen um, die nur wenige Jahre genutzt werden – danach ist der Boden erschöpft. Bis dahin unzugängliches, unberührtes Land wird aktiv auf Erdöl- und Minerallagerstätten hin erkundet. Die Regierungen treiben Straßen in die letzte erhaltene Wildnis, um die Besiedlung angebli-

chen Ödlandes anzuregen. Hinter all diesen Aktivitäten steht der brennende Wunsch, einen annehmbaren Lebensstandard zu erreichen und den Wohlstand jedes einzelnen der entwickelten Welt „einzuholen".

Da die Menschen in den meisten tropischen Ländern im Bildungsstandard weit hinter denen der entwickelten Länder zurückstehen, kommt eine Erhöhung des Lebensstandards durch Innovation und Technologie nicht in Frage. Die einzig mögliche Alternative ist die Ausbeutung der natürlichen Ressourcen, eine Maßnahme,

8.5 Kurz nach ihrer Fertigstellung durchschneidet die Transamazonica bei Altamira (Brasilien) unberührten Wald (links). Eine Satellitenaufnahme desselben Gebiets ein paar Jahre später enthüllt die vorrückende Welle der Entwaldung. Flurstücke entlang von senkrechten Zugangsstraßen werden parzelliert und Bauern überlassen (rechts).

die durch drückende Schuldenlasten und begrenzte Konkurrenzfähigkeit auf dem Weltmarkt noch viel dringlicher gemacht wird. Die auf harter Währung basierenden Märkte mit für Kaffee, Zucker, Kakao und andere tropische Produkte wachsen um weniger als ein Prozent im Jahr, während die Erzeugerländer ihre Ausgaben um zwei bis drei Prozent pro Jahr erhöhen müssen, allein, um mit dem Bevölkerungswachstum Schritt zu halten. Somit bleibt vielen Ländern nur ein Mittel, um die Deviseneinnahmen hochzutreiben: die Ausweitung des Rohstoffexports einschließlich Nutzholz, Erdöl und Mineralien. Im günstigsten Fall wird diese Taktik nur während einer Übergangszeit zu nachhaltigeren Wirtschaftsformen verfolgt. Schlimmstenfalls verhindert das jetzige Geschehen für alle Zeiten das Erreichen nachhaltiger Wirtschaftsformen.

Es ist nicht mehr weit bis zum Jahr 2005, in dem die Tropenwälder unwiderbringlich verloren sind, sollten sich die Hochrechnungen von FOE und WRI als richtig erweisen. Eine Umkehr der in diesen Dokumentationen aufgezeigten Trends wird nur möglich sein, wenn sowohl Regierungen als auch Privatpersonen ihren Umgang mit den natürlichen Ressourcen radikal verändern. Sucht man jedoch in unserer Geschichte nach Beispielen für eine ähnlich radikale, geistige Revolution, scheinen 15 Jahre zuwenig Zeit zu sein. So dauerte es vom Vorschlag im Jahre 1848 in Seneca Falls (New York) 72 Jahre, bis endlich das 19. Nachtragsgesetz den Frauen das Wahlrecht brachte. 100 Jahre vergingen vom Ende des Amerikanischen Bürgerkrieges bis zur Verabschiedung der Bürgerrechte im Civil Rights Act; annähernd 70 Jahre, in denen die Sowjetunion mit dem Kommunismus Schiffbruch erlitt, bis die Parteiführung zugab, daß das System nicht wie beabsichtigt funktionierte. Diese und andere Beispiele für das Zögern der Menschen, ihre Einstellungen und Lebensweisen zu ändern, lassen für den Tropenwald nichts Gutes ahnen. Wenn die biologische Vielfalt für die Nachwelt weiterbestehen soll, muß die Welt schneller als je zuvor einen Sinneswandel durchmachen.

Es wird doppelt schwierig sein, die Geschwindigkeit der Tropenentwaldung zu vermindern und sie schließlich auf Null zu reduzieren, weil die unmittelbaren Zwänge, die den Prozeß antreiben, von Land zu Land stark schwanken. Daher werden viele unterschiedliche Ansätze und Lösungsvorschläge erforderlich sein, obwohl die eigentliche Antriebskraft für die Entwaldung – der Druck der wachsenden Bevölkerung – überall ein wichtiger Faktor ist. Ein paar Beispiele sollen diesen Punkt verdeutlichen.

Brasilien

1988 stand Brasilien, das mehr Tropenwald besitzt als jedes andere Land, mit einer entwaldeten Fläche von 50 000 Quadratkilometern weltweit an der Spitze. Die Menge macht rund zwei Drittel des weltweiten Gesamtverlustes von 75 000 Quadratkilometern im Jahre 1980 aus. Eine Vielzahl von Belastungen bedroht die Wälder im Amazonasgebiet Brasiliens.

Der Bau eines befestigten Highways in den westlichen Staat Rondonia hinein entfesselte in den achtziger Jahren einen Landrausch von historischen Ausmaßen. In weniger als zehn Jahren wanderten über eine Million Kleinbauern in die Region. Ein bei Nacht aufgenommenes Satellitenbild aus der Trockenzeit von 1988 zeigte über 6 000 gleichzeitig brennende Feuer, denn in Erwartung der jährlichen Regenfälle setzten Grundbesitzer ausgedehnte Flächen in Brand. Jedes Jahr verliert Brasilien durch das Abbrennen Nutzholz im Wert von schätzungsweise zwei Milliarden Dollar.

Tausende illegaler Goldsucher drangen in das Yanomamo-Amerindian-Reservat im nördlichen Territorium Roraima ein und vergiften unzählige Flüsse mit Quecksilber, das zur Ge-

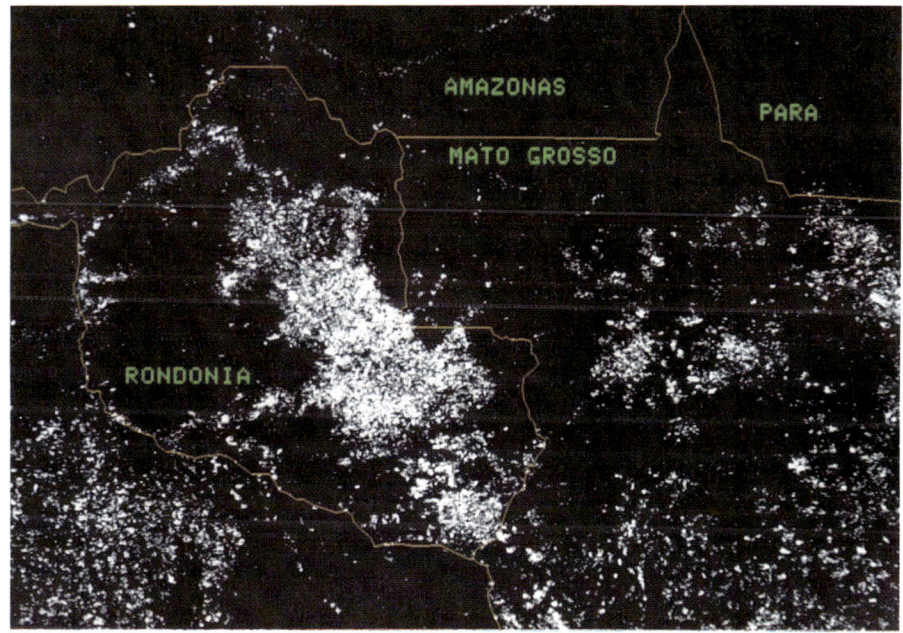

8.6 Diese zusammengesetzte nächtliche Satellitenaufnahme von Rondonia zeigt die in sechs Wochen von Wanderfeldbauern gelegten Brände gegen Ende der Trockenzeit im Jahre 1987. In einer einzigen Nacht wurden über 6 000 Feuer gezählt. Die dünnen Linien aus Feuer, die über Nordrondonia und Südamazonas verlaufen, enthüllen Abschnitte des Schnellstraßensystems der Transamazonica. Der Ausschnitt erstreckt sich über 1 400 Kilometer.

8.7 Abbau von Kassiterit, einem Eisenerz, in Brasilien. Durch das Schürfen bedingte Waldzerstörung, Gewässerverschmutzung und Vertreibung von Eingeborenenstämmen werden für die brasilianische Regierung selbst im dünnbesiedelten Amazonien zu einem ernsten Problem.

winnung des kostbaren Metalls verwendet wird. Die Regierung von Präsident Fernando Collor de Mello hat sich bei ihrem bis dahin erfolglosen Versuch, die Goldsucher zu vertreiben, an die Luftwaffe gewandt, um deren Landebahnen zu bombardieren.

Riesige Gebiete von Mato Grosso, Par, Maranhao und anderen Staaten sind, unterstützt von der Regierung, abgeholzt worden, um die Viehwirtschaft zu fördern. Zu diesem Zweck haben die brasilianischen Steuerzahler 2,5 Milliarden US-Dollar an Subventionen für 460 große Unternehmen mit Beziehungen zur Politik bereitgestellt. Die Viehhalter haben jedoch mehr von den Subventionen und der Landspekulation profitiert als von der Viehzucht.

Da es dem Land an eigenem Erdöl mangelt, stellt Brasilien nun Treibstoff aus Zuckerrohr her. Um einen wachsenden Markt zu versorgen, war die Regierung gezwungen, die Anbaufläche für Zuckerrohr in Piau, Cear und anderen Staaten gewaltig zu vergrößern. Ebenfalls aus Mangel an alternativen, im Land vorhandenen Energiequellen errichtet Brasilien an mehreren Amazonaszuflüssen Staudämme zur Stromgewinnung und plant eine Reihe weiterer Projekte, die Millionen Hektar tropischen Waldes in Par, Amazonas und benachbarten Staaten überfluten werden.

Wenn das riesige Carajas-Projekt anläuft, ist die völlige Entwaldung Pars abzusehen, einem Staat, der fast doppelt so groß wie Texas ist.

8.8 Riesige Projekte zur Stromerzeugung wie dieses bei Tucurui am Rio Tocantins (Brasilien) haben Hunderttausende von Hektar unberührten Tropenwaldes überflutet und Eingeborenenstämme vertrieben.

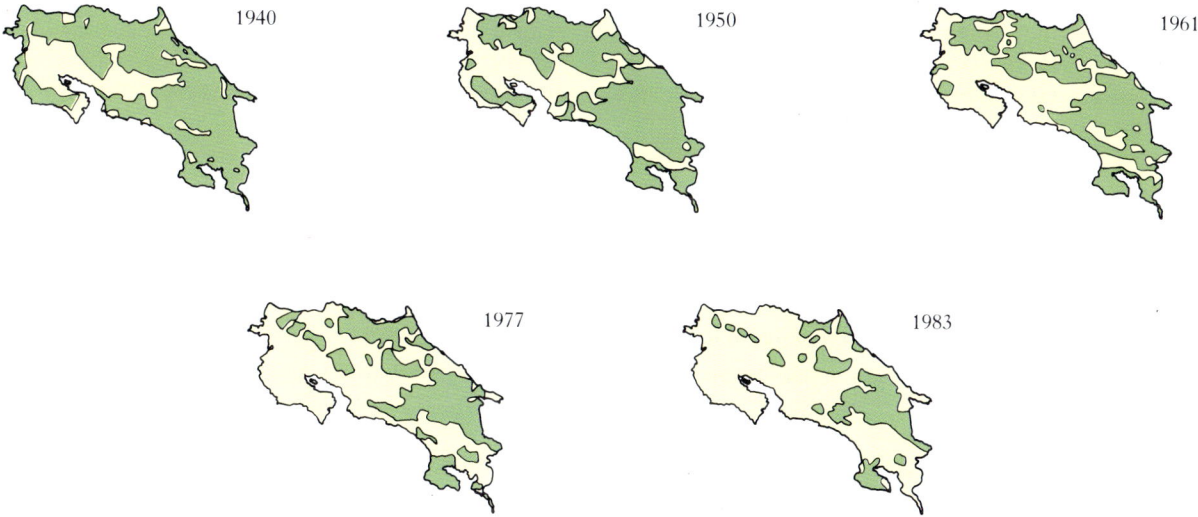

8.9 Die fortschreitende Entwaldung Costa Ricas. Da dieses Land fast ein Viertel seines Staatsgebiets unter Schutz stellte, hat es zur Erhaltung seiner natürlichen Ressourcen mehr als jedes andere tropische Land ge-

tan. Ironischerweise ist die Entwaldungsrate Costa Ricas jedoch eine der höchsten in Amerika, und man vermutet, daß am Ende dieses Jahrzehnts außerhalb der Schutzgebiete nur noch wenig Wald übrig sein wird.

Bei Carajas gibt es die weltweit größten Vorkommen von hochwertigem Eisenerz – 18 Milliarden Tonnen – genug, um bei der gegenwärtigen Schürfrate einen Abbau über 250 Jahre lang zu ermöglichen. Um das Erz zu verhütten, sind riesige Mengen Holzkohle erforderlich. Eine kürzlich von der Grande Carajas Interministerial Commission erstellte Studie erwartet einen Bedarf an Holzkohle, der jährlich 1000 Quadratkilometer Wald verbrauchen würde. Das Carajas-Projekt erhielt, wie auch der Bau der Straße durch Rondonia, beträchtliche finanzielle Unterstützung von der Weltbank, ungeachtet der Gesetzesvorschriften, Umweltverträglichkeitsgutachten zu erstellen.

Als ob all dieser Druck auf das brasilianische Amazonien noch nicht genug wäre, hat der Nutzholzeinschlag im großen Maßstab noch kaum begonnen. Gegenwärtig wird die weltweite Nachfrage nach tropischem Edelholz mit der Produktion aus Südostasien, besonders Malaysia und Indonesien, gedeckt. Diese Quellen

werden jedoch beide noch in diesem Jahrzehnt weitgehend erschöpft sein. Man erwartet, daß Amazonien dann Hauptversorger eines Marktes sein wird, der bis ins nächste Jahrhundert ständig wächst.

Elfenbeinküste und Nigeria

Noch 1975 hatten 14 afrikanische Länder südlich der Sahara eine jeweils größere Bevölkerung, als ihr kultivierbares Land angesichts der gebräuchlichen Subsistenzmethoden verkraften konnte. Diese Länder umfassen ein Drittel der Landoberfläche und die Hälfte der Bevölkerung Afrikas südlich der Sahara. Seit 1975 hat dort die Dürre in der Sahelzone die Not in eine Katastrophe verwandelt. Die Elfenbeinküste ist eines jener westafrikanischen Länder, deren Wälder die Dürre in der Sahelzone vorrangig zu spüren bekommen. Innerhalb von fünf Jahren fielen in einer ganzen Reihe nördlich davon gelegener Länder – Mauretanien, Mali, Niger,

Burkina Faso und dem Tschad – Tausende von Quadratkilometern einst fruchtbaren Landes der Wüste zum Opfer. Millionen Menschen wurden aus ihrer angestammten Heimat vertrieben. Hunderttausende davon hat man in Lagern als ständige Schützlinge der Vereinten Nationen wieder angesiedelt. Millionen andere sind nach Süden in wasserreichere Nachbarländer ausgewandert.

Allein die Elfenbeinküste hat schätzungsweise 1,5 Millionen Sahelflüchtlinge aufgenommen. Übertragen auf die USA entspräche dies einem plötzlichen Zustrom von 30 Millionen notleidenden Fremden, das sind mehr Menschen, als in den zwanzig größten Städten leben! Einmal in der Elfenbeinküste angekommen, hatten die Flüchtlinge aus der Sahelzone kaum eine Wahl. Die meisten drängten schnell zum einzigen unbesetzten Land, das es gab – den Wäldern des Landes. Sie brannten und rodeten Parzellen, um ihre Ernährung zu sichern. Der FOE-Bericht schätzt, daß Jahr für Jahr 16 Prozent des restlichen Waldes verschwinden. Wenn die Entwaldung mit dieser Geschwindigkeit voranschreitet, wird der Wald der Elfenbeinküste 1995 vollständig vernichtet sein.

Ein ähnlich frühes Ende ist für die Wälder Nigerias in Sicht. Bei über 115 Millionen Einwohnern verliert Nigeria alljährlich 14 Prozent seines Restbestands an Wald, weil Wanderfeldbauern die letzten Grenzen immer weiter zurückdrängen. Wie sie selbst zugibt, vermag die Regierung die Flut nicht einzudämmen, und sie vermutet, daß Mitte der neunziger Jahre der ganze restliche Wald vernichtet sein wird.

Zentralafrika

Die Regenwälder Zentralafrikas beherbergen eine der vielfältigsten und interessantesten Säugetiergesellschaften der Erde. Gorillas, Schimpansen, Elefanten, Ducker und das Okapi –

eine merkwürdige, kurzhalsige Giraffe – um nur einige Waldbewohner zu nennen. Glücklicherweise haben schlechte Transportmöglichkeiten in dieser Region bisher den Holzeinschlag im großen Stil verhindert, obwohl die kürzlich fertiggestellte Trans-Gabun-Eisenbahnstrecke zweifellos die künftigen Trends erahnen läßt. Die Bevölkerung ist infolge der schlechten Böden und der krankheitsbedingten hohen Sterberaten in der Vergangenheit noch relativ niedrig. Alle Hoffnung auf einen afrikanischen Regenwald in der Zukunft liegt hier.

Die unmittelbare Bedrohung ist die Holzgewinnung, wie das Beispiel von Zaire zeigt. Dieses Land weist nach Brasilien und Indonesien den drittgrößten Tropenwaldbestand der Welt auf. Weil die Transportkosten hoch sind, werden nur die wertvollsten Arten als Nutzholz exportiert. Damit es ihnen gelingt, diese wenigen Arten zu ernten, verfahren die Holzfäller nach besonders zerstörerischen Methoden: Für jeden exportierten Stamm werden bis zu 25 Bäume vernichtet. Ungeachtet dessen plant die Regierung, den Nutzholzexport von 150 000 Kubikmetern im Jahre 1984 auf 5 000 000 Kubikmeter im Jahre 2000 zu steigern.

Madagaskar

Die viertgrößte Insel der Erde ist ein entwicklungsgeschichtliches Relikt. Seit Madagaskar sich vor etwa 100 Millionen Jahren vom ostafrikanischen Festland löste, hat eine breiter werdende Wasserbarriere das Einwandern entwicklungsgeschichtlich jüngerer Abstammungslinien verhindert. Durch die Isolation hat Madagaskar eine Flora von fast 10 000 endemischen Arten und eine Fauna, die eher für vergangene Erdzeitalter typisch ist. Die berühmten Lemuren Madagaskars sind zum Beispiel lebende Verwandte der Adapidae, die zu den frühesten Primaten zählen. Solche Geschöpfe waren im Eozän vor rund 50 Millionen Jahren häufig.

Mit einem Bevölkerungswachstum von alljährlich mehr als drei Prozent hat Madagaskar den meisten Wald durch Wanderfeldbau und systematisches Abbrennen in der Trockenzeit verloren. Trotz der Bemühungen der Regierung, weitere Verluste zu verhindern, geht die Entwaldung unkontrolliert weiter, weil die Menschen keine Alternative haben. Die uralten Böden waren seit über 100 Milionen Jahren der Verwitterung ausgesetzt und gehören zu den schlechtesten auf der Welt. Einmal gerodet, abgebrannt und für eine einzige armselige Hochlandreisernte bestellt, sind sie völlig erschöpft. Danach wächst nur ein erbärmlicher niedriger Buschbestand, der jahrelang aushält. Im Gegensatz zu anderen Teilen der Tropen, wo der Wald nach jedem Wanderfeldbauzyklus energisch zurückkehrt, ist die Rodung auf Madagaskar im wesentlichen ein irreversibler Schritt. Der Verlust der Waldvegetation hat zu weitverbreiteter Erosion des von Natur aus unfruchtbaren Bodens und einigen der schlimmsten Umweltschäden auf der Welt geführt. Die noch bestehenden Inseln immergrünen Waldes, die fast alle auf Steilhängen liegen, werden jedes Jahr um acht Prozent reduziert. Bei der gegenwärtigen Vernichtungsrate wird um die Jahrtausendwende nichts mehr übrig sein, und die Welt wird ein nicht wiederholbares Experiment der Evolution verloren haben.

8.10 Diese früher bewaldete Landschaft ist ruiniert — sie ist weder für Mensch noch für Tier geeignet. Umweltkatastrophen haben schon lange vor der Ankunft von Kettensägen und Bulldozern große Teile Madagaskars vernichtet. Ähnliche Bilder tauchen in vielen anderen Ländern auf, weil die Entwaldung den empfindlichen Boden der Erosion preisgibt.

Thailand

Noch 1950 waren 70 Prozent Thailands mit Wald bedeckt. Eine Satellitenstudie eröffnete jedoch im Jahre 1988 der erstaunten Regierung, daß der Wald in der Zwischenzeit auf 15 Prozent abgenommen hat. Im selben Jahr spülte ein besonders heftiger Monsun die entwaldeten Hänge ab, überschwemmte das Tiefland, zerstörte Ernten und machte 40 000 Menschen heimatlos. Als Reaktion auf die Katastrophe erließ die Regierung ungeachtet des erwarteten Schadens für einen Hauptsektor der Wirtschaft ein Holzfällverbot. Die Regierung hatte jedoch nicht erwartet, daß ihre Aktion den Holzpreis in Bangkok verdreifachen würde. Getrieben von diesem Anreiz, hat das nunmehr illegale Abholzen in größerem Maßstab als je zuvor wieder eingesetzt. Eine Luftbildauswertung durch das Forstministerium Anfang 1989 ergab, daß 54 Prozent mehr Wald abgeholzt war als 1988, bevor das Verbot in Kraft trat. Kleinbauern ohne Land nutzen oft die Straßen der Holzfäller, um in sonst unzugängliche Gebiete einzudringen, und so überraschte es nicht, daß die Untersuchung auch eine Zunahme der für den Wanderfeldbau gerodeten Waldfläche um 28 Prozent dokumentierte. Wenn die Regierung nicht effektiver einschreiten kann als zur Zeit, wird der restliche Wald Thailands in neun Jahren verschwunden sein.

So wie die Dürre in der Sahelzone den Druck auf die Wälder der Nachbarländer verstärkt hat, so führte das Holzfällverbot in Thailand zu einer deutlichen Erhöhung des Nutzholzeinschlags im angrenzenden Myanmar. Ein Großteil des Holzes wird in entlegenen Gebieten von ethnischen Minderheiten geschlagen, welche die Zentralregierung nicht anerkennen.

Indonesien

Indonesien besitzt nach Brasilien die zweitgrößte Fläche an Tropenwald; sein Ziel ist es, die gegenwärtigen Staatseinkünfte durch gesteigerte Nutzholzexporte zu maximieren. Der Hauptnutznießer dieser nur kurze Zeit sprudelnden Geldquelle ist eine alles beherrschende Militärregierung, welche die Wälder des Landes wirksam kontrolliert. Die Abholzung wird auf 12 000 Quadratkilometer pro Jahr geschätzt. Etwa die Hälfte dieses Verlusts geht auf Wanderfeldbau zurück, 30 Prozent auf von der Regierung geförderte Entwicklungsprojekte und der Rest auf zerstörerischen Holzeinschlag.

Diese kurzen Skizzen betreffen eine Auswahl geographisch weit verstreuter Länder und enthüllen in ihrer Gesamtheit den Umfang des Entwaldungsproblems. Obwohl die unmittelbaren Ursachen von Land zu Land verschieden sein mögen, treiben in jedem Fall starke Kräfte die Entwaldung voran: eine offenkundige Entwicklungspolitik der Regierungen, häufig unterstützt durch Subventionen und Steuererleichterungen; Gesetzesvorschriften, daß Land zur Übereignung gerodet sein muß; mächtige wirtschaftliche Interessen, die in Wäldern und an-

deren natürlichen Ressourcen nur schnelle Profite sehen; ein überall verbreitetes Zögern, die Landansprüche von Eingeborenenstämmen anzuerkennen; der Wunsch vieler Regierungen, entlegene Grenzgebiete als Schutz vor Übergriffen von Nachbarländern zu besiedeln, um keine Übergriffe von Nachbarländern befürchten zu müssen; das Fehlen alternativer Energiequellen, das die Beyökerung zwingt, die Wälder zur Brennstoffgewinnung abzuholzen; der unersättliche Weltmarkt für tropisches Edelholz; und schließlich die überwältigende Macht der ständig steigenden Bevölkerungszahlen, wie sie sich in den Hunderten von Millionen Möchtegern-Farmern manifestiert, denen auf der Suche nach Land der einzige Weg bleibt, immer tiefer in den Wald hineinzugehen.

Es ist schwer zu sagen, wie der Druck durch all diese Zwänge verringert werden kann. Als Beobachter menschlicher Nöte und Schwächen kann ich die Situation nur mit extremem Pessimismus betrachten; als Wissenschaftler muß ich mich der Herausforderung des Naturschutzes stellen und herauszufinden versuchen, wie der Natur immer weniger zur Verfügung steht und sie doch irgendwie überleben kann. In Gestalt eines Optimisten will ich nun mit einer Spekulation darüber fortfahren, wie Mensch und Natur im nächsten Jahrhundert weiterhin zusammenleben könnten.

Vermögen Schutzgebiete die Natur zu erhalten?

Innerhalb weniger Jahrzehnte wird es außerhalb von Naturschutzgebieten und Reservaten keine ungestörte Natur mehr geben. Schutzgebiete bieten die besten Möglichkeiten, um die Flora und Fauna der Tropen zu erhalten. Wir müssen jedoch die Frage beantworten: Wird es mit Schutzgebieten gelingen, dem Artensterben Einhalt zu gebieten? Da jedes Jahr weniger schützenswertes Land übrigbleibt, nimmt die Geschwindigkeit, mit der neue Naturschutzgebiete geschaffen werden, in Zukunft logischerweise ab. Obwohl sich die Zahl von Schutzgebieten weltweit in den beiden letzten Jahrzehnten verdoppelt hat, vergrößerte sich die gesamte unter Schutz gestellte Fläche weniger schnell.

Bis zum Jahre 1990 hatten die meisten Staaten weniger als drei Prozent ihrer Fläche als Naturschutzgebiete ausgewiesen. Dieser Wert liegt weit unterhalb des Zieles von zehn Prozent, auf das die International Union for the Conservation of Nature (IUCN) drängt. Kaum ein Dutzend Länder haben mehr als zehn Prozent unter Schutz gestellt. Zwei davon sind Luxemburg mit fast 40 Prozent und Botswana mit 20 Prozent – keins von beiden ein Bollwerk tropischer Wälder.

In Ländern, die namhafte Flächen mit Tropenwald besitzen, liegen die Schutzgebiete üblicherweise in Bergregionen oder anderen Gebieten mit begrenzten Entwicklungsmöglichkeiten. Ein Beispiel dafür ist die Grand Savannah

Venezuelas, ein Plateau von atemberaubender Schönheit mit einem der ärmsten Böden der Erde. Die Vereinigten Staaten von Amerika haben eine ähnliche Politik betrieben, indem sie 22 Prozent Alaskas, aber praktisch nichts der fruchtbaren Kornkammer in den zentralen Ebenen unter Schutz gestellt haben.

Das verständliche Zögern der Politiker, wertvolle natürliche Ressourcen einem produktiven Zweck vorzuenthalten, hat wahrscheinlich nicht wünschenswerte, allerdings unbeabsichtigte Konsequenzen. Man kann als Beispiel Westmalaysia anführen, das auf dem Papier ein scheinbar beispielhaftes Naturschutzsystem hat. Bei näherem Hinsehen erkennt man jedoch, daß fast jeder Hektar geschützten Landes in gebirgigem Gelände liegt. Bedrängt von einander widersprechenden Forderungen ihrer Wähler, versuchen Politiker häufig, es jedem recht zu machen. Bei der Ausweisung von Schutzzonen in den Bergen übersah Malaysias Regierung, daß die asiatische Megafauna mit ihren Elefanten, Tapiren, Sambarhirschen, Nashörnern, Bartschweinen, Malaienbären, Gibbons und Wildrindern eigentlich ein Charakteristikum des Tieflandes ist. Diesen Tieren hat man ein-

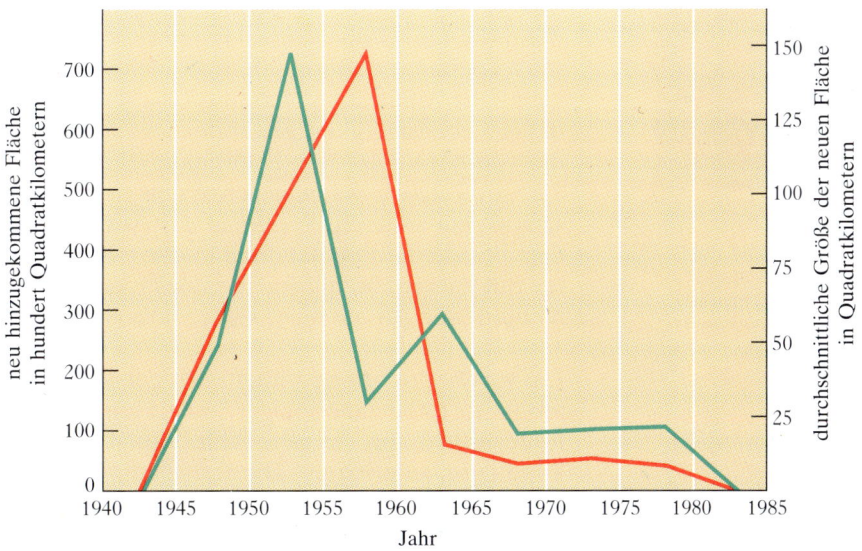

8.11 Die jährliche Gesamtfläche (grün) und die durchschnittliche Größe (rot) der seit 1940 in Ostafrika geschaffenen Nationalparks und Reservate. Da Naturlandschaften weiter abnehmen, geht die weltweite Tendenz zu weniger und kleineren neuen Schutzgebieten.

fach nicht genügend Raum gegeben, damit sie in Westmalaysia überleben können, und die lokale Ausrottung scheint in manchen Fällen unumgänglich.

Wir kommen nun zum Hauptpunkt, der lautet: Wieviel Raum wird nötig sein, um solche charismatischen großen Wirbeltiere bis ins nächste Jahrhundert und noch länger zu erhalten? Der Naturschutz kennt mehrere, ganz unterschiedliche Ansätze zur Beantwortung dieser entscheidenden Frage.

8.12 Das südostasiatische Bartschwein (*Sus barbata*), ein Verwandter des gewöhnlichen Wildschweins, führt auf der Suche nach Mastfutter (Samen) ein ausgesprochenes Nomadenleben; diese Gewohnheit bringt die Herden häufig in Kontakt mit Menschen. Die Gefährdung durch Jäger, dazu die Zerstückelung ihres Lebensraumes Wald macht diese Art zu einem Spitzenkandidaten für baldiges Aussterben.

Der demographische und genetische Tod kleiner Populationen

Der Verlust des Lebensraumes kann, wie andere Umstände auch, dazu führen, daß eine Population zahlenmäßig abnimmt. Im allgemeinen steigt mit abnehmender Populationsgröße das Risiko des Aussterbens. Das Artensterben kann man verhindern, indem man Gebiete mit geeignetem Lebensraum erhält, die groß genug für lebensfähige Mindestpopulationen bedrohter Arten sind. Um festzustellen, wie groß ein unter Schutz zu stellendes Gebiet sein sollte, muß man die natürliche Populationsdichte der Art und die Größe der lebensfähigen Mindestpopulation kennen.

Das Problem, die lebensfähige Mindestpopulation irgendeiner beliebigen Population festzulegen, wird durch üblicherweise vorkommende Schwankungen kompliziert. Die Bestände aller Organismen schwanken von Jahr zu Jahr oder von Generation zu Generation, manche in charakteristischer Weise mehr als andere. Je weniger stabil eine Population ist, desto wahrscheinlicher ist ihr demographisches Aussterben, wenn die Individuenzahl zufälligerweise so stark abnimmt, daß sie sich nicht mehr erholen kann. Die Mindestpopulationsgröße, die langfristig Lebensfähigkeit gewährleistet, hängt somit von der natürlichen Schwankungsbreite ab. Sie wird folglich bei manchen Arten viel größer sein als bei anderen. Weil man das Ausmaß, in dem bestimmte Populationen in der freien Natur fluktuieren, im allgemeinen nicht kennt, bietet dieser Ansatz nicht viel praktische Hilfe.

Ein verwandter Ansatz fragt nach der Mindestanzahl fortpflanzungsfähiger Individuen, die erforderlich ist, um die genetische Vielfalt einer Population zu erhalten. Die Berechnungen beruhen auf Vermutungen über das Fortpflanzungssystem, das Geschlechterverhältnis, die jährlichen Schwankungen der Populationsgröße und die Mutationsrate der Art. Obwohl die Theorie, die hinter solchen Berechnungen steht, sehr weit entwickelt worden ist, bleibt doch die Tatsache, daß für Gleichungen quantitative Daten erforderlich sind, und diese Informationen fehlen im allgemeinen. Die meisten Anwendungen der Theorie dienten in der Praxis dazu, Zuchtprogramme für bedrohte Arten in zoologischen Gärten zu entwerfen. Für Wildpopulationen ohne entsprechende Pflegemaßnahmen halten Genetiker 300 fortpflanzungsfähige Individuen für ausreichend, um die genetische Vielfalt bei Arten mit mehr oder weniger konventionellen Fortpflanzungssystemen zu erhalten.

Während diese magische Zahl eine nützliche Faustregel für Naturschützer und ein wissenschaftliches Argument bei Anhörungen über bedrohte Arten vor dem Kongreß darstellt, entsteht eine Schwierigkeit, wenn mit seiner Hilfe die Größe eines bestimmten Schutzgebietes festgelegt werden soll. Wie können wir eine Fläche mit einer bestimmten Anzahl von Quadratkilometern fordern, wenn die Raumansprüche der einzelnen Arten sich so sehr voneinander unterscheiden? Eine Fläche, die zur Erhaltung einer Population von 300 Individuen einer krautigen Pflanze oder eines Insekts völlig ausreicht, verkraftet vielleicht nur einen einzigen Baum einer seltenen Art, und für einen Bären oder einen Rotluchs kann sie völlig unzureichend sein. Diese Eigenschaft trifft in noch stärkerem Maße auf den Tropenwald zu, wo so viele Arten von Natur aus selten sind.

Die Tiere, die beispielsweise im Amazonaswald zusammenleben, unterscheiden sich im Raumbedarf für eine einzige Reproduktionseinheit um mehr als das Sechsfache. (Eine Reproduktionseinheit reicht von den Zehntausenden von Individuen in einem Ameisen- oder Termitenstaat über eine Gruppe bei Affen bis zu einem Paar von Singvögeln.) Am unteren Ende der Skala liegen Insekten, Frösche, Nagetiere und

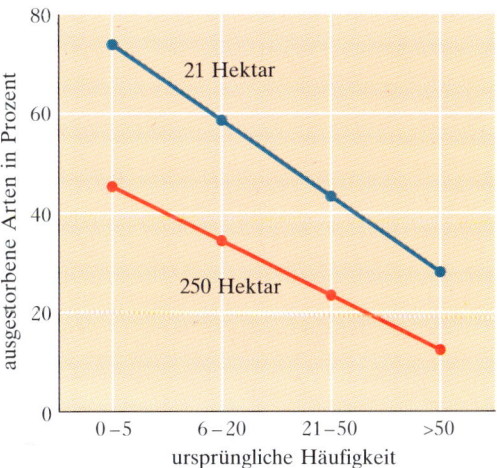

8.13 Seltene Vogelarten verschwanden mit weitaus größerer Wahrscheinlichkeit aus zwei Waldstücken im brasilianischen Bundesstaat Sao Paulo als häufige. Im größeren Gebiet überlebten mehr Arten unterschiedlicher Häufigkeiten. In dieser Untersuchung und in anderen hat sich die Seltenheit als bester Indikator für die Empfindlichkeit von Arten gegenüber dem Aussterben erwiesen.

andere Kleintiere, denen international wenig Beachtung geschenkt wird. Am oberen Ende liegen Arten, die gern in Reiseprospekten abgebildet werden. Dazu gehören Topcarnivoren (Endkonsumenten) wie Jaguar, Puma und Harpyie, die aus energetischen Gründen gezwungenermaßen viel seltener als ihre Beutetiere vorkommen, sowie als Nomaden lebende Fruchtfresser wie die südamerikanischen Schmuckvögel, Aras und Weißbartpekaris, die große Entfernungen zwischen verschiedenen Waldtypen zurücklegen, in denen es jeweils zu bestimmten Jahreszeiten Nahrung gibt. Wenn wir die Faustregel für die Größe einer lebensfähigen Mindestpopulation auf eine dieser werbewirksamen Arten anwenden – sagen wir, den Jaguar – würden wir feststellen, daß eine Population von 300 fortpflanzungsfähigen, ausgewachsenen Tieren nicht weniger als 7 500 Quadratkilometer benötigt. Nach diesem Kriterium gibt es nur wenige Schutzgebiete auf der Welt, die genug Platz für Jaguare haben.

8.14 Diese Riesenotter (*Pteronura brasiliensis*) spielen im aquatischen Bereich Amazoniens dieselbe Rolle wie der Jaguar an Land. Eine einzige Gruppe dieser hochsozialen Otter aus fünf bis sieben Tieren verzehrt über 30 000 Fische im Jahr.

Lebten alle Arten unabhängig voneinander, so daß das Vorhandensein oder Fehlen einer Spezies keine Auswirkungen auf die übrigen hätte, spielte es keine Rolle, daß manche mehr Platz brauchen als andere. Tiere mit übermäßigen Ansprüchen könnten in einer Welt, die sich den Luxus nicht mehr leisten kann, Jaguare, Tiger und Elefanten zu erhalten, geopfert werden. Der Rest der Natur könnte wie gewohnt weiterleben, ohne sich um die fehlende Minderheit zu kümmern. Wie wir jedoch später in diesem Kapitel noch sehen werden, häufen sich die wissenschaftlichen Beweise dafür, daß die Arten nicht unabhängig voneinander überleben können. Trotz ihrer relativen Seltenheit spielen besonders die Raubtiere erster Ordnung sowie die Fruchtfresser Schlüsselrollen, um die biologische Vielfalt der Tropenwälder zu bewahren.

Inseln als Laboratorien der Naturschutzbiologie

Theoretische Berechnungen bieten nur eine Möglichkeit vorherzusagen, wie Populationen in Naturschutzgebieten mit begrenzter Fläche überleben können. Inseln erlauben einen eher empirischen Ansatz. Sie sind analoge Flächen zu den Parks und Naturschutzgebieten der Zukunft, die gleichermaßen isoliert sein werden, da die umgebenden Ländereien dem Nutzen durch den Menschen vorbehalten sind.

Geologisch alte Inseln, punktförmige Bastionen in den Weltmeeren, liegen außerhalb der normalen Reichweite sich verbreitender Pflanzen und Tiere. Ihre Faunen und Floren enthalten nur jene Arten (oder die Abkömmlinge, die sich aus ihnen entwickelt haben), denen es auf die eine oder andere Weise gelungen ist, die Wasserbarriere zu überqueren. Die Pflanzen- und Tiergesellschaften von Inseln enthalten daher relativ wenige Arten, die zusammen nur eine kleine Auswahl von den auf dem Festland vertretenen Organismen darstellen.

Nach einer Theorie der Biogeographie befindet sich die Artenzahl auf alten Inseln im Ozean im Gleichgewicht. Es gibt eine dynamische Balance zwischen der Rate, mit der neuen Arten die Kolonisierung gelingt, und der Rate, mit der etablierte Populationen aussterben. Große Inseln beherbergen normalerweise mehr Arten einer bestimmten taxonomischen Gruppe (wie Vögeln oder Echsen) als kleine, weil Ansiedlungen auf einer Landmasse, die größere Populationen verträgt, mit größerer Wahrscheinlichkeit erfolgreich verlaufen und das Aussterben von Arten seltener ist. Von Inseln einer bestimmten Größe werden diejenigen, die isolierter liegen, von neuen Arten langsamer besiedelt. Eine niedrige Kolonisationsrate erniedrigt indirekt die Extinktionsrate, indem sie die Häufigkeit herabsetzt, mit der Neusiedler eta-

blierte Bewohner im Wettbewerb schlagen, sich von ihnen ernähren oder sie sonstwie ausschalten. Somit weisen entfernte Inseln meist kleinere Zahlen, allerdings relativ alter Populationen auf, während Inseln in der Nähe von Festland größere Anzahlen erst in jüngerer Zeit angekommener Populationen beherbergen.

Inseln im Gleichgewichtszustand bieten eine statische Betrachtungsmöglichkeit, wie sich die Fläche auf die Artenvielfalt auswirkt. Einfache empirische Darstellungen, sogenannte Artenarealkurven, zeigen die Zahl von Vogelarten oder anderen Gruppen, die bekanntermaßen auf Inseln unterschiedlicher Größe auftreten. Solche Kurven verlaufen in der Regel linear-logarithmisch über mehrere Größenordnungen von Inselausmaßen. Ob jemand Vögel im Pazifik oder Reptilien in Westindien untersucht, die Steigung solcher Kurven fällt in einen relativ engen Bereich. Die Steigung eines typischen Diagramms zeigt, daß im Gleichgewichtszustand eine 90prozentige Reduktion der Fläche zu einem 50prozentigen Rückgang der Artenvielfalt führt.

Damit können wir nun die Konsequenzen betrachten, wenn nur drei bis fünf Prozent der tropischen Welt zu Naturschutzgebieten erklärt werden, insbesondere, da wohl kaum die gesamte geschützte Fläche eines jeweiligen Landes oder einer Region zusammenhängt. Nach einer recht realistischen Einschätzung dürften die größten Parks ein Prozent der Fläche der Wälder am Amazonas oder Kongo nicht überschreiten. Während der Zeitspanne, bis sich ein Gleichgewicht einstellt, dürften drei Viertel der Arten in diesen Biomen ausgerottet sein.

Man fragt sich natürlich: Wie lange dauert es, bis ein Gleichgewicht erreicht ist? Glücklicherweise sprechen die Hinweise für eine sehr lange Zeitspanne. Schätzungen dieser sogenannten Relaxationszeiten leiten sich aus Untersuchungen von „Landbrückeninseln" ab, kleinen Bereichen des Kontinentalschelfs, die vor etwa

8.15 Zeichnerische Rekonstruktion von einigen der vielen ausgestorbenen Vögel, die den Hawaii-Archipel jahrtausendelang bevölkerten, ehe vor 1000 Jahren die Polynesier kamen. Der Vogel links gehört zur Familie der Ibisvögel, die beiden rechts sind flugunfähige Rallen. Fast die Hälfte der Vogelfauna Hawaiis verschwand, bevor Europäer die Inseln zu Gesicht bekamen, und ein weiteres Viertel ist seitdem ausgestorben.

12000 Jahren zu Inseln wurden, als das abschmelzende Inlandeis zu einem raschen Anstieg des Meeresspiegels um 120 Meter führte. Während eines Großteils der vorangegangenen 100000 Jahre waren diese Flächen Bestandteile der benachbarten Kontinente, und während dieses langen Zeitraumes hatten ihre Flora und Fauna vermutlich einen Gleichgewichtszustand erreicht. Zu den Landbrückeninseln der Erde zählen Großbritannien, Ceylon, Taiwan, Trinidad und Neufundland, um ein paar der bekanntesten zu nennen.

Um die Artenzahlen (von Vögeln, Fledermäusen, Echsen und so weiter) zu schätzen, die zum Zeitpunkt der Isolation auf einer Landbrückeninsel vorkamen, kann man von der Zahl an Spezies ausgehen, die eine Fläche entsprechender Größe des benachbarten Festlandes gegenwärtig beherbergt. Wieviele Arten

seit der Isolation vermutlich ausgestorben sind, entspricht der Differenz zwischen dieser Schätzung und der Anzahl der gegenwärtig auf der Insel lebenden Arten. Auf kleinen Inseln von weniger als 1000 Quadratkilometern ist die Zahl ausgestorbener Arten höher als die noch vorhandencr; auf größeren Inseln übersteigt die gegenwärtige Artenzahl gewöhnlich die Zahl der vermutlich ausgestorbenen Arten.

Die Kinetik des Artenverlustes wird verständlicher, wenn wir die Beziehung zwischen der Zahl vermutlich ausgestorbener Arten und der Inselfläche untersuchen. Biologen haben mathematische Modelle formuliert, die auf einer Fülle von Annahmen für die Geschwindigkeit des Artenverlusts im Lauf der Zeit beruhen; mit diesen Modellen können für jede beliebige Insel „Extinktionskoeffizienten" geschätzt werden. Je höher der Koeffizient, desto größer die

Aussterberate. Die besten Werte liefern Modelle, welche die Rate des Artenverlusts proportional zum Quadrat der augenblicklichen Artenzahl setzen. Diese Annahme berücksichtigt, daß zwischenartliche (interspezifische) Konkurrenz das Aussterben beschleunigen kann. Mathematisch entspricht die Menge der möglichen wechselseitigen Konkurrenzbeziehungen in einer Gemeinschaft grob der Anzahl der vorhandenen Artenpaare, die wiederum etwa dem Quadrat der Artenzahl proportional ist. Nach diesem Modell werden nach der Isolation einer Landmasse Arten zunächst sehr schnell aussterben. Je mehr sich das System jedoch asymptotisch dem Gleichgewichtszustand nähert, desto langsamer verschwinden weitere Arten. Die für jede Insel errechneten Extinktionskoeffizienten sind umgekehrt proportional zur Fläche, daher verlieren größere Inseln in einem gegebenen Zeitraum voraussichtlich einen geringeren Teil ihrer Arten als kleine Inseln. Auf Trinidad mit einer Fläche von 4828 Quadratkilometern dürften im ersten Jahrhundert nach seiner Isolation vermutlich etwa ein Prozent seiner Vogelarten verschwunden sein, auf Rey (einer Insel mit 249 Quadratkilometern vor der Küste Panamas) im selben Zeitraum nahezu vier Prozent.

Ist ein Prozent Artenverlust pro Jahrhundert eine akzeptable Rate? Die Antwort hängt davon ab, ob die ausgestorbenen Arten biologisch wichtig waren und ob das Aussterben nach dem Zufallsprinzip eintritt oder einem bestimmten Muster folgt. Mehr und mehr Hinweise von einer ganzen Reihe von Landbrückeninseln sprechen dafür, daß Arten im allgemeinen eher mit auffallender Regelmäßigkeit verschwinden, was die Vorstellung eines streng deterministischen Ablaufs des Aussterbens stützt. Diese Regelmäßigkeit läßt Naturschützer Übles vermuten, denn sie bedeutet, daß nach der Zerstückelung einer Landschaft überall dieselben Arten in Schwierigkeiten geraten. Ein Verlust der für das Aussterben anfälligsten Spezies könnte noch toleriert werden, wenn diese nur unwichtige Rollen im Ökosystem spielten. Doch leider verschwinden gewöhnlich zuerst die Arten, welche sich als unverzichtbar zur Erhaltung der biologischen Vielfalt erweisen – die Topcarnivoren und die nomadischen Fruchtfresser.

Die biologische Dynamik von Waldfragmenten

Untersuchungen an Landbrückeninseln haben die Aussterberaten auf Fragmenten isolierter Lebensräume prognostiziert, aber sie verraten nichts über die biologischen Mechanismen des

Tabelle 8.1: Geschätzter Artenverlust nach der Isolation von fünf neuwelttropischen Landbrückeninseln

Insel	Zahl der verlorengegangenen Arten in 10 000 Jahren	Extinktionskoeffizient	Zahl der verlorengegangenen Arten		Verlust im 1. Jahrhundert in Prozent
			erste 100 Jahre	erste 1000 Jahre	
Trinidad	144	$1{,}6 \times 10^{-7}$	2	22	0,6
Margarita	246	$1{,}0 \times 10^{-6}$	10	80	3,2
Coiba	172	$8{,}8 \times 10^{-7}$	5	45	2,2
Tobago	218	$8{,}9 \times 10^{-7}$	8	63	2,6
Rey	179	$1{,}7 \times 10^{-6}$	8	63	3,7

Aussterbens. Das Verständnis dieser Mechanismen hat in der Naturschutzbiologie eine hohe Priorität. Bald werden wir uns nicht mehr den Luxus erlauben können, Sofortprogramme zur Rettung einzelner bedrohter Arten zu starten, seien es nun Tiger, Pandas oder Nashörner. Statt dessen wird es nötig sein, ganze Ökosysteme wissenschaftlich zu managen, um das Artensterben auf ein Minimum zu beschränken. Damit uns dies mit Erfolg gelingt, brauchen wir eine genauere Kenntnis der Extinktionsmechanismen und jener Arten, die für die Erhaltung der Stabilität der Ökosysteme ausschlaggebend sind.

Schon jetzt ist klar, daß mehr als ein Mechanismus am Artensterben beteiligt ist. Die Zerstückelung eines Waldes führt direkt zum Aussterben von Arten, wenn die entstandenen Habitatinseln zu klein sind, um den Bedürfnissen bestimmter Spezies zu genügen. Einige der am besten belegten Beispiele stammen von der Insel Barro Colorado (Panama). BCI entstand nach 1910, als der Chagres-Fluß zum Gatunsee aufgestaut wurde, der nun den Zentralabschnitt des Panamakanals bildet.

Kurz nach ihrer Entstehung wurde Barro Colorado ein Lieblingsplatz des hervorragenden Ornithologen Frank Chapman und einer Reihe seiner Kollegen vom American Museum of Natural History. Die Insel wurde so einer eingehenden Untersuchung durch einige der besten Naturforscher unserer Zeit unterzogen, und dank dieser glücklichen Umstände im Verlauf der Geschichte von BCI existieren gut belegte Aufzeichnungen der Vögel, Säugetiere, Reptilien und Amphibien, die es auf der Insel kurz nach ihrer Isolation vom Festland Panamas gab. Wir wissen zum Beispiel, daß Anfang der zwanziger Jahre Jaguare, Pumas, Harpyien, Weißbartpekaris und Große Hokkos die Insel bevölkerten, und daß sie alle später verschwanden, wahrscheinlich weil die Insel zu klein war, um lebensfähige Populationen zu verkraften.

Diese Fruchtfresser und Topcarnivoren sind nicht die einzigen Arten, die auf BCI ausgestorben sind. Nach dem frühen Verlust der Spezies mit den größten Raumansprüchen sind fortlaufend andere verschwunden, darunter viele ursprünglich häufige Arten, von denen man eigentlich keine Erhaltungsschwierigkeiten erwartet hätte. Im Jahre 1970 führte ein anderer Ornithologe, Edwin Willis, eine sorgfältige Neuaufnahme der Vögel auf BCI durch. Als er seine Ergebnisse mit den 50 Jahre alten Aufzeichnungen Chapmans verglich, stellte Willis fest, daß während dieser fünf Jahrzehnte insgesamt 45 Arten verschwunden waren. Viele dieser Vögel lebten in frühsukzessionalen Habitaten – ihr Verlust mit dem Reifen der Inselvegetation war zu erwarten. Doch über ein Dutzend waren typische Bewohner vollentwickelten Waldes von dem Typ, der nun bis auf einen kleinen Teil die ganze Insel bedeckt. Warum diese Arten verschwinden mußten, blieb ein Rätsel.

Die peinlich genauen Aufzeichnungen von Willis liefern ein paar Anhaltspunkte. Weil mehrere der ausgestorbenen Waldarten auf dem Boden oder in Bodennähe brüten, spekulierte Willis, daß vielleicht terrestrische Säugetiere wie Kleine Nasenbären oder Opossums die Nester in einer solchen Häufigkeit plünderten, daß sich die betroffenen Arten nicht fortpflanzen konnten. Diese Ansicht wurde durch den Befund untermauert, daß bei einer genau untersuchten Art 96 Prozent aller Brutversuche aufgrund von Nestraub fehlschlugen.

Einen anderen Hinweis geben Willis Bestandserfassungen von zwei Arten, die während seiner Beobachtungszeit ausstarben. Weder im einen noch im anderen Fall gab es irgendein Zeichen für eine abrupte Abnahme, die man als Folge eines plötzlichen Traumas wie einer Phase besonderer Klimabelastung erwartet hätte. Statt dessen nahmen beide Populationen allmählich, doch unerbittlich über eine Reihe von Jahren hinweg ab, weil die Verjüngung durch

8.16 Wie eine riesige grüne Amöbe erstreckt sich die Insel Barro Colorado im Gatunsee in Panama.

neue Individuen nie die Mortalität ausgleichen konnte. Irgendwie waren die Bedingungen auf der Insel für diese Arten unwirtlich geworden. Wenn dies zuträfe, dürfte man das Aussterben von Spezies nicht als zufälliges Ereignis ansehen, sondern es wäre eher eine durchaus absehbare Folge der herrschenden Bedingungen. Es blieb daher zu klären, wie sich die Umstände auf der Insel nach der Isolation derart geändert haben könnten, daß sie unerbittlich zu dem beobachteten Aussterben von Arten führten.

Eine mögliche Rolle für Topcarnivoren

Wie häufig in der Wissenschaft, ergab sich die Antwort ganz unerwartet aus den Ergebnissen einer nicht verwandten Untersuchung. Die entscheidende Untersuchung stammte aus der biologischen Forschungsstation von Cocha Cashu am Manufluß im peruanischen Amazonien, einer der ganz wenigen Stellen in den Tropen, die ein von menschlichen Einflüssen völlig freier Lebensraum ist. Für Kautschukzapfer war die Gegend in den ersten Jahrzehnten des Jahrhunderts Durchzugsgebiet, und sie hatten dabei die Ureinwohner getötet, versklavt oder vertrieben. Nach der Errichtung von Kautschukplantagen in Asien rentierte sich die Gewinnung von Naturkautschuk in Amazonien nicht mehr, die Manuregion wurde im wesentlichen aufgegeben, und zurück blieb ein Niemandsland entlang des Unterlaufs des Flusses. Die entstandene Wildnis bot eine ideale Umgebung für eine Forschungsstation, die seit 1970 angesiedelt ist.

Anfang der achtziger Jahre führte die Säugetierkundlerin Louise Emmons eine Untersuchung über die drei terrestrischen Topcarnivoren dieses Standorts durch – Jaguar, Puma und Ozelot. Sie arbeitete mit einer Vielzahl von Methoden; so fing sie ein bis mehrere Exemplare von jeder Art ein und rüstete sie mit Radiosendern aus. Damit konnte sie Wanderungen und Habitatnutzung nachvollziehen. Die Nahrung der Raubtiere rekonstruierte sie anhand unverdauter Knochen, Schuppen und Haare in abgesetztem Kot. Frau Emmons konnte dank der Gewohnheit aller drei Katzen, die Stationspfade zu benutzen, sehr viele Proben sammeln. Die Kothaufen konnten den Arten anhand der darin enthaltenen Haare zugeordnet werden, da Katzen beim Putzen ihre eigenen Haare schlucken. Während desselben Zeitraumes führte Frau Emmons ausgiebige Bestandsaufnahmen tag- und nachtaktiver Säugetiere durch, um die verfügbare Beute festzustellen.

Der Jaguar erwies sich als opportunistischer Generalist, der nicht nur Säugetiere, sondern auch zahlreiche Reptilien (Schildkröten und Krokodile) und gelegentlich Fische und Vögel fraß. Im Gegensatz dazu waren Puma und Ozelot ausgesprochene Säugetierfresser. Der Ozelot als kleinste der drei Arten nahm meistens Beute mit einem Gewicht von weniger als einem Kilogramm zu sich, während die beiden größeren Katzen im allgemeinen größere Beute schlugen.

Als Frau Emmons die drei Raubtiere und ihre Säugetierbeute im Zusammenhang betrachtete, ergab sich ein unerwartetes Resultat. Die Beutetierarten tauchten in der Katzennahrung mit Anteilen auf, die fast genau ihren relativen Häufigkeiten im Lebensraum entsprachen. Dieser Zusammenhang zwischen Nahrung und Beuteverfügbarkeit belegt, daß die drei Katzen ihre Beute nicht selektiv schlagen. Die Verfolgung über die Radionsender zeigte, daß alle während der Jagd langsam, mit gleichmäßiger Geschwindigkeit gingen. In der dichten Pflanzendecke eines tropischen Waldes besteht kaum Gelegenheit, fliehende Ziele in wilder Verfolgungsjagd zur Strecke zu bringen. Beutetiere werden offenbar entweder am Ort der Begegnung gefangen oder verfehlt. Es gibt keine Herden, aus denen kranke oder schwache Tiere ausgesondert werden, wie dies Löwen und Geparden in den Steppen Ostafrikas praktizieren.

Weil Regenwaldkatzen jedes Säugetier angreifen, auf das sie stoßen, wird ihre eigene Häufigkeit im wesentlichen durch die Beutetierarten mit den höchsten Reproduktionsraten be-

8.17 Der Jaguar (*Panthera onca*) hält die Bestände vieler Beutetiere auf einem niedrigen Niveau und erzeugt damit ein „natürliches Gleichgewicht" im Tropenwald Südamerikas.

8.18 Eine Familie von Capybaras (*Hydrochaeris hydrochaeris*) faulenzt in einem venezuelanischen Sumpf. Diese 60 Kilogramm schweren Pflanzenfresser, die zahlreiche Nachkommen hervorbringen — die größten Nagetiere überhaupt — sind in den Feuchtgebieten des tropischen Südamerika häufig; in Waldgebieten sind sie jedoch weitgehend auf Flußufer beschränkt.

stimmt. Allein zwei Arten machen zusammen einen Großteil der Beutetierbiomasse im Ökosystem aus: Capybaras (Wasserschweine), die bis zu vier Jungtiere werfen, und Pekaris, deren Würfe aus zwei oder drei Jungtieren bestehen, die sehr schnell heranwachsen. Arten wie der Kleine Nasenbär, Aguti und Paka bringen pro Wurf nur ein oder zwei Junge zur Welt und sind deshalb beträchtlich seltener Beute. Wenn sich rasch vermehrende Beutetierarten die Dichte der Großkatzen relativ hoch halten, könnten die Räuber auch die Dichte weniger produktiver Beutetiere verringern.

Daß große Raubtiere einen Einfluß auf weniger produktive Beutetierarten ausüben, geht aus dem Vergleich der Dichten landlebender Säugetiere bei Cocha Cashu und auf BCI hervor. Mehrere Arten, darunter der Kleine Nasenbär, das Aguti und das Paka, sind dort, wo

große Raubkatzen fehlen (BCI), doppelt so häufig wie dort, wo diese Beutegreifer in natürlicher Anzahl vorkommen (Cocha Cashu). Vielleicht gibt es noch andere Erklärungen für die beobachteten Häufigkeitsunterschiede, die unmittelbarste ist jedoch, daß mittelgroße Säugetiere auf BCI übermäßig häufig geworden sind, weil dort keine Raubtiere leben. Falls dies zutrifft, folgt daraus, daß die Dichte dieser Tiere in Gegenwart von Räubern und von Beute mit vielen Nachkommen auf ein weit tieferes Niveau gedrückt wird, als dies die zur Verfügung stehende Nahrung zuließe. Wenn die Zahl dieser Tiere in der Abwesenheit von Raubtieren gewaltig zunimmt, könnten diese beginnen, ihre Nahrungsvorräte zu übernutzen und so „indirekte Effekte" hervorrufen.

Diese Mutmaßung ist besonders plausibel für den Kleinen Nasenbären (ein Raubtier, das Vogeleier, Nestlinge und andere kleine Wirbeltiere erbeutet), das Aguti (einen Körnerfresser, der die Samen vieler Baumarten der vollentwickelten Kronenregion verzehrt) und das Paka (einen Frucht- und Körnerfresser, der daneben frische Sämlinge in großer Zahl konsumiert). Nasenbären scheinen zum Beispiel auf BCI mindestens zwanzigmal häufiger zu sein als bei

Cocha Cashu. Somit ist die Vorstellung nicht weithergeholt, daß ihre außergewöhnliche Dichte für das Aussterben einiger Vogelarten auf BCI verantwortlich ist.

Diese Schlußfolgerung wird durch die schon früher zitierte Entdeckung von Willis gestützt, daß die Nester bestimmter Vogelarten extrem häufig geplündert wurden. In noch jüngerer Zeit sind Willis Beobachtungen durch direkte experimentelle Belege bestätigt worden. Eier von *Coturnix*-Wachteln wurden in künstlichen Nestern auf BCI und an einer Stelle auf dem nahen Festland ausgesetzt, wo die meisten der ausgestorbenen BCI-Vogelarten noch vorkamen. Von 101 kontrollierten Nestern am Festlandsstandort gingen nur vier an Räuber verloren, während der Tribut auf BCI 35 von 51 betrug. Es mag nicht gerechtfertigt sein, daraus zu schließen, daß Nestplünderung auf BCI fünfzehnmal so oft auftritt, dennoch ist Nestraub dort ungewöhnlich häufig, und es wäre denkbar, daß bestimmte Arten eben deshalb verschwunden sind.

Wie Tabelle 8.2 eindeutig zeigt, sind Kleine Nasenbären nicht die einzigen Beutetiere von Großkatzen, die auf BCI häufiger geworden sind. Agutis und Pakas haben in ähnlicher Weise zugenommen. Außergewöhnlich große Populationen dieser und vielleicht anderer samenfressender Wirbeltiere könnten die Bestandserneuerung bestimmter Baumarten auf BCI durch den Verzehr ungewöhnlich vieler Samen und Sämlinge hemmen.

Auf BCI forschende Wissenschaftler haben kürzlich damit begonnen, diese Behauptung zu prüfen. Erstens zeigten sie, daß Samen und Keimlinge zweier großsamiger Baumarten des vollentwickelten Regenwaldes, *Dypteryx panamensis* und *Gustavia superba*, auf der Gigante-Halbinsel des benachbarten panamesischen Festlandes, wo die Säugetierbestände durch Bejagung niedrig gehalten werden, bis zu zehnmal häufiger überleben. Zweitens hat ein Trio von

Biologen auf BCI kürzlich berichtet, daß der Waldbestand auf mehreren, 70 Jahre alten kleinen Inseln im Gatunsee sich auffallend sowohl von denen auf BCI als auch des panamesischen Festlandes unterscheiden. Auf diesen Inseln hat möglicherweise das Fehlen großer Samenfresser zu einer verminderten Vielfalt der Baumgesellschaft geführt.

Im einzelnen wurden die Baumgesellschaften einiger Inseln von zwei oder mehr der folgenden großsamigen Arten beherrscht: *Protium panamense* (Burseraceae), *Scheelea zonensis* (Palmae), *Oenocarpus mapora* (Palmae) und *Swartzia simplex* (Leguminosae). Sicherlich gibt es mehr als eine mögliche Erklärung für die extrem ungewöhnliche Baumzusammensetzung dieser kleinen Inselwälder. Immerhin stimmen die Ergebnisse mit einem Szenario überein, in dem das Fehlen von Agutis und anderen kör-

Tabelle 8.2: Populationsdichten terrestrischer Säugetiere bei Cocha Cashu und auf der Insel Barro Colorado

	Individuenzahl pro Quadratkilometer	
	Coha Cashu	Barro Colorado
Didelphis marsupialis (Opossum)	20	47
Dasypus spec. (Gürteltier)	4	53
Silvilagus brasiliensis (Kaninchen)	+	7
Dasyprocta spec. (Aguti)	5	100
Agouti paca (Paka)	4	40
Nasua narica (Nasenbär)	+	24
Tapirus spec. (Tapir)	<0,5	0,5
Tayassu tajacu (Pekari)	6	9
Mazama + Odocoileus (Trughirsche)	2,6	2,7

nerfressenden Säugetieren einen enorm gesteigerten Jungwuchs mehrerer Baumarten zugelassen hat, deren große Samen üblicherweise von samenfressenden Wirbeltieren verzehrt werden. Die kleinen Inseln im Gatunsee demonstrieren in überzeugender Weise die Bedeutung „indirekter Effekte" zur Regulation der Artenvielfalt tropischer Wälder. In diesem Fall scheint das Fehlen von Topcarnivoren vielen Beutetierarten eine übermäßige Vermehrung zu erlauben. Deren abnorm hohe Anzahl kann ihrerseits das Verjüngungsmuster von Bäumen verändern. Solche Kettenreaktionen erweisen sich in der Ökologie möglicherweise als außerordentlich wichtig, und vielleicht liefern sie den Schlüssel zur Erhaltung der Artenvielfalt in den Tropen.

Überblick

Topcarnivoren scheinen die Häufigkeit vieler Beutetiere im tropischen Wald der Neuen Welt zu regulieren. Dazu gehören Beutetiere wie der Kleine Nasenbär (ein „Mesopredator") sowie Samen- und Sämlingsfresser wie Aguti und Paka. Fehlen die Topcarnivoren, nimmt die Zahl dieser Tiere erheblich zu, und sie beginnen, indirekte Effekte auf das Ökosystem auszuüben: Sie rotten bodenbrütende Vögel und möglicherweise andere kleine Wirbeltiere aus (Nasenbär) oder verändern die Bestandsverjüngung bestimmter Baumarten (Aguti, Paka). Diese indirekten Effekte dürften mitverantwortlich für das Aussterben zahlreicher Wirbeltier- und Pflanzenarten sein. Darüber hinaus können indirekte Effekte den Verlust an Artenvielfalt erklären, der sich aus der Zerstückelung von Lebensräumen ergibt, denn Topcarni-

voren verschwinden normalerweise als erste Faunenelemente in vom Menschen beherrschten Ökosystemen.

Obwohl eine solche Schlußfolgerung als vorläufig anzusehen ist, solange sie nicht durch weitere Untersuchungen bestätigt wird, hat sie weitreichende Auswirkungen auf das zukünftige Management isolierter Wälder als Naturschutzgebiete. Wenn Jaguare und Pumas tatsächlich die Bestandszahlen vieler landlebender Säugetiere begrenzen und wenn einige davon ihrerseits wichtige Räuber von Vogelnestern, kleinen Wirbeltieren, Samen und Sämlingen sind, müssen wir anerkennen, daß die Vielfalt der Tropenwälder nur erhalten werden kann, wenn ein mehr oder weniger natürliches Gleichgewicht zwischen den Topcarnivoren und ihrer Beute gewährleistet bleibt. Eine Störung dieser Balance – durch Verfolgung der Topcarnivoren, durch Überjagung von Pakas, Agutis, Pekaris und vielleicht noch anderen Wildarten oder durch Zerstückelung der Landschaft in Inseln, die zu klein sind, um das ganze ineinandergreifende System fassen zu können – könnte zu einer allmählichen und vielleicht irreversiblen Erosion der Vielfalt auf allen Ebenen führen.

Ironischerweise stellt sich heraus, daß Arten, die so selten sind, daß selbst ein aufmerksamer Beobachter nur mit Glück eine davon während eines Jahres Freilandarbeit zu sehen bekommt – Tiger, Jaguar, Leopard – eine Schlüsselfunktion besitzen, die Stabilität des Ökosystems zu erhalten. Löschen wir diese Arten unabsichtlich aus, wie wir es mit ihren Gegenstücken im größten Teil Europas und Nordamerikas getan haben, können Forstmanager im Bemühen um den Erhalt der Vielfalt zwar versuchen, ihre Funktion nachzuahmen, es ist jedoch fraglich, ob es uns je so gut gelingt wie ihnen selbst.

9

Das Management
von Tropenwäldern

9.1 Eine Herde von Zebukühen im brasilianischen Bundesstaat Rondonia marschiert im Gänsemarsch durch den morgendlichen Nebel. Von der Regierung subventionierte Programme zur Förderung der Viehzucht waren in den achtziger Jahren der gewichtigste Einzelgrund zur Entwaldung in den Tropen.

Die im vorangegangenen Kapitel erörterten Schlüsse aus der Inselbiogeographie lassen eine düstere Zukunft erahnen. Selbst wenn, wie es geboten scheint, schließlich etwa fünf Prozent der Tropenwälder der Erde auf irgendeine Art offiziell geschützt werden, reicht die Gesamtfläche der Lebensräume möglicherweise nicht aus, um langfristig den Fortbestand der biologischen Vielfalt zu gewährleisten. Mit Sicherheit werden Arten verschwinden, wenn, wie es beinahe ausnahmslos Praxis war, die einzelnen Schutzeinheiten nicht mehr als ein Prozent der ursprünglichen Fläche bewahren. Bestenfalls werden Überbleibsel dieser Größe lediglich einen Abglanz von der Vielfalt der ursprünglichen Landschaft enthalten; schlimmstenfalls werden sie nicht in der Lage sein, lebensfähige Populationen von Schlüsselarten wie Topcarnivoren und wandernden Fruchtfressern zu bewahren. Das Verschwinden großer Säugetierarten aus den größeren Nationalparks der Vereinigten Staaten von Amerika und Ostafrikas beispielsweise ist schon reichlich dokumentiert. Ist also eine Flut von Artensterben in den Tropen unumgänglich?

Die Antwort hängt ganz allein davon ab, wie der Rest der Landschaft gemanagt wird. Wenn die Massenabholzung – wie gegenwärtig in Brasilien, Westafrika, Indonesien und anderswo – unkontrolliert fortgesetzt wird, verschwindet ein Großteil der biologischen Vielfalt mit großer Gewißheit. Andererseits wäre die Ausrottungsflut zu verhindern, wenn ausgedehnte Flächen halbnatürlichen Waldes außerhalb von Schutzgebieten erhalten werden können. Es wird jedoch keinen Anreiz geben, große Flächen bewaldet zu lassen, bis man Möglichkeiten findet, Wälder wirtschaftlich rentabel zu machen, ohne sie zu zerstören. Damit die tropische Natur in erkennbarer Form überlebt, werden tropische Länder ein Entwicklungsstadium überspringen müssen, das praktisch alle Industrienationen durchlaufen haben, nämlich die

systematische Rodung des Urwaldes. Ein größerer Teil der Artenvielfalt in den gemäßigten Breiten überlebte diesen Eingriff; hier und im letzten Kapitel vorgelegte Beweise lassen jedoch vermuten, daß es der tropischen Vielfalt nicht so gut ergehen wird.

Über 99 Prozent der Pflanzen- und Tierarten Nordamerikas und Europas überlebten das Verschwinden des Urwaldes. Nur wenige Arten gingen endgültig verloren, ein Grund dafür ist, daß sich die Entwaldung über mehrere Jahrhunderte erstreckte und sich so manche Gebiete teilweise erholt hatten, bevor andere betroffen waren. Im Gegensatz dazu schreitet die Abholzung in den Tropen so rasch voran, daß ganze Länder kahl sein werden, noch ehe es zu einer merklichen Erholung kommt. In einer Reihe von Ländern wird der Wald schon bald völlig verschwunden sein, darunter in El Salvador, Haiti, Elfenbeinküste, Nigeria, Madagaskar und den Philippinen.

Sämlinge können neue Standorte besiedeln, wenn Vögel und Säugetiere Samen vom Mutterbaum fortschleppen. Die Mehrheit der Bäume in gemäßigten Breiten wächst aus Samen heran, die vom Wind oder von kleinen Vögeln verbreitet werden; daher sind diese Bäume in ihrer Vermehrung nicht von jagdbaren Vögeln oder Säugetieren abhängig. Einige sind jedoch auf diese Verbreiter angewiesen: Eichen, Hikkorybäume, Kastanien, Buchen, Walnußbäume, Kakibäume und noch einige andere. Bei diesen Ausnahmen wird eine entsprechende Zahl von Eichhörnchen, Opossums und anderen kleinen Säugern tätig, die in Menschennähe leben können. Im Gegensatz dazu vernichtet Abholzung tropischen Waldes viele Arten von samentransportierenden Vögeln und Säugetieren, und zwar sowohl durch Zerstörung ihres Lebensraumes als auch durch verstärkte Bejagung. In tropischen Wäldern der Festländer werden die Samen einer beträchtlichen Mehrheit der Bäume von großen Vögeln und Säugetieren verbreitet, welche die Bevölkerung als

Wild betrachtet. Arten werden in Siedlungsnähe systematisch ausgerottet. Zu den Hauptverbreitern gehören in hohem Maße eßbare Tiere wie Huftiere (Hirsche, Antilopen), Primaten (Halb-, Menschenaffen und ihre Verwandten), das Aguti und andere große tropische Nagetiere der Neuen Welt, Guans (Hühnervogel), Tukane, Turakos, Nashornvögel sowie auf Neuguinea Kasuare.

9.2 Da Huftiere oder andere große Säugetiere fehlen, erfüllen Kasuare (*Casuarius casuarius*) die wichtige Aufgabe der Samenverbreiter in den Wäldern Neuguineas, indem sie die herabgefallenen Früchte beseitigen und der Samen eine Darmpassage mitmacht.

Erholung von Störungen in den Tropen

Die extensive Rodung tropischer Wälder, gepaart mit der Ausrottung der Samenverbreiter, versetzt der biologischen Vielfalt einen doppelten Schlag – sie braucht womöglich Jahrhunderte, um sich davon zu erholen. Sicher werden Bäume sprießen, und nach 50 bis 100 Jahren mag der Neuwuchs einem normalen Tropenwald ähneln, doch wird der Folgewald häufig nichts als ein blasses Abbild des ursprünglichen Ökosystems sein. Die Pflanzenvielfalt wird erheblich reduziert sein, und viele Vögel, Säugetiere, Reptilien und andere, kleinere Tiere werden nicht schnell zurückkehren.

Man kann diese Schlußfolgerung aus zwei Typen von Beobachtungen ziehen, einer eher anekdotenhaften und einer auf systematischen Erhebungen beruhenden. Die Begebenheit stammt aus persönlichen Beobachtungen bei Tikal (Guatemala), einem Standort, der vor Jahrhunderten aufgegeben wurde, nachdem er vorher ein Zentrum der Mayakultur war.

Archäologische Überreste deuten darauf hin, daß während der Mayahochkultur, die von 300 bis 900 n. Chr. dauerte, Hunderte von Quadratkilometern rund um die großen Pyramiden von Tikal gerodet und intensiv bewirtschaftet wurden. Rätselhafterweise fand diese großartige Kultur im 9. Jahrhundert n. Chr. ein jähes Ende, und das Gebiet wurde weitgehend aufgegeben. Während der folgenden 1200 Jahre erholte sich der Wald bei Tikal, erlangte dabei sogar große Ausmaße und birgt heute eine Vielzahl von Wildtieren und -pflanzen.

Doch fällt das scharfe Auge des Botanikers auf zwei Merkmale des Waldes: Erstens ist die Pflanzenvielfalt anomal niedrig, und zweitens sind viele der heute häufigen Baumarten bekanntermaßen Nutzbäume der Maya gewesen, weil sie entweder begehrtes Holz besaßen oder eßbare Früchte oder Nüsse trugen. Außergewöhnliche Konzentrationen der letzteren tragen zweifellos zu den hohen Bestandsdichten von Pekaris, Affen, Truthühnern, Papageien und anderen wildlebenden Tieren bei, die man heutzutage in den Ruinen sieht. Unter diesen Voraussetzungen, die nach der heutigen Praxis unüblich wären, ersetzten die Menschen teilweise die fehlenden tierischen Verbreiter. Nach 1200 Jahren hat der Standort immer noch kein normales Niveau an pflanzlicher Vielfalt wiedererlangt.

Daß sich die biologische Vielfalt nach einer größeren Störung nur sehr langsam wieder erholt, wird in einer Studie veranschaulicht, die ich mit mehreren Kollegen in einem Über-

schwemmungsgebiet in Amazonien durchführte. Wir machten uns das aktive Mäandrieren des Manuflusses zunutze, um den Erholungsprozeß zu untersuchen. Wenn sich der Fluß während der jährlichen Überschwemmungen immer tiefer in das Prallufer einschneidet, entstehen in jedem Mäanderbogen lange Landzungen. Wo die Ufer tief liegen oder aus sandigem Substrat bestehen, kann der Fluß sich jährlich recht eindrucksvoll verlagern – bis zu 50 Meter und mehr. Während dieser Prozeß die Außenseite der Flußkrümmung erweitert, kommt an den inneren Rändern neues Sediment hinzu. Zieht sich der Fluß gegen Ende der Regenzeit zurück, wird das Sediment in Form langer Strände freigelegt, die sofort von verschiedenen Pflanzen besiedelt werden. Das Wachstum verläuft besonders rasch, weil das frische, angeschwemmte Material extrem fruchtbar ist, wurde es doch erst vor kurzem vom Muttergestein der Andenhänge abgetragen.

Zu den Pflanzen, die auf den freien Stränden sprießen, gehören Sämlinge einer Reihe von

9.3 Diesen vor über 1000 Jahren aufgegebene Mayatempel hat der Wald zurückerobert. Selbst nach einem Jahrtausend hat sich die pflanzliche Vielfalt an diesem hochgradig gestörten Ort noch nicht wieder völlig erholen können.

9.4 Die Spitze dieses inneren Mäanderbogens in Amazonien verlängert sich allmählich, weil der Fluß beim alljährlichen Hochwasser am gegenüberliegenden Ufer nagt. Die Vegetation ergreift rasch Besitz vom Neu- land und setzt damit eine Sukzessionsfolge in Gang, die sich jahrhundertelang fortsetzen muß, ehe pflanz- liche und tierische Vielfalt ihre höchste Stufe erreichen werden.

Pionierbaumarten – sie bilden die Vorhut einer langen Sukzessionsfolge. Manche wachsen sehr schnell und erreichen in nur drei Jahren Höhen von acht bis zehn Metern, während andere sich langsamer entwickeln. Die schnellwachsenden Arten erlangen nie einen stattlichen Wuchs, und die meisten davon sind kurzlebig, so daß nach einem Jahrzehnt die meisten Pionierpflan- zen abgestorben und durch langsamer wachsen- de, aber größere und langlebigere ersetzt wor- den sind. Wiederum andere Arten kommen all- mählich darunter hoch und überragen sie schließlich, um Vorrangstellungen in der Kro- nenregion einzunehmen. Der Wald durchläuft

mehrere Generationen mit stetem Wandel in der Zusammensetzung, bevor er nach vielleicht 300 Jahren das Reifestadium erreicht. Während der langen Phase des sukzessionellen Wandels nehmen Stattlichkeit, Artenvielfalt und vertika- le Komplexität des Waldes ständig zu. Parallel dazu steigen die Vielfalt und Häufigkeit der wildlebenden Tiere an, erreichen einen Spitzen- wert allerdings erst in den Phasen höchster Reife.

Ein 100 bis 150 Jahre alter Wald beherbergt erst halb so viele Vögel, Säugetiere und Bäume wie ein Wald im Reifestadium. Viele Baumarten in einem Wald dieses Alters sind charakteristisch für frühe Sukzessionsstadien. So trug zum Beispiel eine 0,5-Hektar-Parzelle, die schätzungsweise etwa 100 Jahre alt war, 164 Bäume aus 49 Arten. Von diesen 164 Einzelbäumen waren 111 oder 67 Prozent frühsukzessionale Arten, die zu zwölf der 15 häufigsten gehörten. Die meisten Spezies des reifen Waldes waren nur mit einem oder zwei Exemplaren vertreten. Selbst nach einem Jahrhundert hatte die schließlich entstandene Baumgesellschaft gerade erst mit der Besiedlung des Standortes begonnen.

Elizabeth Losos, Studentin an der Princeton University, stellte fest, daß nur sehr wenige Samen von Arten der Reifephase in diese frühen Sukzessionsstadien eingetragen werden – meist von Vögeln. Durch Aussaat von Samen und Umpflanzen von Sämlingen zeigte sie experimentell, daß manche Reifephasearten keimen, das Sämlingsstadium durchlaufen und unter frühsukzessionalen Bedingungen rasch wachsen können. Ihre Ergebnisse stützen die Schlußfolgerung, daß die langsame Verbreitung der Samen in die Frühstadien die Geschwindigkeit begrenzt, mit der sich die Artenvielfalt von schwerwiegenden Störungen erholt.

Tabelle 9.1: Artenvielfalt in mehreren Sukzessionsstadien auf einer Schwemmfläche in Amazonien

	Artenzahl		
	Pionierstadium, 3–5 Jahre	frühes Sukzessionsstadium, 30–50 Jahre	Spätes-Sukzessionsstadium, 100–150 Jahre	reifer Wald, >300 Jahre
Vögel	21	49	127	236
Primaten	0	2–6	6–8	8–12
Bäume*	19	33	50	112

* Zahl der Arten mit einem Mindestdurchmesser von 10 Zentimetern in Brusthöhe in Parzellen von 0,5 Hektar Größe

Frau Losos führte ihre Studien in einem beinahe optimalen Lebensraum durch; 500 Meter entfernt gab es Wald im Reifestadium, Jagen war verboten und alle tierischen Samenverbreiter kamen in natürlichen Bestandsdichten vor. Keine dieser Bedingungen trifft auf die riesigen, vom Menschen geschaffenen Lichtungen zu, die überall in den Tropen ein alltäglicher Anblick geworden sind. Damit sich die biologische Vielfalt an solchen Stellen regenerieren kann, reichen 1200 Jahre möglicherweise, so wie bei Tikal, nicht aus.

9.5 Ein Forscher dient als Größenvergleich, um die Entwicklung eines 20 Jahre alten Sekundärwaldes in Venezuela abzuschätzen. Ein solcher Wald mag vielleicht genug Nährstoffe für einen Wanderfeldbauzyklus angesammelt haben, wird aber noch viele Jahrzehnte brauchen, um sein ursprüngliches Holzvolumen wiederzuerlangen.

Als Fußnote zu dieser Diskussion sollte ich erwähnen, daß die Kriterien, nach denen ein Holzunternehmer die Qualität eines Bestands (Baumumfang, Basalfläche, Kubikmeter Holz pro Hektar) beurteilt, ob dieser in etwa 100 Jahren zumindest beinahe Höchstwerte erreicht – weniger als ein Drittel der Zeit, die der Wald benötigt, um seine maximale Vielfalt an Vögeln, Primaten und Bäumen wieder zu erlangen. Das frühe Erscheinen begehrter Nutzholzbäume verheißt nichts Gutes für die Bewahrung hochgradiger biologischer Vielfalt in intensiv genutzten Tropenwäldern.

Die Auswirkungen des Holzeinschlags auf die tropischen Wildtiere

Holzernte verändert unweigerlich den Lebensraum, auch wenn nur relativ wenige Bäume entfernt werden. Zusätzlich zur Verringerung der Baumdichte ändert der Holzeinschlag die Artenzusammensetzung des Waldes und setzt häufig die Artenvielfalt herab. Während ein Primärwald ein Fleckenmuster frühsukzessionaler Lichtungen enthalten kann, eingebettet in eine Matrix aus reifen Bäumen der Kronenregion, umfaßt ein ausgeholzter Wald oft übriggebliebene Gehölze reifen Waldes in einer Matrix aus frühsukzessionalem Jungwuchs.

Innerhalb des letzten Jahrzehnts befaßten sich eine Reihe von Studien mit dem Einfluß des Holzeinschlags auf die wildlebenden Tiere, insbesondere auf Primaten und Vögel. In diesen Untersuchungen wurden Tierpopulationen in ungestörten Primärwäldern Amazoniens, Afrikas und Südostasiens mit jenen in Wäldern verglichen, wo selektiver Holzeinschlag stattfand. (Dabei ernten die Holzunternehmer nur die wertvollen Arten.) Trotz geographischer Unterschiede bei Flora und Fauna zeigen die Ergebnisse dieser Untersuchungen eine bemerkenswerte Ähnlichkeit. Fruchtfressende Primaten und Vögel, besonders die größeren, nehmen nach der Zerstörung der Kronenregion zahlenmäßig ab. Andererseits sind Laubfresser häufig nicht betroffen. Ihre Anzahl kann tatsächlich sogar zunehmen, weil die sich regenerierende Vegetation mehr junge Blätter zu bieten hat.

Obwohl die Mechanismen, die den Rückgang der Fruchtfresser bewirken, noch nicht endgültig bestimmt worden sind, vermuten die Biologen, daß der Verlust wichtiger Nahrungsressourcen einer der Hauptfaktoren sein könnte. Selbst hochselektiver Holzeinschlag kann zu ernsten Waldschäden führen. Eine mustergültige Untersuchung durch den britischen Forstwissenschaftler Andrew Johns beobachtete die Auswirkungen des Einschlags von nur drei Prozent der Bäume in einem westmalaysischen Dipterocarpaceenwald. Er stellte fest, daß trotz des niedrigen Prozentsatzes gefällter Bäume 51 Prozent des Bestands zerstört wurden. Zu den drei Prozent entfernter Bäume kamen weitere fünf Prozent, die beim Straßenbau umgedrückt, und 43 Prozent, die während des Fällens und Holzrückens verletzt wurden oder dadurch abstarben. Der Schaden erstreckte sich über alle Baumarten und -größen. In diesem Fall gehörten die geernteten Bäume einer Familie (Dipterocarpaceae) an, die für die Primatenernährung keine wichtige Rolle spielt. Trotzdem verminderte der Verlust anderer Bäume die Fruchtproduktion, während junges Laub weiterhin häufig vorkam.

In anderen Gegenden können die als Nutzholzlieferanten bevorzugten Baumarten eine wichtige Nahrungsquelle für die wildlebende Tierwelt sein, und die Entfernung dieser Arten kann zu einem abrupten Verschwinden bestimmter Primaten führen. Bemühungen, den Handelswert von Wäldern zu steigern, können gleichermaßen andere wildlebende Tiere bedrohen. Beispielsweise zerstört die Vergiftung kommerziell

vorher

40 Meter

20 Meter

0

nachher

20 Meter

0

9.6 Das Entfernen von nur drei Prozent der größten Bäume hinterläßt in diesem malaysischen Waldes eine Spur der Verwüstung. Sorgloses Fällen und das Eindringen schwerer Maschinen verletzen unnötigerweise die Hälfte der Bäume oder führen zu deren Absterben, wodurch sie den wirtschaftlichen Wert des Restwaldes stark mindern.

wertloser Feigenarten eine lebenswichtige Komponente der Nahrung vieler Vögel und Säugetiere des Regenwaldes.

Eine der wenigen Untersuchungen, die innerhalb einer Region die Auswirkungen unterschiedlich intensiven Holzeinschlags vergleichen, stammt von John Skorupa, einem Studenten der University of California. In Uganda entdeckte er, daß nach der Vernichtung von über 50 Prozent der Kronenregion die Zahl der Primaten stark zurückging, während weniger drastische Holzernten nur relativ geringe Auswirkungen hatten. Die Dauer widriger Bedingungen scheint vom Ausmaß der Zerstörung der Kronenregion abzuhängen. Werden mehr als 50 Prozent der Kronenregion entfernt oder vernichtet, kann der negative Einfluß jahrelang anhalten; bei weniger als 50 Prozent kann die Qualität des Lebensraumes relativ schnell wiederhergestellt werden, weil die verbliebenen Bäume sich rasch in die Bestandslücken hinein ausbreiten. Solche Resultate sprechen für die Einführung von Holzeinschlagmethoden, die den Wald möglichst geringfügig schädigen.

Naturstoffreservate als Modell für ein nachhaltiges Management

Kommerzielle Nutzholzgewinnung verursacht, besonders, wenn sie mit schweren Maschinen durchgeführt wird, langanhaltende Schäden an Wald und Boden. Naturschützer suchen nach harmloseren Methoden, um ökonomische Vorteile aus den Tropenwäldern zu ziehen. Ökotourismus ist eine der gegenwärtig geförderten Nutzungsformen. Eine weitere ist die Ernte sogenannter Sekundärprodukte. In vielen Teilen der Welt haben Einheimische den Tropenwäldern lange Zeit Produkte wie Früchte und Arzneikräuter entnommen, ohne die Artenvielfalt ernsthaft zu gefährden. Auf der langen Liste dieser Substanzen stehen auch solche, die Eingang in den Welthandel gefunden haben, wie Naturkautschuk, der Kaugummirohstoff Chiclegummi, Paranüsse, Rattan, Früchte, Harze, Latex, Fasern, Arzneipflanzen, Wild und lebende Tiere für Zoos und die medizinische Forschung. Vom Standpunkt des Naturschutzes sind diese traditionellen Nutzungsformen auf Dorfbasis ideal, weil der Wald im wesentlichen intakt bleibt.

Im Jahre 1989 lenkte der Mord an Chico Mendes, dem Führer der brasilianischen Kautschukzapfervereinigung, die Aufmerksamkeit der Welt auf die nichtzerstörerische Nutzung der Tropenwälder. Die Organisation war mit Viehzüchtern in Konflikt geraten, die den Wald, der den Kautschukzapfern seit Generationen einen Lebensunterhalt ermöglicht hatte, in Weideland verwandeln wollten. Der resultierende Wertekonflikt ist typisch für einen Prozeß, der ganz leise überall auf der Welt stattgefunden hat – überall dort, wo mächtige Interessenvertreter politisch unvermögende Menschen von dem Land vertrieben, das sie seit Jahrzehnten oder Jahrhunderten nutzten.

Die Ermordung von Chico Mendes rückte den Konflikt über die Landrechte im brasilianischen Staat Acre ins prüfende Blickfeld der Weltöffentlichkeit. Peinlich berührt von der ungünstigen Publicity stimmte die brasilianische Regierung der offiziellen Errichtung eines „Naturstoffreservats" in Acre zu, wo Lebensweise und Auskommen der Kautschukzapfer gesichert sein sollten.

Nun, da sich die Emotionen gelegt haben, müssen wir uns fragen, ob solche Naturstoffreservate wirklich ökonomisch sinnvoll sind. Der Antrieb, Naturstoffreservate in Brasilien und andernorts in den Tropen einzurichten, gründet auf einer Reihe sehr optimistischer wirtschaftlicher Analysen. Diesen Berichten zufolge können die Einnahmen aus dem Verkauf von natürlichen Waldprodukten potentiell die Einkünfte aus destruktiveren Entwicklungsformen, wie Holzeinschlag und Viehzucht, übersteigen. Wir wollen dazu zwei Untersuchungen aus dem Amazonasgebiet betrachten, der Region, die ich am besten kenne.

Ein viel zitierter Artikel, der im Jahre 1989 von einem hervorragenden multidisziplinären Team aus einem Botaniker, einem Zoologen, einem Ökologen und einem Ökonomen herausgegeben wurde, bewertete die Jahresproduktion an Früchten, Nüssen, Gummi und Nutzholz, die ein einziger Hektar Wald in der Nähe von Iquitos in Peru hervorbringt. Den Wert dieser Produkte errechneten sie auf der Basis der gegenwärtigen Einzelhandelspreise auf dem Markt von Iquitos. Die Autoren sagten Bruttoeinkünfte von 650 US-Dollar pro Hektar und Jahr voraus und schätzten den gegenwärtigen Nettowert des Waldbestands auf 8890 US-Dollar pro Hektar. Diese Summen schneiden im Vergleich zu solchen aus alternativen Formen der Landnutzung in derselben Region, wie Weidewirtschaft und Holzplantagen für die Zellstoffherstellung, extrem günstig ab, doch repräsentieren die Zahlen theoretische Mutmaßungen und keine tatsächliche Erfahrung.

In einem weiteren, 1989 veröffentlichten Artikel beschreibt der Anthropologe Stephan Schwartzman das Einkommen von Familien im Bundesstaat Acre, die eine Mischwirtschaft aus Gummizapfen und Sammeln von Paranüssen betreiben. Eine Durchschnittsfamilie erzeugt im Jahr etwa 750 Kilogramm Kautschuk und 4500 Kilogramm Paranüsse auf einem Besitz von rund 200 Hektar. Die Familien bewirtschaften auch Gärten und betreiben Viehzucht – allerdings nur für den Eigenbedarf. Bei den derzeitigen Preisen bringt das Geld aus dem Verkauf des Kautschuks und der Paranüsse ein Jahreseinkommen von 960 US-Dollar pro Familie. Pro Hektar Wald beträgt der Gewinn 4,80 US-

9.7 Ein „Chiclero" in Guatemala ritzt vorsichtig die Rinde eines Gummibaumes (*Manilkara zapota*) an, um das für die Kaugummiherstellung verwendete, kostbare Latex abzuzapfen. Traditionelle Zapfwirtschaft wie hier hat Menschen auf dem Land seit Generationen ein Auskommen gesichert, gefährdet aber die biologische Vielfalt des Waldes nicht ernsthaft.

Dollar im Jahr. Dieser reale Ertrag weicht deutlich von dem hypothetischen Gewinn von 650 US-Dollar pro Jahr ab, der im vorangegangenen Abschnitt angegeben wurde.

Wahrscheinlich können unterschwellig vorausgesetzte Annahmen im ersten Beispiel für einen Großteil der Diskrepanz zwischen den beiden Werten verantwortlich gemacht werden. Eingebettet in die ökonomischen Argumente sind Vermutungen über Preise, Märkte und andere relevante Bedingungen, die bei kritischer Betrachtung hinfällig werden. In ihrer Verzweiflung über die schwierige Lage neigen Na-

9.8 Dieser „Castaneiro" öffnet ungeachtet des Risikos für Finger und Zehen kokosnußgroße Paranußfrüchte, um die bekannten Nüsse herauszuholen. Obwohl solche primitiven Techniken umweltfreundlich sind, gestatten sie den Arbeitern nur eine wirtschaftliche Randexistenz. Die Ausbreitung von Plantagen und die zunehmende Mechanisierung dürften dieser traditionellen Lebensweise wohl binnen einer Generation ein Ende setzen.

turschützer dazu, sich an Strohhalme zu klammern. Bei der günstigen Wirtschaftsanalyse hat das Wunschdenken über die Objektivität gesiegt.

Eine realistischere Auffassung ist, daß sich die Preise auf dem Markt von Iquitos zwischen Angebot und Nachfrage einpendeln. Da Iquitos von Amazonaswald umgeben ist, ist das Angebot an Waldprodukten praktisch unbegrenzt; daher bestimmt die Nachfrage den Preis. Wollten mehr Menschen aus dem Sammeln von Früchten und Nüssen ein Einkommen erzielen, müßte das Angebot gesteigert werden, ohne

die Preise ernstlich zu drücken – eine höchst unwahrscheinliche Aussicht. Die meisten sekundären Produkte außer Holz wie Früchte, Nüsse, Gummi, Latex und Arzneipflanzen sind außerhalb der Ursprungsländer unbekannt und haben dort nur extrem begrenzte Märkte, die durch ein Überangebot leicht zusammenbrechen können.

Manche wohlmeinende Organisationen versuchen, die Nachfrage durch Förderung von Exportmärkten für Produkte aus dem Amazonaswald zu vergrößern. Nach meiner Auffassung werden diese Bemühungen, wenn sie erfolgreich sind, unbeabsichtigt eine gesteigerte Entwaldung nach sich ziehen. Die Produktivität natürlicher Wälder ist niedrig und die Ernte in der Regel von schlechter Qualität. Beispielsweise werden Wildfrüchte oft von Pilzen oder Insektenlarven befallen und beim Fall aus der hohen Kronenregion häufig gequetscht. Ihre mindere Qualität macht solche Produkte für den internationalen Handel ungeeignet.

Darüber hinaus ist es fraglich, ob natürliche Wälder mit Plantagen für pflanzliche Produkte, die im großen Maßstab vermarktet werden, konkurrieren können. Ein einschlägiger Fall ist Naturkautschuk. Die fortgesetzte Kautschukernte in Brasilien beruht auf extrem empfindlichen Wirtschaftsbedingungen, wie Philip Fearnside, einer der führenden Experten für Entwicklung in Amazonien, deutlich beschreibt.

»Ein Schlüsselfaktor, von dem die Lebensfähigkeit des Modells der Naturstoffreservate abhängt, ist der Kautschukpreis. In Brasilien wird Kautschuk durch die Preispolitik der Regierung stark subventioniert. Weil der Pilz *Microcyclus* in Südostasien nicht vorkommt, ist Plantagenkautschuk dort von Natur aus billiger zu produzieren als in Amazonien. Der Weltmarkt für Kautschuk erlitt in den achtziger Jahren eine so starke Flaute, daß viele ertragreiche Plantagen in Indonesien und Malaysia gerodet und andere Nutzpflanzen gesetzt wurden. Brasilien importiert zwei Drittel seines Kautschuks; das restliche Drittel wird im Land erzeugt und zu einem Preis aufgekauft, der zwar vom Standpunkt der Gummizapfer niedrig ist, aber weit über dem der internationalen Rohstoffmärkte liegt. Der Preisunterschied wird von den brasilianischen Verbrauchern bezahlt, wenn sie Kautschukerzeugnisse kaufen.«

Heute gibt es einen starken, weltweiten Trend zu freiem Handel und der Beseitigung künstlicher Märkte. Angesichts dieser Tendenz erscheint die Zukunft von Naturstoffreservaten, die auf Naturkautschuk basieren, hochproblematisch. Jedes Naturprodukt, das sich einer stabilen internationalen Nachfrage erfreut, wird in Plantagen erzeugt, wenn es die gegenwärtige Technologie zuläßt. Solche Plantagen werden wahrscheinlich auf Kosten des natürlichen Waldes errichtet, daher die Vorhersage, daß die Förderung von Märkten für natürliche Waldprodukte zu weiterer Entwaldung führen wird.

Alle tatsächlichen und projektierten Naturstoffreservate liegen in dünn besiedelten Regionen, wo mangelnde Transportmöglichkeiten die wirtschaftliche Entwicklung hemmen. Der Bau von Straßen durch diese Gebiete wird den Naturstoffreservaten den Todesstoß versetzen, denn Regierungen auf der ganzen Welt haben sich gegenüber der Flut landhungriger Subsistenzbauern als machtlos erwiesen. Selbst dort, wo die Weltbank Schutzgebiete finanziert hat, wie in Rondonia, drangen überall Holzfäller, Schürfer oder Siedler ein, sobald Straßen den Zugang ermöglichten.

Das Sammeln ist grundsätzlich eine wirtschaftliche Randtätigkeit. Selbst in Teilen von Acre, wo Naturkautschuk und Paranußbäume ihre höchste natürliche Dichte erreichen, brauchen Zapfer- und Sammlerfamilien 200 Hektar zur Deckung ihres Bedarfs. Um die Landzuweisung an Naturstoffreservate zu rechtfertigen, müßten die Regierungen davon überzeugt werden, daß es keine produktiveren und politisch attraktive-

ren Formen der Landnutzung gibt. In manchen abgelegenen, straßenlosen Gebieten könnten die Gegebenheiten Naturstoffreservate eine Zeitlang begünstigen, doch scheint eine intensivere Landnutzung unvermeidbar, wo immer sich ein Bevölkerungsdruck aufbaut. Statt der 200 Hektar, die eine Familie von „Shiringeiros" benötigt, reichen für eine Familie von Wanderfeldbauern 50 Hektar. Auch noch kleinere Parzellen können genügen, wenn sie nach der Methode der Low-Input-Bestellung (siehe Kapitel 2) bewirtschaftet werden. Wird die politische

9.9 Straßenbau im brasilianischen Amazonien. Große Abschnitte der 32 000 Kilometer langen Transamazonica wurden bei wolkenbruchartigen Regenfällen ausgewaschen und sind entweder nur noch in der Trockenzeit passierbar oder wurden ganz aufgegeben.

9.10 Ein Blick in die Zukunft? Gerodetes Land des regelmäßig überschwemmtem Varzea-Waldes hat sich als geeignet für intensiven Reisanbau erwiesen. Die moderne Landwirtschaft ist in Amazonien nicht weit verbreitet, weil den Dorfbewohnern das Kapital zur Investition in die nötigen Dämme und Wasserbaumethoden fehlt.

Realitität eine extensive Landnutzung in Ländern mit 50, 100 oder 150 Menschen pro Quadratkilometer zulassen? Dies scheint wenig wahrscheinlich.

Vielmehr dürften sich bald eher intensive als extensive Formen der Landnutzung bald über den größten Teil der noch verbliebenen tropischen Wildnis ausbreiten. Landwirtschaftliche Erzeugnisse und Holz sind die Grundlage jeder Wirtschaft auf der Welt und in immer größeren Mengen erforderlich, um die Bedürfnisse des Bevölkerungswachstums zu decken. Selbst gerade eben zum Ackerbau taugliches Land, wird gerodet und besiedelt werden. Wegen fortgesetzt schrumpfender Wälder erhöht sich der Preis für tropisches Edelholz. In der Zwischenzeit dürfte der Weltmarkt für Holz auf absehbare Zukunft weiter zunehmen. Irgendwann wird Holz so knapp und kostbar sein, daß Wälder wirtschaftlich wieder mit anderen Landnutzungsformen konkurrieren können. Wir müssen jedoch befürchten, daß sich ein solches Gleichgewicht in den Tropen erst dann einstellt, wenn der Primärwald völlig verschwunden ist.

Die Erhaltung der biologischen Vielfalt in bewirtschafteten Tropenwäldern

Ohne Zweifel werden die Wälder in den Tropen nur weiterbestehen, wenn sie ökonomisch erfolgreich sind. Sie müssen neben der Gewinnung von sekundären Waldprodukten weitere lohnende Aktivitäten zulassen. Naturschützer sind sich dieser Notwendigkeit bewußt. Seit kurzem propagieren sie daher die sogenannte „natürliche Waldbewirtschaftung". Die Details der Bewirtschaftung können variieren, aber das Ziel der natürlichen Waldbewirtschaftung ist die Gewinnung von Nutzholz aus einheimischen Beständen, die sich aus einer Vielzahl von Arten zusammensetzen. Ihre Anwender entwerfen Pläne zur Waldbewirtschaftung, um die Produktivität wirtschaftlich wertvoller Nutzholzarten zu steigern. Die Zusammensetzung der Baumarten wird sich bei fast jeder Form der Bewirtschaftung unweigerlich ändern, so daß Wälder bei natürliche Waldbewirtschaftung nicht immer ihren ursprünglichen Charakter beibehalten.

Natürliche Waldbewirtschaftung ist kein neues, vielmehr ein wiederbelebtes, altes Konzept. Bevor viele tropische Länder der alten Welt in den Sechziger Jahren ihre Unabhängigkeit erlangten, haben Kolonialverwaltungen Forschungen über die natürliche Waldbewirtschaftung angestellt und in die breite Praxis umgesetzt. Viele der ursprünglichen Wirtschaftspläne konnten die Nutzholzproduktion nicht im gewünschten Maße steigern und wurden aus Enttäuschung aufgegeben. Nun ist das Konzept in neuer Gestalt an der Front der tropischen Forstwirtschaft wieder aufgetaucht – die natürliche Waldbewirtschaftung gibt sich nicht mehr nur mit der Steigerung von Holzerträgen zufrieden. Die Befürworter der natürlichen Waldbewirtschaftung treten dafür ein, in ihren Bewirtschaftungsplänen besonders den Fortbestand der Artenvielfalt zu berücksichtigen. In der Praxis darf sich das Management der Tropenwälder zur Erhaltung der biologischen Vielfalt nicht allein auf die Bäume beziehen, sondern muß genauso die Tierpopulationen berücksichtigen, damit wichtige Samenverbreiter nicht verschwinden.

Während ich dies im Jahre 1991 schreibe, ist die natürliche Waldbewirtschaftung in den Tropen mehr Traum als Realität. Die Internationale Tropenholzorganisation schätzt, daß weltweit weniger als ein Prozent der Tropenwälder nachhaltig bewirtschaftet werden. Tropische Primärwälder werden heutzutage in der Regel selektiv ausgeholzt, um die wertvollsten Nutzholzarten zu entnehmen und dann ohne Aufforstung sich selbst überlassen. In vielen Teilen der Welt dringen in das aufgelassene Land bald Wanderfeldbauern ein, so daß die zweite und die folgenden Holzernten nie realisiert werden. In manchen Fällen hat man große Waldabschnitte gerodet, um Platz für Baumplantagen

mit fremdländischen Arten zu schaffen. Unbestritten produzieren Fichten- oder Eukalyptusplantagen häufig schneller Holz als ein natürlicher Wald, der aus Hunderten von Baumarten besteht. Wenn Waldland jedoch einzig dazu dient, die Holzproduktion zu maximieren, wird eine Hauptressource der Allgemeinheit allein zugunsten der Holzindustrie ausgebeutet.

Die naturgemäße Ungerechtigkeit eines solchen einseitigen Ressourcenmanagements wurde vor mehr als 80 Jahren von Gifford Pinchot erkannt, dem Begründer des U.S. Forest Service. Pinchot, ein resoluter Kopf, sah die vielfältigen Interessenten an öffentlichen Wäldern und dachte, daß man mit Management versuchen sollte, die Ziele vieler konkurrierender und häufig miteinander streitenden Interessengruppen im Gleichgewicht zu halten. Die potentiellen Vorteile von Wäldern sind zahlreich. Neben Nutzholz bieten die Wälder andere, weniger quantifizierbare Vorzüge wie Schutz von Wassereinzugsgebieten, öffentlichen Zugang zur Jagd, Fischen und Erholung und sekundäre Waldprodukte. Nicht zuletzt dienen Wälder als Reservoire der biologischen Vielfalt.

Verträgt sich natürliche Waldbewirtschaftung mit der langfristigen Erhaltung der Artenvielfalt? Die Antwort lautet im Prinzip: ja. Kenntnisreiche Tropenforstwissenschaftler haben mehrere wissenschaftlich untermauerte Systeme in verschiedenen Teilen der Welt eingeführt. Da diese von ihrer Konzeption her ganz verschieden sind, werde ich vier davon kurz beschreiben. Obwohl sich nur eines die Erhaltung der biologischen Vielfalt zum ausdrücklichen Ziel gesetzt hat, teilen alle das gemeinsame Ideal der Nachhaltigkeit, zumindest im Hinblick auf die Nutzholzproduktion.

Das von britischen Forstleuten unter der Kolonialverwaltung vor dem Zweiten Weltkrieg etablierte Malaysian Uniform System (MUS) wurde lange als glänzendes Beispiel dafür hingestellt, wie die Forstwissenschaft die beängsti-

9.11 Ein Arbeiter sägt einen *Manil-kara*-Stamm in Stücke, um aus einem brasilianischen Wald Holz für den Handel zu gewinnen. Danach wird das Land völlig gerodet und als Baumplantage neu bepflanzt. Die Erfahrungen mit Plantagenwirtschaft in den feuchten Tropen waren gemischt. Die Bäume werden häufig von Schädlingen und Krankheiten befallen, und das Wachstum auf unfruchtbaren Böden kann enttäuschend langsam vonstatten gehen.

gende Aufgabe erfolgreich bewältigen kann, Bestände mit mehreren hundert Baumarten rentabel zu bewirtschaften. Das System ist jedoch nur auf Südostasien anwendbar, weil es ausgesprochene Vorteile aus den gleichzeitig fruchtenden Dipterocarpaceen zieht. Zu dieser Pflanzenfamilie gehören viele der wertvollsten Nutzholzarten Asiens, so das sogenannte philippinische Mahagoni.

Der Leser mag sich aus Kapitel 7 wieder in Erinnerung rufen, daß viele Dipterocarpaceenarten gleichzeitig in unregelmäßigen mehrjährigen Abständen fruchten. Nach einem solchen „Massenfruchten" erscheinen Unmengen von Dipterocarpaceensämlingen auf dem Waldboden. Diese sterben infolge Lichtmangels unweigerlich ab, wenn sich keine Lücke in der Kronenregion auftut. Eine Bewirtschaftung besteht darin, die hohen Bäume dann zu ernten, wenn Sämlinge und Schößlinge vorhanden sind, die sich die erhöhte Lichtmenge zunutze machen können. Dipterocarpaceen bringen so noch mehr Dipterocarpaceen hervor. Das MUS ist ein „einheitliches" System, weil jeder Bestand

abgeerntet wird. Außerhalb Südostasiens hatten solche Einheitssysteme keinen Erfolg, weil die kommerziell wertvollen Arten des reifen Waldes im Neuwuchs selten sind.

Das Tropical Shelterwood System (tropische Schutzwaldsystem) ist ein weiteres Bewirtschaftungsmodell, das britische Forstleute während der Kolonialzeit aufstellten. Es wurde extensiv in Westafrika praktiziert; wie man herausfand, erneuern sich die meisten gefragten Arten dort am besten im Halbschatten. Die Forstleute setzten eine Fülle von Techniken ein, um Qualität und Produktion des Neuwuchses zu steigern. Man schnitt Schlingpflanzen ab, lichtete das Unterholz, um das Sämlingswachstum zu fördern, und erstickte oder vergiftete wertlose Arten, damit mehr Licht durch die Kronenregion fiel. In sogenannten „Anreicherungspflanzungen" wurden auf schmalen, im 20-Meter-Abstand gerodeten Streifen Schößlinge begehrter Arten gepflanzt. Der bestehende Wald zwischen den Streifen sorgte für die erforderliche teilweise Beschattung. Leider lieferte weder eins der obigen noch eins der etlichen anderen ausprobierten Bewirtschaftungssysteme ermutigende Resultate. Die Verjüngung der gewünschten Arten schwankte und war nicht vorauszusagen, blieb fast immer weit hinter den Erwartungen zurück, und das Wachstum verlief langsam. Mittlerweile sind solche „natürlichen Bewirtschaftungssysteme" in Westafrika weitgehend aufgegeben worden.

Das CELOS-System ist ein erst in viel jüngerer Zeit geschaffenes Schema, das niederländische Forstleute zur Bewirtschaftung neuweltlicher Tropenwälder in Surinam entwickelten. Im Gegensatz zum Malaysian Uniform System ist das CELOS-System polyzyklisch; das heißt, es werden nur wenige Bäume zur selben Zeit auf einem Hektar geschlagen, und die Ernten werden in bestimmten Zeitabständen durchgeführt, die viel kürzer sind als die Zeit, die ein einzelner Baum bis zur Reife braucht. Ein weiterer wichtiger Gesichtspunkt des CELOS-Systems ist, daß 40 bis 50 Arten genutzt werden, nicht nur die ein oder zwei wertvollsten. Bei der Ernte wird viel Sorgfalt darauf verwandt, den Schaden für den übrigen Wald und den Boden gering zu halten. Die meisten großen Bäume der wirtschaftlich uninteressanten Arten werden vergiftet. Das Bestandsvolumen nimmt dadurch auf etwa die Hälfte ab, und der Wald wird dem Licht geöffnet, was das Wachstum kleiner Bäume der wertvollen Arten anregt. Bei dieser Behandlung stieg der jährliche Volumenzuwachs an verkaufsfähigem Nutzholz um etwa das Vierfache – ein ermutigendes Ergebnis angesichts der enttäuschenden Erfahrungen mit ähnlichen Techniken in Westafrika.

Das vierte Bewirtschaftungssystem, das wir betrachten wollen, stammt von Gary Hartshorn, einem Forstwissenschaftler aus den USA, der mit finanzieller Unterstützung von USAID ein genossenschaftlich organisiertes Forstunternehmen in der Yanesha Amerindian Community im Tal von Palcazu (Peru) gründete. Hartshorns System hat die Erhaltung der Vielfalt zum Ziel, indem in langen, schmalen Lichtungen die Regeneration aus Samen angeregt wird. Die Lichtungen erlauben die Ernte eines viel größeren Holzvolumens pro Flächeneinheit als bei dem in den Tropen so weit verbreiteten selektiven Holzeinschlag. Bis zu 350 Kubikmeter können von einem Hektar geerntet werden: 150 Kubikmeter als Stammholz, 90 Kubikmeter Rundholz für Pfosten und Stangen, und der Rest als Astholz, das für Spezialzwecke zersägt oder in Holzkohle umgewandelt wird. Da das gesamte Holz genutzt wird, verringert sich die Fläche des abgeholzten Gebiet ganz enorm.

Der entscheidende Faktor dieses Modells ist die Beschränkung der Lichtungen auf schmale, 30 bis 40 Meter breite und 200 bis 500 Meter lange Streifen. Im Prinzip könnten die Samen für die nächste Baumernte leicht vom flankierenden Wald auf die Streifen gelangen. In der Tat überragen Kronen des intakten Waldes buchstäblich die abgeernteten Streifen. David Gorchov von der Miami University of Ohio fand jedoch heraus, daß überraschend wenige Samen auf die Streifen gelangen. Er fand in Fallen, die 12,5 Meter weit in den Streifen lagen, nur ein Zehntel soviele Samen wie am Waldrand. Dennoch befanden sich auf nur 0,15 Hektar eines Streifens 27 Monate nach der Ernte Schößlinge mit mindestens einem Meter Höhe von 155 sich regenerierenden Arten – mehr als doppelt so viele, wie auf der gleichen Fläche geerntet worden waren. Hat der Regenerationsbestand einmal eine geschlossene Kronenregion gebildet, werden die wirtschaftlich uninteressanten Arten selektiv entfernt. Das System hat das Potential, einen sehr hohen Grad an Pflanzenvielfalt zu erhalten und stellt dadurch einen adäquaten Lebensraum für Vögel, Primaten und andere Tiere dar.

Obwohl sehr viel Planung, wissenschaftliche Fachkenntnis und Mühe bei der Durchführung in die Entwicklung aller dieser Waldbewirtschaftungsmodelle eingeflossen sind, haben sie im Grunde alle versagt. In manchen Fällen (Westafrika) sind sie wegen technischer Unzu-

9.12 Mit der Zeit heilt die Natur ihre Wunden. Diese hügelige Landschaft in Mittelpennsyvania, heute ein ansehnlicher Wald, war einst verkohltes Ödland. Gewaltige Buschfeuer verwüsteten weite Teile des Bundesstaates, nachdem der unberührte Wald im 19. Jahrhundert sorglos und verschwenderisch abgeholzt worden war.

länglichkeiten mißlungen, doch im Grunde genommen sind sie eher deshalb fehlgeschlagen, weil sich die sozialen, politischen und wirtschaftlichen Bedingungen in den betroffenen Ländern nur unmerklich verändert haben, wodurch die Stabilität, die jedes Langzeitunternehmen braucht, zerrüttet wurde.

In Malaysia brachte die Plantagenkultur von Gummibäumen und Ölpalmen viel höhere Erträge als die Waldbewirtschaftung, daher wurde fast der gesamte Tieflandwald der Halbinsel Malaysia zugunsten dieser Nutzpflanzen gerodet.

In Westafrika hat eine Bevölkerungswelle bis auf Überreste den ganzen, einst weitläufigen Waldbestand überschwemmt, weil Wanderfeldbauern in jedes freie Fleckchen unbesiedelten Landes drängen. Mit den Worten Chelunor Nwoboshis, eines westafrikanischen Forstwissenschaftlers: »Unter den gegenwärtigen Bedingungen braucht die Forstwirtschaft Beweise für

beeindruckende sozioökonomische Gewinne aus dem Waldland, um die Konkurrenz mit anderen Landnutzungen abzuwenden. Erst kürzlich verlor Nigeria beispielsweise 10 000 Hektar Wald im Okomu-Reservat – einem der Zentren der natürlichen Waldbewirtschaftung – an den Ölpalmanbau, und schätzungsweise weitere 280 000 Hektar produktiven Waldes gingen landesweit verloren.«

In Surinam wurde eine demokratisch gewählte Regierung in einem blutigen Militärputsch gestürzt, und in der Folge wurden die meisten ausländischen Interessen aufgegeben, was das CELOS-Experiment beendete. Und in Peru haben Guerillas des „Leuchtenden Pfades" ein Schreckensregime im Tal von Palcazu errichtet und damit die USAID-Mission zur Aufgabe ihres dortigen Wirkens gezwungen.

Dies sind die Realitäten in der tropischen Welt, mit denen Naturschutzbemühungen fertig wer-

9.13 Der gebirgige Nebelwald von Monteverde (Costa Rica) ist typisch für die natürlichen Wälder, die in ein paar Jahrzehnten in den feuchten Tropen noch bestehen werden. Weil die meisten Wälder an Steilhängen — zum Schutz der Wassereinzugsgebiete — erhalten werden, ist die Flora und Fauna des Tieflandes in weiten Teilen der Tropen in ernster Gefahr.

den müssen, wenn sie Erfolg haben sollen. Daß es keiner dieser vier wohlmeinenden Versuche geschafft hat, wenigstens einen Erntezyklus zu überstehen, zeigt, daß die herrschenden sozialen und politischen Bedingungen in vielen tropischen Ländern langfristige Planung und die nachhaltige Nutzung der Wälder verhindern. Wenn es trotzdem irgendeine Hoffnung für das Überleben der Natur in den Tropen geben soll, muß ihr Kernpunkt langfristige Planung und

nachhaltige Bewirtschaftung sein. Die Wissenschaft kann die technischen Voraussetzungen für eine vernünftige und nachhaltige Nutzung erneuerbarer natürlicher Ressourcen liefern, aber Politik und soziales Handeln müssen die notwendige Einstellungsänderung herbeiführen. Angesichts des extrem raschen Wandels in den Entwicklungsländern und der schwer zu handhabenden Armut und Ignoranz, in denen der Großteil der Bevölkerung lebt, darf man ernstlich daran zweifeln, ob sich dieser Wandel in der Einstellung für die Rettung des Tropenwaldes rechtzeitig einstellt.

Meiner Ansicht nach werden nur dann bedeutende Flächen tropischen Waldes bis in die Mitte des nächsten Jahrhunderts hinein erhalten bleiben, wenn die Industrienationen bei deren Schutz die Führung übernehmen. Ihr Einfluß auf die armen Staaten in den Tropen ist weitaus größer, als man sich das im Westen gemeinhin vorstellt. In vielen armen Ländern geschieht fast nichts Fortschrittliches ohne finanzielle Unterstützung von seiten Europas, Nordamerikas oder Japans. Die finanziell gebundenen Regierungen der Dritten Welt können nicht in die Zukunft investieren, weil ihre Mittel gänzlich für die Gehälter der Angestellten im öffentlichen Dienst aufgebraucht werden.

Die Industrienationen können eine entscheidende Rolle bei der Erhaltung der Tropenwälder spielen, doch nur, wenn sie den Weiterbestand der biologischen Vielfalt zum Gegenstand der hohen Politik machen. Die tropischen Länder könnten durch ein System aus Anreizen und Hemmnissen zur Erhaltung der Wälder angespornt werden. Eine Regierung, die positive Schritte, wie die Durchführung von politischen Reformen, die Einführung natürlicher Waldbewirtschaftung, die Durchsetzung von Naturschutzgesetzen oder die Abnahme des Bevölkerungswachstums, unternimmt, könnte durch direkte finanzielle Unterstützung oder durch kreativere Maßnahmen wie Schuldenerlaß, Abbau von Handelsbarrieren oder die Bereitstellung technischer Unterstützung belohnt werden. Ländern, denen es am politischen Willen fehlt oder die bei der Durchführung der Naturschutzpolitik zaudern, müßte der Verlust finanzieller Unterstützung, die Aufhebung von Handelsübereinkommen oder die starke Einschrän-

kung von Einwanderungsquoten drohen. Damit solch ein „Zuckerbrot-und-Peitsche-System" wirksam ist, müßte ihm durch eine politische Verpflichtung seitens der Industrienationen der Rücken gestärkt werden, was bis jetzt nicht ersichtlich war.

Die bewirtschafteten Tropenwälder der Zukunft werden im allgemeinen auf die ärmsten Böden und steilsten Hänge beschränkt sein, wo noch nicht einmal die rudimentärsten Formen von Ackerbau wirtschaftlich konkurrenzfähig sind. Dennoch können Wälder, die für vielfältige Zwecke auf anderenfalls ödem Land bewirtschaftet werden, immer noch wichtige Dienste bei der Bereitstellung von Nutzholz und sekundären Waldprodukten, Brennholz, Fisch, Wild, Erholungswert, dem Schutz von Wassereinzugsgebieten, der Klimaverbesserung und der Erhaltung der biologischen Vielfalt leisten. Der Verlust nichtmaterieller Vorteile wie Schutz von Wassereinzugsgebieten und Klimaverbesserung wird bei Entscheidungen über Landnutzung selten als Kosten beziffert. Mehrzweckmanagement und richtige Kosten-Nutzen-Analysen können Wälder selbst in den ausgehungertsten Ländern für die Zukunft zu einer wirtschaftlich lebensfähigen Option machen. Um jedoch die biologische Vielfalt zu retten, müssen wir handeln, bevor der Urwald verschwindet, weil keine Anstrengung zur Rehabilitation von Ökosystemen, wie wissenschaftlich sie auch sein mag, jemals wieder Natur in ihrem Urzustand hervorbringt.

Bildnachweise

1.1 M. u. P. Fogden.
1.2 C. Clark.
1.3 M. u. P. Fogden.
1.4 Nach Dodson, C. H.; Gentry, A. H. *Flora of the Rio Palenque Science Center*. In: *Selbyana* 4 (1978).
1.5 M. D. Tuttle/Bat Conservation International.
1.6 A. Bärtschi.
1.7 G. Bernard/Natural History Photo Agency.
1.8 Nach einer von der Smithsonian Institution veröffentlichten Karte.
1.9 A. Bärtschi.
1.10 A. Bärtschi.
1.11 A. Bärtschi.
1.12 Nach Walter, H. *Vegetation of the Earth and Ecological Systems of the Geo-biosphere*. New York (Springer) 1985.
1.13 Nach Walter, H. *Vegetation of the Earth and Ecological Systems of the Geo-biosphere*. New York (Springer) 1985.
1.14 A. Bärtschi.
1.15 A. Bärtschi.
1.16 A. Bärtschi.
1.17 Nach Pianka, E. *Evolutionary Ecology*. New York (Harper and Row) 1983.
1.18 L. McIntyre.
1.19 G. Cubitt.

2.1 G. Cubitt.
2.3 D. Perry.
2.4 Nach Jordan, C. F. *Nutrient Cycling in Tropical Forest Ecosystems*. New York (Wiley) 1985.
2.5 Nach Whitmore, T. C. *Tropical Rainforests of the Far East*. Oxford (Clarendon) 1984.
2.6 I. Polunin/Natural History Photo Agency.
2.7 G. Cubitt/Bruce Coleman Ltd.
2.8 Nach Jordan, C.F. *Nutrient Cycling in Tropical Forest Ecosystems*. New York (Wiley) 1985.
2.9 Nach Walter, H. *Vegetation of the Earth and Ecological Systems of the Geo-biosphere*. New York (Springer) 1985.
2.10 Hanbury-Teison/Robert Harding Picture Library.
2.11 A. Bärtschi.
2.12 P. Sanchez.
2.13 Nach Jordan, C. F. *Nutrient Cycling in Tropical Forest Ecosystems*. New York (Wiley) 1985.
2.14 Nach Sanchez, P. A. et al. *Science* 216 (1982).

3.1 A. Bärtschi.
3.2 Nach MacArthur, R. H. *Geographical Ecology: Patterns in the Distribution of Species*. New York (Harper and Row) 1972 (aus MacArthur 1969).
3.3 G. Cubitt.
3.4 M. u. P. Fogden.

3.6 M. u. P. Fogden.
3.7 G. Cubitt.
3.8 Nach Terborgh, J. In: *Acta XVII Congressus Internationalis Ornithologici*. Deutsche Ornithologen-Gesellschaft, Berlin 1980.
3.9 M. und P. Fogden.
3.10 M. und P. Fogden.
3.11 M. und P. Fogden.
3.12 Nach Schoener, T. W. *Condor* 75 (1971).
3.14 Nach MacArthur, R. H. *Geographical Ecology: Patterns in the Distribution of Species*. New York (Harper and Row) 1972.

4.1 L. McIntyre.
4.2 Nach Gentry, A. H. *Proceedings of the National Academy of Science USA* 85 (1988).
4.3 Nach Ashton, P. unveröffentlichte Daten.
4.4 Gentry, A. H. *Annals of the Missouri Botanical Garden* 75 (1988).
4.5 L. Ulrich.
4.6 M. A. Guerra/Smithsonian Tropical Research Institute.
4.8 Nach Hubbell, S. P. *Science* 203 (1979).
4.9 A. Bärtschi.
4.10 Nach Hubbell, S. P. *Science* 203 (1979).
4.11 G. Cubitt.
4.12 L. Sims.
4.13 A. Bärtschi.
4.14 Nach Hubbell, S. P.; Foster R. B., In: Soule, M. E. (Hrsg.) *Conservation Biology: The Science of Scarcity and Diversity*. Sunderland, Massachusetts (Sinauer).
4.15 P. Rosenberg.
4.16 M. und P. Fogden.
4.17 M. Terborgh.
4.18 J. Sauvanet/Natural History Photo Agency.

5.1 G. Bernard/Natural History Photo Agency.
5.2 Nach Whitmore, T. C. *Tropical Rain Forests of the Far East*. Oxford (Clarendon) 1984.
5.3 M. und P. Fogden.
5.4 Nach Terborgh, J.; Petren, K. In: Bell, S. S.; McCoy, E. D.; Mushinsky, H. R. *Habitat Structure: The Physical Arrangement of Objects in Space*. London (Chapman and Hall) 1991.
5.6 F. Hallé, Institut Botanique.
5.7 Nach Terborgh, J. In: *Acta XVII Congressus Internationalis Ornithologici*, Deutsche Ornithologen-Gesellschaft, Berlin 1980.
5.8 Nach Stiles, F. G. *Science* 198 (1977).
5.9 M. und P. Fogden.
5.10 Nach Whitmore, T. C. *Tropical Rain Forests of the Far East*. Oxford (Clarendon) 1984.
5.11 J. Terborgh.
5.12 Nach Terborgh, J. *American Naturalist* 126 (1985).

5.13 Nach Terborgh, J. *American Naturalist* 126 (1985).
5.14 Nach Terborgh, J. *American Naturalist* 126 (1985).
5.15 Nach Terborgh, J.; Petren, K. In: Bell, S. S.; McCoy, E. D.; Mushinsky, H. R. *Habitat Structure: The Physical Arrangement of Objects in Space.* London (Chapman and Hall) 1991.
5.16 A. Bärtschi.
5.17 G. Bernard/Natural History Photo Agency.
5.18 D. Perry.

6.1 M. und P. Fogden.
6.2 Nach Webb, S. D. In: (Hrsg) Gee, J. H. R.; Giller P. S. *Organizations of Communities Past and Present.* London (Blackwell) 1987.
6.3 M. und P. Fogden.
6.5 Field Museum of Natural History (GEO84608), Chicago.
6.6 Zeichnungen von Marlene Hill Werner für Dr. Larry Marshall (mit freundlicher Genehmigung des Field Museum of Natural History.
6.7 M. und P. Fogden.
6.8 Nach Haffer, J. *Science* 165 (1969).
6.9 Nach Haffer, J. *Science* 165 (1969).
6.10 Nach Haffer, J. *Science* 165 (1969).
6.11 Nach Turner, J. *Natural History* 84, (1975).
6.12 P. Colinvaux.
6.13 F. Lanting/Minden Pictures.
6.14 Nach Soule, M. E. In: Soule, M. E.; Wicox. B. A. (Hrsg.) *Conservation Biology: An Evolutionary-Ecological Approach.* Sunderland, Massachusetts (Sinauer) 1980.
6.15 Nach Terborgh, J. *American Naturalist* 107 (1973).

7.1 A. Bärtschi.
7.2 G. Cubitt.
7.3 A. Bärtschi.
7.4 Nach Bourliere, F. In: Meggars, B. J.; Ayensu, E. S.; Duckworth. W. D. *Tropical Rainforest Ecosystems in Africa and South America.* Smithsonian, Washington, D. C. 1973.
7.5 Cox, C. B.; Moore, P. D. *Biogeography: An Ecological and Evolutionary Approach.* 4. Aufl. London (Blackwell) 1985.
7.6 oben: M. und P. Fogden.
unten: M. Strange/Natural History Photo Agency.
7.7 E. A. James/Natural History Photo Agency.
7.8 F. Lanting/Minden Pictures.
7.9 Verdauungstrakte nach Fleagle, J. G. *Primate Adaption and Evolution.* New York (Academic Press) 1988.
7.11 Nach Fleagle, J. G. In: Jungers, W. L. (Hrsg.) *Size and Scaling in Primate Biology.* New York (Plenum) 1985.
7.12 Nach Terborgh, J. *Five New World Primates: A Study in Comparative Ecology.* Princeton, New Jersey (Princeton University) 1983.

7.13 Nach Terborgh, J. *Five New World Primates: A Study in Comparative Ecology.* Princeton, New Jersey (Princeton University) 1983.
7.14 M. Colbeck/C. Munn.
7.15 C. Janson.
7.16 C. Janson.
7.17 A. Bärtschi.
7.18 Nach Walter, H. *Vegetation of the Earth and Ecological Systems of the Geo-biosphere.* New York (Springer) 1985.
7.19 Nach Terborgh, J.; van Schaik C. P. In: Gee, J. H. R.; Giller, P. S. (Hrsg.) *Organizations of Communities Past and Present.* London (Blackwell) 1987.
7.20 Nach Hladik, C. M. In: de Garine, I.; Harrison, G. A. (Hrsg.) *Coping with Uncertainty in Food Supply.* Oxford (Clarendon) 1988.

8.1 M. und P. Fogden.
8.3 Michigan Historical Collections, Bentley Historical Library, University of Michigan, Ann Arbor.
8.4 A. Bärtschi.
8.5 links: L. McIntyre.
rechts: Brasilian Institute for Space Research (INPE).
8.6 J. Compton Tucker/NASA.
8.7 L. McIntyre.
8.8 L. McIntyre.
8.9 Nach *Diversidata* 2 (1985).
8.10 F. Lanting/Minden Pictures.
8.11 Nach Western, D. In: Else, J. G.; Lee, P. C. (Hrsg.) *Primate Ecology and Conservation.* Cambridge (Cambridge University) 1986.
8.12 T. G. Laman/Anthro Photo.
8.13 Nach Terborgh, J.; Winter B. In: Soule, M. E.; Wilcox, B. A. (Hrsg.) *Conservation Biology: An Evolutionary-Ecological Approach.* Sunderland, Massachusetts (Sinauer) 1980.
8.14 A. Bärtschi.
8.15 Bernice Bishop Museum.
8.16 C. Hansen/Smithsonian Tropical Research Institute.
8.17 A. Bärtschi.
8.18 A. Bärtschi.

9.1 L. McIntyre.
9.2 D. und M. Zimmerman/VIREO.
9.3 M. Everton.
9.4 A. Bärtschi.
9.5 C. Jordan.
9.6 Nach Johns, A. *Biotropica* 20 (1988).
9.7 M. Everton.
9.8 L. McIntyre.
9.9 L. McIntyre.
9.10 L. McIntyre.
9.11 L. McIntyre.
9.12 P. Kresan.
9.13 A. Bärtschi.

Index

Z

Nur was wir kennen, können wir schützen.

E. O. Wilson (Hrsg.)
Ende der biologischen Vielfalt?
1992, 560 Seiten
DM 58,- / sfr 56,- / öS 453,-
ISBN 3-89330-661-7

„Wilsons Band ist die derzeit beste Bestandsaufnahme in Sachen Biodiversität und der derzeit umfangreichste Überblick über konkrete Hilfsmaßnahmen zu deren Rettung." WWF-Journal 3/92

T. C. Whitmore
Tropische Regenwälder
1992, 280 Seiten
DM 58,- / sfr 56,- / öS 453,-
ISBN 3-86025-068-X

Die Regenwälder der Tropen sind unermeßliche Schatzkammern der Natur – und einem nahezu ungehemmten Raubbau unterworfen. Den derzeitigen Stand unseres Wissens dokumentiert das vorliegende Buch des renommierten britischen Botanikers T. C. Whitmore. Es wendet sich nicht nur an Studenten und Dozenten der Biologie, Umwelt- und Forstwissenschaften, sondern bietet allen, die sich fundiert über das komplizierte ökologische Gefüge tropischer Regenwälder informieren möchten, einen verläßlichen und aktuellen Überblick.

„Die beste Einführung in die Wissenschaft der Regenwälder." Times Higher Education Supplement

Spektrum
AKADEMISCHER VERLAG

Vangerowstraße 20 · 6900 Heidelberg

Originaltitel: Diversity and the Tropical Rain Forest
Aus dem Englischen übersetzt von Andrea Nothdurft

Amerikanische Originalausgabe bei The Scientific American Library,
A Division of HPHLP, New York
(W. H. Freeman and Company, New York)
© 1992 Scientific American Library

Die Deutsche Bibliothek – CIP-Einheitsaufnahme

Terborgh, John:
Lebensraum Regenwald : Zentrum der biologischen Vielfalt / John Terborgh.
Aus dem Engl. übers. von Andrea Nothdurft. – Heidelberg ; Berlin ; Oxford :
Spektrum, Akad. Verl., 1993
   (Spektrum-Bibliothek)
   Einheitssacht.: Diversity and the rain forest ‹dt.›
   ISBN 3-86025-181-3

© 1993 Spektrum Akademischer Verlag GmbH Heidelberg · Berlin · Oxford

Lektorat: Merlet Behncke-Braunbeck
Redaktion: Wolfgang Hensel
Produktion und Buchgestaltung: Karin Kern
Gesamtherstellung: Klambt-Druck GmbH, Speyer

Spektrum Akademischer Verlag GmbH Heidelberg · Berlin · Oxford

EIN VERLAG DER SPEKTRUM FACHVERLAGE GMBH

Gedruckt auf umweltfreundlichem Papier